HUMANITIES AND SOCIETY

世俗主义之乐

我们当下如何生活

George Levine

[英国] 乔治·莱文 编 赵元 译

译林出版社

图书在版编目（CIP）数据

世俗主义之乐：我们当下如何生活/(英) 乔治 · 莱文(George Levine)编；赵元译．— 南京：译林出版社，2019.6 (2022.3重印)
(人文与社会译丛)
书名原文：The Joy of Secularism: 11 Essays For How We Live Now
ISBN 978-7-5447-7688-2

Ⅰ.①世… Ⅱ.①乔… ②赵… Ⅲ.①人生哲学-文集 Ⅳ.①B821－53

中国版本图书馆 CIP 数据核字（2019）第056388号

著作权合同登记号 图字：10-2018-446 号

世俗主义之乐：我们当下如何生活 [英国] 乔治 · 莱文／编 赵 元／译

责任编辑 刘 静
装帧设计 胡 苨
校　　对 蒋 燕
责任印制 单 莉

原文出版 Princeton University Press, 2011
出版发行 译林出版社
地　　址 南京市湖南路 1 号 A 楼
邮　　箱 yilin@yilin.com
网　　址 www.yilin.com
市场热线 025-86633278
排　　版 南京展望文化发展有限公司
印　　刷 江苏凤凰通达印刷有限公司
开　　本 880 毫米 ×1230 毫米 1/32
印　　张 10.25
插　　页 2
版　　次 2019 年 6 月第 1 版
印　　次 2022 年 3 月第 3 次印刷
书　　号 ISBN 978-7-5447-7688-2
定　　价 58.00 元

主编的话

刘东

总算不负几年来的苦心——该为这套书写篇短序了。

此项翻译工程的缘起，先要追溯到自己内心的某些变化。虽说越来越惯于乡间的生活，每天只打一两通电话，但这种离群索居并不意味着我已修炼到了出家遁世的地步。毋宁说，坚守沉默少语的状态，倒是为了咬定问题不放，而且在当下的世道中，若还有哪路学说能引我出神，就不能只是玄妙得叫人着魔，还要有助于思入所属的社群。如此嘈嘈切切鼓荡难平的心气，或不免受了世事的恶刺激，不过也恰是这道底线，帮我部分摆脱了中西"精神分裂症"——至少我可以倚仗着中国文化的本根，去参验外缘的社会学说了，既然儒学作为一种本真的心向，正是要从对现世生活的终极肯定出发，把人间问题当成全部灵感的源头。

不宁惟是，这种从人文思入社会的诉求，还同国际学界的发展不期相合。擅长把捉非确定性问题的哲学，看来有点走出自我囿闭的低潮，而这又跟它把焦点对准了社会不无关系。现行通则的加速崩解和相互证伪，使得就算今后仍有普适的基准可言，也要有待于更加透辟的思力，正是在文明的此一根基处，批判的事业又有了用武之地。由此就决定了，尽管同在关注世俗的事务与规则，但跟既定框架内的策论不同，真正体现出人文关怀的社会学说，决不会是医头医脚式的小修小补，而必须以激进亢奋的姿态，去怀疑、颠覆和重估全部的价值预设。有意思的是，也许再没有哪个时代，会有这么多书生想要焕发制度智慧，这既凸显了文明的深层危机，又表达了超越的不竭潜力。

于是自然就想到翻译——把这些制度智慧引进汉语世界来。需要说明的是,尽管此类翻译向称严肃的学业,无论编者、译者还是读者,都会因其理论色彩和语言风格而备尝艰涩,但该工程却绝非寻常意义上的“纯学术”。此中辩谈的话题和学理,将会贴近我们的伦常日用,渗入我们的表象世界,改铸我们的公民文化,根本不容任何学院人垄断。同样,尽管这些选题大多分量厚重,且多为国外学府指定的必读书,也不必将其标榜为“新经典”。此类方生方成的思想实验,仍要应付尖刻的批判围攻,保持着知识创化时的紧张度,尚没有资格被当成享受保护的“老残遗产”。所以说白了:除非来此对话者早已功力尽失,这里就只有激活思想的马刺。

主持此类工程之烦难,足以让任何聪明人望而却步,大约也惟有愚钝如我者,才会在十年苦熬之余再作冯妇。然则晨钟暮鼓黄卷青灯中,毕竟尚有历代的高僧暗中相伴,他们和我声应气求,不甘心被宿命贬低为人类的亚种,遂把迻译工作当成了日常功课,要以艰难的咀嚼咬穿文化的篱笆。师法着这些先烈,当初酝酿这套丛书时,我曾在哈佛费正清中心放胆讲道:“在作者、编者和读者间初步形成的这种‘良性循环’景象,作为整个社会多元分化进程的缩影,偏巧正跟我们的国运连在一起,如果我们至少眼下尚无理由否认,今后中国历史的主要变因之一,仍然在于大陆知识阶层的一念之中,那么我们就总还有权想象,在孔老夫子的故乡,中华民族其实就靠这么写着读着,而默默修持着自己的心念,而默默挑战着自身的极限!”惟愿认同此道者日众,则华夏一族虽历经劫难,终不致因我辈而沦为文化小国。

一九九九年六月于京郊溪翁庄

目　录

撰稿人

威廉·E.康诺利(William E. Connolly)是约翰·霍普金斯大学的克里格—艾森豪威尔教授,讲授政治理论。他的专著包括《我为什么不是世俗主义者》(*Why I Am Not a Secularist*)(1999)、《神经政治学:思维、文化、速度》(*Neuropolitics: Thinking, Culture, Speed*)(2002)、《多元论》(*Pluralism*)(2005)、《资本主义与基督教,美国风格》(*Capitalism and Christianity, American Style*)(2008)、《变易的世界》(*A World of Becoming*)(2011)。

保罗·科斯塔(Paolo Costa)是布鲁诺·凯斯勒基金会(意大利特伦托市)的高级研究员。他曾就读于米兰、帕尔马和多伦多的几所大学。他写有两部专著:《趋向人的本体论》(*Verso un'ontologia dell'umano*)(2001)和《关于人类的一种构想:达尔文之后的伦理与自然》(*Un'idea di umanità. Etica e natura dopo Darwin*)(2007);此外他还发表过多篇论文和译文,出版过多种文集。他目前的研究课题是动物智能。

弗兰斯·B. M.德瓦尔(Frans B. M. de Waal)是荷兰籍美国生物学家和行为学家,专门研究猴子、黑猩猩和倭黑猩猩的社会行为和社会认知。他目前是埃默里大学的C. H.坎德勒心理学教授和位于佐治亚州亚特兰大市的耶基斯国家灵长类动物研究中心下属生命联系中心的主任。他因他的通俗读物，如最早的一本《黑猩猩的政治学》(*Chimpanzee Politics*)(1982)，和有关道德进化起源的作品，如《灵长类动物与哲学家》(*Primates and Philosophers*)(2006)而出名。他是美国国家科学院与荷兰皇家科学院成员。

菲利普·基彻(Philip Kitcher)出生于伦敦。他在美国多所大学教过书，目前是哥伦比亚大学的约翰·杜威哲学教授。他著有十本书，主题包括数学哲学、生物学哲学、科学的发展、科学在社会中的作用、瓦格纳的《指环》，以及乔伊斯的《芬尼根的守灵夜》。他担任过美国哲学协会(太平洋分会)的主席和《科学哲学》杂志的主编。他是美国艺术
vii 科学院研究员，因其为拓宽科学和哲学的疆界所做的工作，而成为由美国哲学协会颁发的普罗米修斯奖的第一位获得者。他被国家科学教育委员会授予“达尔文之友”称号，并凭借《与达尔文和平共处》(*Living with Darwin*)一书获得兰南基金会颁发的“优秀图书奖”。

乔治·莱文(George Levine)是罗格斯大学的荣休教授，写有多部论维多利亚时代文学以及文学与科学关系的著作，其中包括《达尔文与小说家》(*Darwin and the Novelists*)(1988)和《达尔文爱你》(*Darwin Loves You*)(2006)。他的专著《现实主义、伦理学与世俗主义》(*Realism, Ethics, and Secularism*)被英国文学与科学协会授予2008年度文学和科学类图书最佳图书奖。

亚当·菲利普斯(Adam Phillips)是伦敦的一名心理分析师和作家。

罗伯特·J.理查兹(Robert J. Richards)是芝加哥大学的莫里斯·菲什拜因科学和医学史教授,在历史系、哲学系和心理学系任教。他出版过多部关于进化理论的专著:《达尔文与思维和行为的进化理论的出现》(*Darwin and the Emergence of Evolutionary Theories of Mind and Behavior*)(1987)、《进化的意义》(*The Meaning of Evolution*)(1992)、《浪漫主义生命观:歌德时代的科学与哲学》(*The Romantic Conception of Life: Science and Philosophy in the Age of Goethe*)(2002),以及《生命的悲剧意义:恩斯特·黑克尔与进化理论之争》(*The Tragic Sense of Life: Ernst Haeckel and the Struggle over Evolutionary Theory*)(2008)。他目前正在撰写一部从历史和哲学角度评论达尔文《物种起源》的著作。

布鲁斯·罗宾斯(Bruce Robbins)是哥伦比亚大学英语与比较文学系的欧道明基金会人文学科教授。他的著作包括《向上迁移与共同利益》(*Upward Mobility and the Common Good*)(2007)、《感受全球化:忧虑中的国际主义》(*Feeling Global: Internationalism in Distress*)(1999)、《仆人之手:英国小说中的下层社会》(*The Servant's Hand: English Fiction from Below*)(1986)、《世俗天命:知识分子、专业主义、文化》(*Secular Vocations: Intellectuals, Professionalism, Culture*)(1993)。他曾在罗格斯大学、洛桑大学和日内瓦大学任教,并曾在哈佛大学、康奈尔大学和纽约大学担任客座教授。他是期刊《疆界2》的编委会成员。

丽贝卡·斯托特(Rebecca Stott)是位于诺里奇的东英吉利大学的文学教授。她最近出版的著作包括研究达尔文藤壶年代的《达尔文与藤壶》(*Darwin and the Barnacle*)(2003),以及两部历史小说《幽灵之行》(*Ghostwalk*)(2007)和《珊瑚贼》(*The Coral Thief*)(2009)。她另有一部非虚构类作品:《达尔文的幽灵:寻找首批进化论者》(*Darwin's* viii *Ghosts: In Search of the First Evolutionists*)。

查尔斯·泰勒(Charles Taylor)是麦吉尔大学哲学荣休教授。他的著作包括《自我的根源》(*Sources of the Self*)(1989)、《现代社会想象》(*Modern Social Imaginaries*)(2004)和《世俗时代》(*A Secular Age*)(2007)等。

大卫·斯隆·威尔逊(David Sloan Wilson)(http://evolution.binghamton.edu/dswilson/)是纽约州立大学宾厄姆顿分校生物学与人类学杰出教授。他通过个人的研究工作和主持旨在改革高等教育和公共政策制定的项目，将进化理论运用到人类的方方面面，而不仅仅针对其他物种。他因倡导多层次选择理论而闻名，该理论对于生命的起源，乃至宗教的本质都有启发。他的著作包括《达尔文的大教堂：进化、宗教和社会的本质》(*Darwin's Cathedral: Evolution, Religion, and the Nature of Society*)(2002)和《进化论与生活：我们的思考方式在怎样发生改变》(*Evolution for Everyone: How Darwin's Theory Can Change the Way We Think about Our Lives*)(2007)，以及《邻里项目：用进化论改善我的城市，每次一个街区》(*The Neighborhood Project: Using Evolution to*
ix *Improve My City, One Block at a Time*)(2011)。

致　谢

编辑这样一本书看似简单，实则不然。感谢所有的撰稿人，他们都是杰出的作家和思想家，对于这项工程，他们给予了莫大的帮助和鼓励。他们认识到，有必要批判性地，同时更为深刻和更富同情心地重新思考，在一个世俗主义尚未被充分思考和透过指尖加以感受的世界里，保持世俗意味着什么。在我刚开始构想此书的时候，这些人尽管工作繁忙，却非常迅速地给了我富有启发的答复，给我留下深刻的印象。感谢这些撰稿人，无论他们的具体立场如何，他们都让我确信做这个项目意义重大。

我对Bogliasco基金会深表谢意，grazie mille（万分感谢）！它让我感受到了意大利人的热情好客，也给予了我充分的时间，使我得以撰写导言并搜集和编辑稿件。感谢Bogliasco基金会的所有研究员，尤其是以下这几位：Kathryn Davis，她既有杰出小说家的非凡视觉和听觉，也有出色批评家的敏锐才思，她审阅了导言的初稿；Eric Zencey，他把每一次吃冰淇淋的时间和每一次散步都化为严肃而富有成果的讨论；Justin Kramon，他的反讽和幽默感标志着他是一位一流的青年小说家和一位意气相投的读者；Orhan Mehmed，他是一位了不起的音乐家和学者，他的耳朵总是令人信赖。我最应该感谢的也许是Ivana Folle，他以异乎寻常的高效、敏感和热情对我在Bogliasco基金会的几乎每一个工作阶段都给予了帮助。

我还要感谢Michael Warner，他在罗格斯大学文化分析中心主持的世俗主义研讨会让我对探索世俗主义的复杂性产生了最初的兴趣，他让我无法再沾沾自满地认为自己对世俗主义的理解已经确切无疑。感谢Gerhard Joseph，他审读了早期阶段的原稿，他对于一切事物的看法始终是新颖而不从众的，并且总能产生出创造性的结果。我非常想感
xi 谢我的一位法国朋友，她为我的导言提供了惊人的信息，却惴惴不安地要求我不公开她的姓名。所以我在这里对她表示感谢，她知道我说的是谁。我还要感谢我的编辑Hanne Winarsky，她从一开始就鼓励我进行这项计划，并在每一个阶段给予我富有启发和创意的帮助。

我对家人的感激之情自不待言。感谢始终陪伴在我身边的Marge；感谢Rachel、Dale以及他们出色的孩子Aaron和Ben；感谢David，他的女儿Mia和Rosie也许就是这个世界并不需要超自然力量帮
xii 助的最好证明。这世上还能有比她们更美丽的事物吗？

导　言

乔治·莱文

我们尚未养成对生命的非关神性的敬畏之情。

——威廉·康诺利(1991)

本书从构思到大体成形，完全是从世俗的角度出发的。它将要探讨以下观点：世俗主义是一种积极的而非消极的状态，它并不是对精神和宗教世界的否定，而是对我们正身处其中的世界的肯定；将我们的世界建立在世俗的基础之上，对于我们现世的幸福有着至关重要的意义；这样的世界可以把我们带入宗教一直许诺的“丰足”(fullness)状态。[1]本书的总前提，可能也是每一位撰稿人的主张(但也并非绝对，这点很重要)，是：应尽可能地以自然的方式来理解和说明这个世界；无论何时何地，世界的运作绝对不靠奇迹或者超自然力量的干预。尽管有些撰稿人可能会持不同意见，但本书所讨论的观点都是以这个前提为基础的，其核心问题是理解和想象居住在这样一个世界上意味着什么。通过探讨这一问题，我希望确立一个在情感和思想方面都很有力的观点：一个世俗的世界不仅有其价值，生命值得拥有，而且尽管有不可避免的痛苦和损失，它也可以是美好的，有时甚至是快乐的，那种美妙的感觉增加了改善世界的可能性。

菲利普·基彻，一位杰出的科学哲学家，为本书奠定了基调，他从世俗的视角展开讨论，直面针对世俗主义的质疑，但他的最终结论是：“要想对这些挑战做出充分的回应，就不能把世俗主义仅仅视为一个消极的信条，而是要提出能够取代传统宗教的功能性因素的东西。”就臻于“丰足”而言，“功能性”一词在不是搞哲学的人听来，有一点过于功
1 利，不过要取代宗教的“功能性因素”，还需同时达到传统上认为宗教所提供的情感、个人和文化方面的满足感。正是由于这一原因，我（和其他几位撰稿人一样）仍然坚持使用那个颇有问题但常常极为管用的词——“施魅”。假如我们小心谨慎地对待这个词（这篇导言暗示了使用它的限定条件，布鲁斯·罗宾斯在他的那篇文章里提出了几点保留意见），就有许多方法，可以从这个世俗世界得到“施了魅”的体验，但仍然安住于此时、此地。

这是一本关于思想，关于科学、伦理学、历史和艺术的书，与此同时，这本集子力求成为一本关于生活的书：完全世俗化的生活**感觉**是什么样的，或者**可能感觉**是什么样的？正如保罗·科斯塔所提出的，我们如何才能在一个不考虑超验事物的世界里感到自在？我们如何发现事物，如何以现世的说法理解它们，如何将它们视为有价值和“有意义”的东西进行思考和体验？我承担本书的编辑工作正是为了探讨这些问题，因为这不**仅**是思想问题，也是感受问题，因为通过学着在这个世俗的世界里感到自在，我们可以更为强烈地感觉到把它变得更好的紧迫性，并且可以更为全面地了解把它变得更好的种种可能性。

因此，围绕八十九年前去世的社会学家马克斯·韦伯所提出的一个理论的争辩，虽然在一些人看来也许是晦涩难懂的行内话，但其实是有其非常实际的紧迫性的。韦伯说：“我们时代的命运具有理性化和理智化的特点，尤其是具有‘世界的祛魅化’的特点。”[2]科学将在以下的论证中扮演重要的角色，因为科学是我们发现世界运作机制的最佳工具；尽可能多地了解世界的运作机制是尽可能改善人类处境的一个条

件。不过按照韦伯的说法，科学为世界“祛魅”，抽走它的“意义”，而且与其说这是通过透彻解释世界而达到的，不如说它让我们认为似乎不靠祈请超验力量也**可以**透彻解释世界。但是，尽管哥白尼对世界，因此也是对人类的中心位置的著名消解标志着中心消解的漫长历史的发端（中心消解已在物理学，在许多重要的心理学理论，在达尔文的学说以及由它发展而来的进化生物学中出现），此处的论点是（所有供稿人似乎都同意这一点）：科学带来的消息与韦伯所说的祛魅所暗示的具有精神破坏性的消息说到底并无相似之处。

在这些有关“认知”、“感觉”、“伦理”和“施魅”的争论背后，存在着这样一种信念，即世俗主义不是可选项，而是必选项，它是民主社会 2
和民主世界的基本条件。相互竞争的势力和相互竞争的宗教不仅要求统治人们的精神生活，还要求对我们在这个世界上的生活行为拥有绝对的权威。宗教所最终要求的道德和精神权威**必然**暗含着普遍性，这只可能意味着，每种宗教必然会同时要求对世俗社会进行道德和精神上的控制。显然，许多宗教，或者许多信教人士，已放弃宗教作为整体所暗含的普遍性要求，他们同意尊重不同的信仰方式。然而，互相抵触的要求主张仍到处可见；为了生存，当然，也是为了比仅仅生存更为丰富的状态，各国在内部关系以及在与他国的关系上必须允许某种权威的存在，它**不同于**相互竞争的宗教所代表的那种宗派主义权威。没有哪个正常人会认为，与宗教社会正相反，世俗社会永远是安逸、和谐的（只要稍稍联想到斯大林主义、希特勒主义，就会彻底否定这个荒唐的想法），不过有理由相信，为了让一个民主文明能够继续存在下去，必须存在某种被所有追求“真正的”真理和道德典范的竞争者认可的权威，来限制他们对其他竞争者施加不当压力的权力。这种做法最终是否可行，是否得以长久，尚不得而知。但是，那个终极权威，即民主国家，绝不能附属于任何一个竞争者。[3]

由于这一原因，一个真正的民主国家不可能是信仰基督教的（或者基督教的任何一个教派或其他相关宗教，如罗马天主教、犹太教或伊斯兰教），但它必须欣然允许基督教、犹太教或伊斯兰教在共同体中享有自己的空间。必须要有查尔斯·泰勒所说的一种“社会秩序理论……它可以改变我们的社会想象”。[4]也就是说，一个真正的民主国家必须是世俗的，不论其国内的任何个体是否相信超自然力量及其与我们日常生活的关系。

因此，尽管本书的撰稿人有着各自的限定性条件，本书所要追求的是如泰勒在《世俗主义的模式》一文[5]中所描述的那种东西。在文中，泰勒，一位罗马天主教的信仰者，将世俗主义视为现代社会的一种道德责任，它极大限度地容纳人类的信仰，让民主至少成为可能。我们所需要的那种社会政治组织不为任何一种宗教信仰所控制，但是为了使文明生活成为可能，它愿意默认关于文化范围内的普通与社会生活的方方面面所做的决定，以及关于法律和社会行为规则的一种“重叠共识”
3 （overlapping consensus）。[6]

为了达到这样一个虔诚（没错，是虔诚）企盼的状态，就有必要重新考量世俗主义，认识到其中所有一直以来与宗教相关联的道德的、精神上令人满足的，以及深深感受到（不仅是平心静气地认同）的因素，但不包含神秘因素，也不包含宗派主义。这是一项艰巨的任务，也许不切实际，但是非常值得为之奋斗。为了实现它，我邀请了各个领域的思想家，他们都是关于此类问题的最权威人士。我问他们：“你能否试想一下‘世俗施魅’的可能性？”也就是一种“积极的”世俗主义，它可以满足那些极为重要的情感和精神需求，如果世俗主义者断然否认这些需求的话，结果将是自我毁灭和自我欺骗。显然，我询问的作者是我认为多多少少具有世俗主义倾向的，不过更为要紧的是，他们曾经认真思考过这些问题。我起初并不知道他们想要说什么，但知道他们的回答值得严肃考虑。无论这些作者持何观点，我自己的目标是将伦理道德和“丰足”从超自然中脱离出来，将关注点和情感投入从来世（aldilà）转移到当下。想要往民主的世俗主义跨出任何一大步，都需要我们免受那个“祛魅”神话的影响，并且深入骨髓地感受到，对于这个世界的点点滴滴的深切关注（许多人往往视此为莫大的痛苦），和一种不仅是物质上的也是我们所谓的精神上的满足感是可以共存的。

我邀请威廉·康诺利为本书撰稿并不足为奇，因为本文的引语就出自他早先的一篇文章，在此文中，他为我们的论题提供了强有力的论证。在《致圣奥古斯丁的信》中，康诺利令人动容地与奥古斯丁展开交流，他探讨了奥古斯丁的论点并抱怨道：“越深入探究人类的状况（而你比所有古人和大多数来者都更为深入地观察这个深渊），就越清晰地认识到，如果要确保一位至高无上的神能够救世，竟需要将如此多的东西从人类生活中剥离，转而投入神的身上。”[7]本书旨在设想一种积极而令人满足的世俗主义，它与那种剥离是针锋相对的。如果说，想要获得泰勒称之为“丰足”的那种满足感（或者奥古斯丁所希求的救赎），我们就必须从尘世之外寻求解释（而最初的满足感正是由尘世引起的），把自己从这个世界中脱离出来，贬低它的重要性，甚至否认它，把常识告诉我们是真实的东西仅仅看作通往真正真实的虚幻过渡——这种想法不是暗含着矛盾吗？至少，这是我着手编辑此书时思考的问题。总体而 4
言，撰稿人提出各自解决问题的方法，我发现它们与我最初的想法是一致的，尽管也有各种各样的不同之处。

在我看来，他们为设想一种积极（又常常是危险）的世俗主义并最终充实生活于其中的可能性和必要性提供了一组丰富而振奋人心的论证。在这篇导言的余下部分，我将采用比某些撰稿人少一分哲学准确性、多一分情感因素的方式来讨论这一可能性；我试图解读撰稿人的文章如何反映这种世俗主义的可能性，同时用我自己的语言来说明，过一种有满足感的世俗生活可能意味着什么。

达尔文曾经写道，他有时想不通，为什么并不是人人都想成为鸟类学家。其实我是很想的。我喜欢观察鸟。我爱鸟。它们的多种多样、它们的聪明、它们的美丽、它们的随处可见（可惜越来越难了），以及最根本的，它们之不同于我，总是让我感到惊讶。总之，它们既适应了真正的丛林生活，也适应了城市丛林深处的生活。雨林与它们一起悸动，回荡着它们的鸣叫。一到春天，中央公园的树林里到处是鸟。不过纽约（还有洛杉矶、芝加哥）的街道也能养活它们，鸽子、麻雀、椋鸟、红雀、绿头鸭、乌鸦、红尾鹰、银鸥，有时还能看到游隼，甚至逃跑的鹦鹉的后代组成的共同体。甚至可以说，这种活力、适应力和多样性是一种奇迹。我们所要做的只是看着它们。我们以为生活在都市的我们和自然之间相去甚远，然而鸟类提醒我们，我们你中有我，我中有你，彼此依存。

思考这一经验的意义会掩盖感知和反应的强度。我最好先说“哇”，而不是一开始就琢磨这些鸟从何而来，它们如何维持生活，它们如何应对几百万人类和他们的机器的凶残或冷漠。我最好要注意到它们的普普通通所掩盖的事实：这些鸟有着美丽的羽毛和强大的繁殖力，它们优雅、敏捷又机灵，能够在垃圾、面包屑、粪便等人类残渣中找到它们所需的资源。它们太普通了，以至于有时候招人嫌，可是，当那些讨厌的、灭之不尽的椋鸟同时但不整齐地从云端向下猛冲时，谁看了这惊
5 人的表演而不会心生敬畏之情呢？

这种因认识到如此多独立于我们而存在，却又与我们密切相关的生命而引发的感觉，这种深深的，姑且称之为“自然的”满足感，促成了那种“丰足”，它赋予我们的生命一种“丰富性”，让它感受“更深、更有价值、更令人赞叹、更像它本应有的样子”。[8]在泰勒看来，这些时刻指向上方，指向因世俗世界而起，但又超出世俗世界的某种存在。我并不这样看。它将我引向（让我沿用这一比喻）下方，即使向上也仅仅达到鸟儿飞翔的高度。在我看来，尽管有城市的噪声、垃圾，以及报纸和电视上经常报道的各种灾难，这个世界还是非常美好的，它可以自给自足。

地球已经足够大，或者应该足够大。因此，让我的生命有幸变得丰富起来的那些丰足的时刻，是深刻的，甚至是充满激情的世俗时刻。“哇！”世界真精彩！

当然，在西方文化，也许是所有文化（这方面我不是专家）的漫长发展历程中，始终流行着一种看法，认为我在观察那些鸽子、老鹰和鸭子时所体验到的要旨，以及让我们的生命达到丰足，让我们的社会和文化得以持续发展的伦理标准和美学标准，总是与另一个世界（即“来世”，许多文化的宗教里都有这样一个世界）的体验有着某种不可分割的联系。与我透过指尖感受世界的世俗想象不同，从一开始就出现了激烈的反对论调，它穿透了（比如说）世俗话语变得越来越重要的19世纪文化的心脏，这种观点认为：没有宗教，世界就不能解释自身，就会充满暴力和自相残杀，善恶不分，善行得不到认可。我们很熟悉陀思妥耶夫斯基那强有力的观点：一个没有上帝的世界是没有意义的。维多利亚时代的人大都认同此理，只是思考的程度不及陀氏。W. H.马洛克出版了一本名为《活着是否值得？》（1879）的书；作为回应，威廉·詹姆斯发表了一篇同名长文（1896）。这是一个现实的问题：如果世界上没有了上帝，还会有任何意义、价值或道德吗？如果世界上全是见鬼的东西，活着有何意义？（这里的“见鬼”一词或许比口语中的用法更有力度。）马洛克的回答是否定的；詹姆斯在另一种语域，以更为复杂的方式也同样给出了否定的答案。当我满怀敬畏和喜悦的心情观察红尾鹰俯冲到中央公园对面街上的屋顶时，我有时会问自己，为什么非要那样不可？此刻发生的这一切不正是生活的意义吗？ 6

显然，这是一个严肃的问题。我在此书中提出的答案是“当然”，而且我强烈地希望让这个答案成为尽可能多的人的常识。首先，我要强调的是，人们不需要思考这个问题。有鸟在就够了。并非所有的撰稿人都赞同我的观点，他们甚至都没有以这种绝对的方式来看待问题；但是我想把关于普通事物的奇迹（同时又切合达尔文理论）[9]的那种直接的、几乎不假思索的经验与“活着是否值得”的大问题联系起来。我把这个问题理解为：能否以完全世俗的方式来看待这个世界，用纯粹自然主义的方式来解释它，而不借助丹尼尔·丹尼特嗤之以鼻的“天空之钩”*？世界能否提供那种传统看来只能由宗教提供的“丰足”，那种道德、美学和精神的满足？“当然”这个回答也许显得过于简单，本书的作者从各自不同的角度来探讨这一问题，有的论证极为复杂，有的暗含不同意见，但是，无论他们得出何种结论，我作为只具有个人权威的编者，希望强调这个“当然”的回答，强调世俗价值观的基本立场。

我那快乐的中产阶级知识分子的热情所存在的问题立即跃入脑海。詹姆斯以一则笑话作为文章的开头：针对马洛克在他书中提出的“活着是否值得？”的问题，詹姆斯的回答流传甚广——“这全看肝脏给不给力”。** 这笑话说到底并不是笑话。让一个身体健康、生活安逸的学究式鸟类观察家要求一个充满疯狂、痛苦、饥饿、掠夺、非法集资、贩毒集团、疾病、地震、火山爆发、洪水和种族屠杀的世界（带着几分自认幸运的自满）宣称，人人都应该袖手旁观，笑对精彩的世界，好好欣赏它吧！这该是多么荒唐。詹姆斯绝妙地认定有一些人，例如，他援引惠特曼，具有“天生的生命力之泉”，他们本质上就是乐观的，对他们而言，世界可以很精彩，一片草叶可以成为震慑无数无信仰者的奇迹。可是还有另外一些人，他们也许肝脏有缺陷，即使他们的生活在其他方面非常舒适，他们的性情却总是倾向于悲观。詹姆斯写道：“19世纪的我们

---

* 丹尼尔·丹尼特，美国当代哲学家，研究领域为精神哲学和科学哲学，尤其是与演化生物学和认知科学有关的课题。“天空之钩”（sky hook）原指恶作剧中从空中垂下以提起重物的钩子，实际并不存在。丹尼特在《达尔文的危险思想》（*Darwin's Dangerous Idea*）一书中用“天空之钩”喻指未得到物质支持，因此不切实际的实体或过程。——译注（以下脚注若无特殊说明，均为译注）

** 英文原文为“It all depends on the liver”。Liver一语双关，既有“肝脏”的意思，也可理解为“活着的人”。

拥有进化理论和机械哲学，我们世事洞明，绝不会毫无保留地崇拜任何性格［自然］充分表现的上帝。”[10] 7

在本书中，亚当・菲利普斯讨论了弗洛伊德的观点：我们每个人都出生于“无助”之中，这是人类永恒的境况。我们一来到这个世界上，就处处依赖他人，随着我们逐渐长大，无助的状态并没有丝毫减退，只是转化了而已。这种境况决定了世界上不可能有很多欢乐，至少欢乐不会长久；它让人受不了、感到恐惧；人类根本没有抵抗它的办法。我们是无助的。根据菲利普斯对弗洛伊德的解读，我们所必须做的事情就是面对这种无助的状态，除非（我觉得）自杀（马洛克和詹姆斯都把自杀看作无神的人类处境的合乎逻辑的结果）。具有反讽意味的是，正如菲利普斯所看到的，寻找援助者的企图（最有力的终极援助者是上帝），是掩饰詹姆斯也曾面对过的现实的一种方式。詹姆斯在他那篇无异于恳求“援助”的文章里提供的答案，是把对上帝的渴望转变为上帝的实在。（本书中的几篇文章，尤其是大卫・斯隆・威尔逊的那篇，也是如此，它们把我们引向一个问题，这个问题不仅仅是我们对于这个世界的描述的真实性在哪里，而且是在我们的理性主义和科学模式中，真实是否能够给予我们最大的帮助。）弗洛伊德把这种举措视为投降，从现实中的撤退，以及（也许具有反讽意味）对真实（用我的话说就是世俗）欲望的掩盖。菲利普斯的文章意在表明，只有那种在现实世界中的某些瞬间发生的世俗欲望的满足，才会最终让生命有活下去的价值。因此，颇具反讽意味的是，我们最好的应对办法就是承认我们是无助的这一无法逃避的事实，去寻找偶尔发生的世俗欲望的满足，这些欲望由于向上帝寻求援助而遗失。

问题变得复杂了。世俗状况有许多种解读方式，我之所以援引泰勒的“丰足”概念，一部分原因是，我理解的“丰足”并不是全然幸福的状态，而是一种虽然有时痛苦，甚至更糟，但能让我们真正认识到事物和我们自身价值的状态。因此在本书中，我希望与复杂的问题纠缠到底，但仍然保留我的“哇”。我们能否既接受自身的“无助”又体验世俗状态下的“丰足”呢？“当然。”

虽然我为一种勇敢面对事实真相的修辞所深深吸引，也一直同情发明这种修辞的19世纪末20世纪初的“自由思想家”，诸如T. H. 赫胥黎、卡尔·皮尔逊、莱斯利·斯蒂芬、伯特兰·罗素等作家，但是我意识到，它最终的戏剧性自满，甚至它的认识论前提，都是有问题的。我们紧紧攥住令人为难的事实真相，把自己描绘成在智力和道德方面优于
8 其他“大孩子”（韦伯语）[11]，他们以为科学真理与宗教信仰是可以并存的。一边是无法避免但不断自我纠正的科学真理，它教会我们如何在这个世界上得心应手；另一边是宗教，它教会我们如何在彼岸世界行动自如，此外，作为通往彼岸世界的路径，宗教监督着我们在今世的行为。

已故的斯蒂芬·杰伊·古尔德以及许多杰出的科学家都相信科学和宗教并不是水火不相容的，古尔德颇为自负地称它们为非重叠教诲权威（nonoverlapping magisteria），但是本书对此并不认同。我避开了诸如理查德·道金斯和丹尼尔·丹尼特等杰出作家的那种必胜主义的修辞，但我大体采纳了韦伯的那种对两者有点蛮横的区分方式。本书的目的不在于统一科学和宗教之间的矛盾，有些人也许能做到，有些人显然做不到，而我根本不信这一套；它的目的在于想象一种令人满意的世俗性，一种可以与“丰足”，而不是与传统宗教共存的世俗性。

与此同时，修辞问题也是实际存在的问题，因为按照严格的科学理性论证，一旦在现代西方的知识论框架内，我们发现“证据”以及观念和事物之间的逻辑关系，就产生了定论，尽管除了本来不信教的人之外，没有人信服这种无懈可击的论证。接下来的修辞往往带有必胜主义的味道，不允许任何人否认或质疑“证据”，也不允许任何人怀疑“理性”优先于“信仰”的假定。不过有必要指出一个哲学上的有力证据，那就是，科学理性也是建立在某种信仰之上的，休谟在几百年前就讨论过这种信仰。[12]当然，现代人对于科学绝对权威的深信不疑并不一定总

能达到预期的智力和道德效果：如韦伯所说，那些“无法像个男人一样忍受时代命运”的人因为拒绝接受令人为难的事实真相而做出了可怕的“智力牺牲”。[13]我承认我完全赞同这种思考问题的方式，而且由于最近对原教旨主义者之间的攻击和回应感到气愤和沮丧，我发现加入激进的无神论雄辩家的队伍是一个相当诱人的选择。

但是，詹姆斯·伍兹在最近一期《纽约客》上发表的文章中表明，有一种方式可以达到我在本书中追求的目标，但又不必拿智力和道德的大道理来摆架子。伍兹写道：“我们需要的既不是道金斯那种自负的 9
理性主义无神论，也不是伊格尔顿那种深奥的宗教信仰，而是掺有神学成分、类似落空的信仰的无神论。这样的无神论距离信仰只有半步之遥，它就像音乐中的不协和音，因为过于接近而愈显刺耳。它会像对待亲兄弟一般来描述信仰，而不是把它视为讨人厌的穷亲戚。”[14]但问题并不仅仅在于，在避免信仰不切合实际的事物的同时避免必胜主义的修辞。伍兹出色而敏感的构想距离我所期望的结果仅有半步之遥。

在我看来，伍兹在追求融合神学的无神论时有点过于强调信仰的**落空**性。认清它的来源并不是难事，尽管我本人从未那样失望过。我所希望的，是像一首老歌所唱的那样，“突出积极的一面”。世俗主义的故事，甚至连（或者尤其是）查尔斯·泰勒所讲述的那个精彩的，几乎巨细无遗的故事，从我的审美和信念看来，都太过“恋旧”了。这当然意味着思乡。能够信仰是多么美好！家是我们曾经的归属，如今不再！因此，失望意味着，我们希望重新回家却不能：从我的角度来看，我们恰恰不该如此看待世界。这个世界**就是**我们的家。因此，所有这类思想和感情构成了祛魅叙事的一种版本，如今任何有关世俗主义的讨论都必须正视它。过去的情况好些，那时到处都有魔法，而且在某些野蛮的社会等级制度中，宗教权威和世俗权威是合二为一的。如果对一个美好但我们已经不再信仰的宗教的怀念之情让我们感到孤独凄凉，那么我宁可拒绝乡愁和失落感，我希望本书或许可以带有对那些感到失落的人的同情，带领我走向另一个方向。

伍兹的精彩构想必然牵涉一种恭敬的恋旧情绪，而菲利普·基彻在他为本书撰写的文章和他的近著《与达尔文和平共处》中所讨论的正是我认为的正确方向。[15]基彻既不赞成必胜主义的那种理性主义修辞，也不认同“智力牺牲”，他认识到，世俗主义需要某种不同于否认超自然力量的东西，也需要某种优于对失去的难以置信的哀悼的东西。我再次引用他的核心观点：“充分的应对……不能把世俗主义仅仅视为一个消极的信条，而是要提出能够取代传统宗教的功能性因素的东西。世俗主义需要成为世俗的**人**文主义。”

这一切都表明，正如批评世俗主义的原教旨主义者所坚称的那样，
10 世俗主义确实有可能**只是**另一种宗教（却是更糟糕的一种），这样一来，它对宗教所做的批评当然也就适用于其本身。即使我们坚决不允许把“世俗主义”理解为对宗教的否定（正如无神论被定义为对信仰上帝的否定），似乎仍然无法摆脱历史的阴影，因此也就无法摆脱宗教的阴影，因为宗教早已出现在深远而漫长的历史长河中。由于在我们的历史中把宗教和对丰足的意义与可能性的探求联系在一起是很正常的事，世俗主义随着自身的发展（如果会发展的话），自然会像泰勒在《世俗时代》中所论述的那样，受到宗教传统的影响。伍兹的构想承认了这一点，因此大体方向是正确的。提出能取代“传统宗教的功能性因素”的东西（包括我在导言开头提到的“丰足”的体验），势必导致一种近似的比较，即使并不情愿。基彻在他的文章中声称，要想提出一个理由充分的世俗主义，必须首先对宗教究竟能提供什么有一个透彻的了解。在这方面，对宗教的世俗研究已经形成了一个显著的传统，例如涂尔干的著作和大卫·斯隆·威尔逊较近的著作，[16]后者特别强调宗教在社会融合方面所起到的不可或缺的作用。

不过这绝对不是指我们惯常认为的那种“宗教”，而是指迫使传统宗教**离开**理应属于世俗世界的领域。举一个最极端的例子，它绝不是

指创造一个19世纪孔德实证主义的仿宗教，包括它的礼拜堂、教堂、每日祈祷等。那时的实证主义者遇到了本书所讨论的智力和精神危机，从某些方面来说，他们相当明智地建立起一个教派，并列出了一个理性主义圣徒的名单。几乎从一开始，这一举措的荒唐可笑就显而易见：我们**不**需要的正是虚假的仪式、仿造的教义问答、正经的礼拜天集会和“普及性布道”、理性主义者告解室，诸如此类的东西。[17]所有这一切都是对失去的忏悔，不可避免地沦为对一种深厚历史传统的苍白甚至滑稽的模仿。我们真正需要的，是明白被宗教占领的最重要的那几个领域，道德、艺术和日常生活，正是世俗主义有充分权利收复的领域。基彻和伍兹之所以都倾向于把世俗主义变成另一种宗教，是因为他们明白，理性只占人类经验的一小部分，它在情感的迫切需求面前是无能为力的，康诺利在《我为什么不是世俗主义者》(其实他是)一书中也认识到了这一点。重要的是找到结合情感世界和理性世界的方法，我们必 11
须用另一种修辞(修辞的定义本身就包含这二者的结合)和另一种生活方式来达到这一目的。正如大卫·斯隆·威尔逊在此处所说的，我们追求的是“一种能够实现宗教所提供的东西，但同时又尊重客观现实的文化体系”。没错，正如基彻所说，“世俗的人文主义”：不过它不应该是一种宗教，而是一种占据着通常被认为专属于宗教的领地的存在方式。[18]

问题的关键，也许也是我论证的不假思索的起点，并不是世俗主义是一种衰落，一种必然的失去，而是(我又要偷偷用那个词了)它是一个好到见鬼的东西。正如布鲁斯·罗宾斯希望在他的文章里(他讨论了他显然认为是虚假和造成含混乡愁的整个传统)强调的那样，世俗主义**理应**被视为“一个进步的故事”。在当前那种甚至对达尔文都拒绝运用进步观念的思想文化中提出类似的观点，实际上是非常大胆的举动，尽管科学和理性主义思想家并不觉得伤脑筋。极为关键的一点是必须抵制这样的想法，即世界会变得越来越美好，并且通过技术和人类的创造性最终到达一种乌托邦式的未来。相信这一类进步的神话意味着相信一整套值得怀疑的政治和经济叙事；它把“返魅”的故事转变成一种**暗地里进行的**政治活动，一方面受到伊格尔顿的责难，另一方面遭到罗宾斯的反对；伊格尔顿倾向于回归传统的宗教立场，而罗宾斯比摆脱施魅叙事和传统宗教立场走得更远。

科学上的进步理想在工业、技术和金融等庞大系统的发展中被过度利用，把西方文化推向灾难的边缘，难怪许多知识分子感到深深失望，但是尽管如此，认识到科学思维的发展至少是认识论上的“进步”这一点是有重要意义的。（此外，我接下来会提出这样的观点，即这种进步与道德的“进步”也有着极为密切的联系，不过这问题要复杂得多。）我们的确对世界的运作机制了解得更多了；我们急于想知道（这虽然危险但难以抗拒）我们还能了解多少，以及物质进步是否能够解释并有益于我们传统上一直认为属于精神领域和纯私密自我空间的东西。“还原论”问题在此处有所抬头：我们能否把一切事物还原到某种基本的
12 物质状态？当然，在我看来，我所谓的不成熟的“物质主义”制造了一些糟糕的东西：证明男人生来就是强奸犯的书，能够“治愈”从同性恋到精神上的无明的灵丹妙药。但是我还是想知道，正如弗兰斯·德瓦尔试图告诉我们的，有关灵长类动物的道德潜能的一些情况；我想知道，正如大卫·斯隆·威尔逊试图发现的，人类行为的各个方面，例如我们的仪式和态度，在多大程度上不知不觉地几乎成为人类适应能力的起因。我想知道人脑中到底有没有生理上的自动“同情”成分。我想知道的还有很多，我希望对此前被我们的神圣观念禁止涉足的领域进行自由的“科学”探究。威尔逊说：“神圣的概念中并没有特属于宗教的东西。”[19]只有更多地了解事物的存在方式，才能对它们或者与它们一起做有价值的事，这是本书中的几乎所有文章或暗示或明确提出的一个观点。

丽贝卡·斯托特在她为本书撰写的文章的结尾处恰到好处地（这

一点让我感到望尘莫及）引用了埃米·克拉姆皮特的诗《脚下茅膏菜丛中的阳光》。该诗末尾的那个非凡意象丰富地捕捉到了我一直试图用枯燥无味的散文传达的世俗主义概念：“那只杯子里／有如此多的光，看着看着，／你开始向上坠落。”对宗教性语言的影射（“坠落”一词是最明显的，“光”是它的传统对立面）使得我们栖居的世界上下颠倒。斯托特的分析使它正了过来，从达尔文主义的角度来看是正的。在世俗世界中，“坠落”一词的字面意思取代了宗教世界中拯救的向上运动，将我们置身于非常美丽却又非常危险的事物之中。人向上跌入鲜艳的食虫植物茅膏菜丛中。它们虽然外表鲜艳，但是我们不可能忘记，这些花是“贪食者”，生长在沼泽之中，除了危险的美丽外表之外并不能提供任何慰藉。

这正是我为本书所想象的世俗主义将要引领你前往的地方，希望“坠落”被理解为向上的动作，尽管形式大相径庭，却与菲利普斯文中所说的对“无助”的接受实际上是过上道德和审美双重满足的生活（“丰足”的状态）的前奏有着异曲同工之妙。菲利普·基彻提醒我们，单纯的无神论本质上是一个否定的立场：“否认”某样东西的存在，他们否定上帝，因为他们在自身的论证原则内找不到任何肯定的证据。但是这种认识论（和形而上学）的论断与我们目前宗教和世俗胜负难辨的僵局，甚至是激烈的交战状态，并不相关。我们跟随着克拉姆皮特的诗走进那片灿烂的沼泽，来到这样一个位置（当然是打比方的），即必须按照基彻的观点来对待世俗主义，否则它就无法紧紧抓住我们时代（或任何 13
时代）的真实生活。也就是说，必须把世俗主义表述为对一个人放弃宗教给人类生活注入的积极态度时所遭受的损失的“一系列积极反应”，从体验到的灵感到慷慨大方和道德行为，又如建立共同体等。从某种意义上说，世俗主义具有的不应该是认识论上的魅力，而是我们长久以来认为宗教所具有的社会和文化魅力。向上跌入茅膏菜丛是我们希望自己能够做到的事情。这本书的很大一部分写作动力都来自一种坚定的信仰，没错，必须用这个词，尽管我认为有无数的证据来替该词辩护，即世俗主义是一种“向上坠落”，这样的世俗魅力是可能的。

泰勒、罗宾斯和罗伯特·J. 理查兹提醒我们，马克斯·韦伯所说的“disenchantment”（祛魅）的德语原词是Entzauberüng，即祛除魔法；从魔法到科学的跨越是不可信但美好的传统故事与可信的现代故事之间的斗争中的关键一步，它决定了（正如韦伯的论断）可信的故事更为可取（我坚持认为，可信的故事也可以很美好，尽管这种硬性销售是这篇导言也是整本书的目的之一）。这样的故事之所以更可取，并不仅仅因为它们更真实。有用的，或者说适应性的、实用性的真理与客观科学真理的差别问题是世俗主义的关键问题，威尔逊在他的文章中对此有所讨论。但是本书，或者至少这篇导言的成见是，与适应性真理或实用性真理相对的“真正的”真理最终也有可能具备更多的适应性和实用性。菲利普斯建议说，对人类而言，最好接受无助这一事实。从道德角度来看，探究利他主义是否像某些人说的那样与我们作为由自然选择过程控制的生物体的生命格格不入，比往我们硬骨头般的世俗态度里插进超验的利他主义来得更为有效。因此，我希望通过本书传达的世俗主义叙事是一种改进叙事：曲折地穿过人类理解事物真实性的意义时遇到的错综复杂的问题，到达这样一种对真理的理解，即给令人为难的事实真相留出一席之地，但与此同时为过去（那时此类事实真相还不太多见）只能由宗教提供的满足感开辟道路。

这听起来有些幼稚和大胆，但是请把它想象成一个向上跌入茅膏菜丛的动作。只可意会不可言传。世俗主义不应该被理解或感受为一种必然的损失或对一个无法兑现承诺的宗教的英勇反叛，它是对沼泽
14 地里灿烂阳光的体认，因此是一种极为正面的肯定。就在此地，就在此时。

遭到罗宾斯极力反对的施魅叙事确实往往会暗示“往昔”的优越性，即使我们明白必须抛弃“往昔”。施魅叙事和泰勒那本涉及面极广

的《世俗时代》一样，虽然对于世俗主义的精神吸引力和可能性有着深刻的理解，但是其中暗含着对已逝的魅力、魔法的怀念之情。这是一个漫长而感人的故事，不过，正如我在此处所指出的，无论多么睿智，它往往将魔法世界视为家园。基于这种想象（也许把它称为含蓄的感情更为合适），我们可以考虑一个魔法世界中可能存在的情况。

我回想起几年前一位法国友人描述她在中非心脏地带亲身体验的当地文化。她独自一人与当地的原住民共同生活了很久。在最初的几个星期里，她完全融入了当地人的圈子，一点也不感到害怕。她与巫医促膝长谈，与男女老少打成一片，并尽可能多地了解当地文化。但是，她后来告诉我，当地原住民和住在附近的其他部落一样，都相信有一个由精神主宰的、有意图的世界（丹尼尔 · 丹尼特也许会说，这样一个世界是建在“天空之钩”之上的）。这个世界里发生的每一件事都是“有意图的”。总是有一个精神在发挥作用，我们称之为魔法的东西在他们看来是生活中的正常现象。我们认为非理性的东西恰恰是他们认为合理的；我相信，反之亦然。在这个族群中，意外事故背后的“精神”一旦被查明，凶手所受的惩罚是相当重的。意外不会就这样发生。一定是某个人造成的，那个人必须付出代价。

因此，世界上并不存在偶然。一切皆有原因。人也许看不到精神，但它到处发挥着作用。这些原住民似乎**始终**活在一种感觉中，这种感觉类似于许多西方人在经历了车祸或空难，看到那么多伤亡时所发出的感叹：“我能安然无事一定是有原因的。感谢上帝救了我。”（这显然在暗示，其他人的死也是应该的。）

这是一个由魔法主导的世界。魔法是合情合理的。假如有人碰伤了脚趾，或者摔倒，或者死去，找到为此负责的人是至关重要的。最终由巫医来确定谁是凶手（而不是**是否**真有凶手），然后对其施以通常非常可怕的惩罚。我的那位朋友说，她曾亲眼看见她认识的非常温和友好的人对别人实施酷刑甚至死刑，仅仅因为有人溺水而亡或者不小心 15

摔死。这是某个人的过错，这人有罪，必须付出代价。判决没有丝毫挽回的余地，惩罚的残酷证明了判决有多严重。我的朋友说："死亡无处不在。"有一次，她在和另一个巫医打交道时遇到了一点小麻烦，她和周围人那种友好融洽的关系立刻变得岌岌可危，连门都不敢出了。她的生命也可能受到威胁，随便哪个巫医都可以轻易下一个对她不利的判决。这个故事最后要交代的是，我的朋友坚信，假如有一家像样的医院的话，魔法和巫医基本上就会从当地文化中销声匿迹。

以我或许无可救药地囿于西方的学识来看，我的朋友接触的那个文化是被"施了魅"的，是充满魔法的，在一个彻底被神秘笼罩的空间之内完全行得通。也就是说，只要世界被精神所控制而使得事物具有合理性，那么那个精神究竟在想什么、要做什么就永远是神秘莫测的。这与西方的世界观几乎完全相反：自然选择与精神无关，它的过程不涉及道德责任。我们也许会被灾难吓坏，但是我们懂得它的"运算法则"（丹尼特语）。科学的非主观性让理解成为可能。自然选择的世界是被"祛了魅"的，但结果是，我们比那些相信万物都是由精神和意图控制的人更了解这个世界。这些非洲原住民的合理的、被精神控制的生存方式恰恰制造出"施魅"所需要的条件。

西方的宗教世界也上演了类似的故事：只要发生可怕的事情，都是上帝的安排。正如韦伯所强调的，一个被施了魅的世界总是充满神秘，某种无法理解的事物对人的生命起着关键性的作用，但我朋友向我描述的文化是一个自然界的万物都深具意义的文化，不过它的运作方式类似魔法，而且在很大程度上无法解释。终极的原因仍然是个谜，但是我们知道有一个精神赋予了它们意义——一个来自自然之外的精神。施魅之乐（就像堂吉诃德把他见到的一切都转化为有目的、有意义的行动），就在于它提供了某种终极的道德甚至理性框架的满足感（即使我们过于渺小和卑下，无法知道它究竟是什么）。这种被精神控制的世
16 界，就其具体的过程而言，是充满魔法的。但是死亡无处不在。

从这一角度来看，施魅的吸引力大大减少，而乡愁也变得不那么容易了。就像在我朋友身上发生的那样，它可以把你置于魔法的中心，但是你不知道什么时候会受到伤害，也从来没有自在的感觉。从我或许非常浅薄的世俗角度来看，与精神无关的自然选择的世界似乎是一次相当显著而且更容易理解的进步：我们可以理解自然选择的过程，但不用觉得应该惩罚它（或者它的任何忠实追随者）。从魔法到自然过程的转变中发生了什么，正是泰勒在他的文章中讨论的内容。

根据泰勒的描述，世俗主义的标志，借用一位小说家而不是哲学家的表述，是所有行动都向内投掷。价值并不存在于事物（例如石头或者我的鸟儿）之中，而是存在于“我们所谓的精神”之中，“宇宙中唯一的精神是人类的精神”。[20]在被“施了魅”的世界中，物质被精神占据；价值存在于我对它的感知之外。丹尼特常常欢欣鼓舞地说，达尔文想象的是一个起源和发展都与精神无关的世界。[21]

但是，如果我想把这种观点视为一种进步的话，就不得不面对泰勒提出的问题：当我试图在“祛魅”的世俗状态下论证这个世界**的确是**精彩的或美丽的，或者试图主张某种道德责任时，就遇到了麻烦。如果我想把据说被施了魅的世界（比如说，文艺复兴之前的西方，或者我朋友待过的非洲）才有的那些丰足和丰富的特质还给**这个**世界，就需要让那些价值论断站得住脚。这个世界并不仅仅在我看来是美好的，而是它本来就是美好的，就连蚊子也是。按照这种论证思路，为了给世界寻找意义，我必须提出带有普遍性的主张。

我不得不相信泰勒非常谨慎提到的一点，即这种主张中暗含的“强评价”不会让我们从中解脱；即使对否认外部约束力的世俗主义者而言，任何想从中解脱的企图，例如，违背十诫中的某一条或者承认价值的相对性（拿“不可杀人”来说如何？），“都会给我们带来负面的影响”。即使是我看见那只弓着身子的猎鹰急速向猎物俯冲过去，在接触猎物的一刹那几乎将猎物引爆的场面而产生的奇迹感，也是一种“强评价”。这**的确是**令人惊奇的(而这也包括另一个生灵,鸽子的灭亡)。对我而言,这就是“事实的真相”(泰勒语),而由于这类强判断中暗含的
17 视角相对主义,它又是自相矛盾的。这种意义的不稳定性在目前有关伦理、道德和宗教的讨论中(例如威尔逊站在涂尔干理论立场提出的宗教信仰的适应性观点),常常遭到对道德问题加以“超”超验主义解释的生物学界的反驳。德瓦尔在本书中向我们展示了某些灵长类动物(至少在某些情境中)有利他主义的倾向。在另一个语域中,理查兹以极为审慎的文本和历史分析证明,坚定的自然主义者达尔文“为符合规范系统标准的伦理学……提供了根据”。也就是说,有充分证据表明,我们可以从自然主义转向伦理学,或者至少能够在自然过程中找到强道德判断的根据。

不过泰勒指出了我努力捍卫的观点(即在世俗世界中存在丰足和道德紧迫性的可能性)中的另一个问题,那就是,在西方和基督教的漫长历史中,利他主义所具有的含义并非生物学解释所能涵盖——“欣赏利他主义并不仅仅是发现这套行为模式有益[或者用更为复杂的进化论术语来说就是,不带任何自私动机而纯粹出于本能地对群体有益];它还意味着认识到为利他主义提供力量的动机在某种程度上更为高尚、更令人佩服”,这话有一定的道理。泰勒用世俗主义来解释很多问题,不过他坚持的立场却为精神领域的状态提供诸如“你帮我,我助你”之类的颇为现世和实用的解释。

我愿意认同泰勒未言明的观点,即纯粹的世俗主义使我们很难表述一种具有普遍性的价值规则。不过我想尝试与本书的其他撰稿人一起,接受某种不如“强”规则绝对的东西,以达尔文主义的方式(在这方面泰勒显然比我更强)认识到等级和差别的存在,并将我的普遍性规则转化成对可能性的证明。这并不是说,那些相信道德主张具有普适性的人在实践中真的能就道德的普遍特质达成一致的认识。我找不到任何理由来否认泰勒在试图得出一种还原论式的历史解释的同时所描述

的那种道德标准和经验，这种解释是基彻在他为本书撰写的文章中试图得出的，也是威尔逊有关宗教和施魅的想象的一部分。在我看来，威尔逊和德瓦尔显然都具有这种宽泛的可能性意识（科斯塔和理查兹也是如此，虽然他们的路线大相径庭）。

理查兹对世俗立场的表述与泰勒类似，尽管其来源是与后者截然不同的康德哲学；他认为，只有人类精神才能“明确表述清晰描述自然 18
的特征的理论”。他提醒我们，人类精神消失之后，自然界所有的“丰富的色彩、声音、触觉”，包括中央公园里那神奇绚丽的红尾鹰，都将消失。在理查兹看来，这一切终究给世界施了魅，因为“在一个很深的层面上”，人类精神是“理解自然的模板”，虽然这魅力并非存在于严格意义上的精神之外的世界中；魅力的终极根源是首先理解自然的人类精神。用其他术语，例如保罗·科斯塔对海德格尔论此类问题的解读时所用的术语来表述，认为这个问题能够完全从由内向外、由精神到自然的运动来理解的想法是错误的。科斯塔声称，感情本身、“情绪”是“拥有一个世界”的条件。

我并不想在这里让读者或其他撰稿人陷入这类复杂的哲学论辩。它们是重要的，我希望读者研读这些文章和其中的论点，因为这些论点拒绝简单化，甚至包括我在此处无意间造成的简单化。具体的论证和争论，对本人观点的检验，以及其他观点的互动和碰撞，使得此书值得一读。但是我觉得有必要认识到，泰勒有关世俗主义与一种关于价值来源的新主观性之间关系的观点，在本书的许多文章中得到了绝对的肯定，这个观点也是我们对于“这个世界”（我坚持这么称呼它）的价值的理解的关键。比如说，达尔文真的热爱他那没有精神的世界吗？我认为他爱，但是理查兹认为，达尔文热爱这个世界的一个原因有可能是他并不认为这个世界是完全没有精神的；把精神从自然选择中最终完全抽离出去的是当代人的思维。但是具有反讽意味的是，那个无涉精神的意义完全是精神的产物，因此可能并不是向往乡愁者向施魅文化的丰足的回归所要求的。不过它确实表明，对一套普遍、客观的强规则和价值观的迫切要求，在我们努力解决价值在一个世俗世界中的地位问题的过程中，不一定是一条非走不可的道路。比如说，我会指出泰勒在早先论世俗主义的文章中提出的“重叠共识”观点。即使在一个世俗的民主政治中，也没有办法让所有派别达成一致。但是一个民主文化的统一取决于“重叠共识”，即差别显著的各个党派、派别、宗教和社会团体都认同的区域，因此也就是把它们团结在一起的世俗权威能够
19 找到可靠支持的区域。

我在文章开头就申明，这是一本世俗的书。它的目的是重新思考和重新感受世俗主义，批驳超自然力量。本书的基本立场是我所乐意见到的由基彻表述的观点，“对自然主义的背离既缺乏说服力，又是相互对立的”，与此同时，泰勒一定会认同这一点，“对道德实践的自然主义解释是不充分和靠不住的”。不过我在此处所说的很多内容，甚至包括援引罗宾斯的进步叙事和威尔逊对实用性真理和真正的真理所做的区分，都意味着对那种“真正的”真理的重大道德意义的持续关注。正如基彻所说：“道德准则能否传播，取决于接收者是否相信这些规范的来源是正确的，这已然预先假定独立的（世俗的）对正确性的判断能力。”这又意味着某种可供识别可靠事物的推理和证据标准。简单地说，在采取适当的行动之前，我们必须知道什么是什么——而在这里，我再一次申明，科学的证据标准变得至关重要。

这一点在问题的更高层面上也是适用的，例如，人类是否可以被想象为“利他的”和道德的生物。道德是否完全是人类的发明创造？我们已经看到，弗兰斯·德瓦尔有关灵长类动物的研究帮助我找到了我一直在寻求的答案。假如我们从本质上来说就是没有真正道德能力的生物，那么我所认为的我们每个人都应该提的道德问题就变得毫无意义了。因此，有必要尽可能接近事实的真相，就像任何优秀的世俗写作一样。在这方面，伦理学与科学，即“应该如何”与“是什么”，是直接

相关的，起码的理由是，假如自然使我们从本质上就没有道德准则和道德行为的能力，伦理学将完全失去意义。然而我们每个人，包括最愤世嫉俗的人在内，显然并非没有这种能力，因此要么必须用超自然力量来解释，甚至连阿尔弗雷德·拉塞尔·华莱士（自然选择的共同发现者之一）在论述人类意识和精神的存在时都接受了这个较为传统的反应；要么在自然过程的本质中存在着某种东西，它不需要超自然力量的协助就能使道德成为可能。我们知道达尔文在这个问题上的立场是怎样的。德瓦尔坚称，通过对灵长类动物的研究，有明确证据表明，道德问题本就是自然进化过程的一部分。毫无疑问，道德问题是灵长类动物本性的一部分。动物性似乎并不仅仅意味着血淋淋的牙齿和爪子，正如理查德·道金斯乐此不疲提醒我们的那样，就在你读着这些字的时候，数百万的生物正在被追逐、吞食、毁灭和虐待。 20

从某种意义上说，是人类精神创造了世界（一半感知、一半创造），或者至少创造了一切价值，这个观点不应成为道德原则发展的障碍。基彻指出了研究道德进化的必要性，因为他把道德规则视为历史的产物。显然，这样做会遇到一些麻烦，部分原因是可能会遭遇互相矛盾的历史叙述（基彻对历史的概述——但是他把它仅仅视为一个概述——听上去倒像是当代的进化论思想者的标准叙述，似乎带有泰勒无法接受的那种还原论的意味）。

不过他说，“道德实践……历史悠久”，而且作为致力于道德理论和实践的深刻含义的世俗主义者，我们必须运用从历史研究中发展出的视角来“衡量［道德实践］产生客观主张的能力”，这样的见解无疑是对的。因此，在基彻看来，首先要做的是“像理解宗教信仰一样，把道德实践理解为一种历史现象，进而思考它的进化”。泰勒采取避而不谈的态度，而基彻却声称，他根据伦理学可能的进化和适应历史，乐于将伦理学视为“**社会技术**的一种形式”。这同样也不是什么迷人或施魅的构想，而是一种可能具备可行性的构想。把伦理学**还原**成如此实际的问题让泰勒感到不安（这是可以理解的），而基彻坚持历史观点，乐于看着伦理学发展，用我的话来说，就是脱离它的历史，因为它虽然事实上一直与宗教和谐发展，但是没有什么特别的理由说明，为什么一定要把这二者看作是密不可分的。举一个类似的例子，达尔文理论的发展显然是受到了马尔萨斯著作的一定影响，因此，达尔文感到舒适，至少是因为，正如阿德里安·德斯蒙德和詹姆斯·穆尔[22]等人所指出的，他的理论与他乐于参与的放任主义经济学极为相似。然而，现在达尔文理论的正确性不必取决于马尔萨斯的理论是否成立，也不必依靠资本主义的运作机制。进化科学推动这个理论取得长足的发展，并将其置于新的语境之中。它的作用依旧巨大，但不是只有成为资本家才能相信它。不是只有信宗教才能接受道德规则。

因此，我们无法做到泰勒的普遍、客观的义务（这种义务，用他的话来说，必然与世俗价值的以思维为中心的状态相矛盾）。不过我们可以（渐近线式地，我觉得这个词最贴切，因为它暗示着“进步”但永远不会有终结）接近一种行之有效、完全必要的伦理学。这一路上绝不会出现
21 巫医做判决时发出的符咒声。

因此，世俗主义并非易事，我们很可能非但达不到伍兹所说的对一种宗教替代品的友好而同情的认识，还会沉迷于必胜主义修辞。我愿意相信，本书的撰稿人没有一个沉溺于那种修辞。他们都认识到，在寻求一种全然令人满足的世俗主义过程中，宗教对我们的道德和审美传统的影响之深，但他们又都深刻意识到面对（我再一次不无惶恐地用到该词）真理的必要性。托马斯·哈代说过，全面审视最糟糕的情况，因为这是扭转局势和在这个艰难、恐怖和精彩的世界上有人情味地（但不一定总能成功地）巧妙行事的一个条件。

在阅读本书中这些各有千秋的文章时，我发现它们几乎全都表露出隐藏着的强烈感情，并不是韦伯在他的《学术作为一种志业》中所希

望科学追求的那种必要的非个人性，而是对这个世界上的事物的一种激动的肯定，对它们的一种感情。这种感情当然不是针对我的那些太具象征性却非常真实的鸟儿（那是我个人的古怪问题），而是针对保罗·科斯塔在本书中所描述的世界的惊奇、精彩的平凡性，是针对在思考此时此地所分享和所需要的事物时所需的那种必要的慷慨。我并非希望在此处强迫所有撰稿人都赞同我的意见，但是我希望大家注意以下事实，即这些有关“世俗主义”和“施魅”的问题并**不仅仅是**哲学问题，**不仅仅是**理论问题，**不仅仅是**历史问题。

康诺利在他的世俗施魅想象中得出的“对生命的关怀”，用他自己的话来说，“可以与政治好战性结合在一起”，不过它也会“受到充满其间的感受性的影响”。康诺利在对奥古斯丁的论战中寻求的是一种“实践智慧”，他为本书所撰写的文章的目的也在于此。我希望所有这些世俗论证都以此实践智慧为基础，直接且主要关怀这个世界上的事物。康诺利指出，“不能因为生命是从无生命进化而来的，而现在无法复归初始状态，就贬低它的重要性”，同理，“不能因为人类是从其他物种进化而来的，就贬低它的重要性”。本书坚持的观点之一是，无论我们如何解读祛魅叙事，在这个世俗世界中，没有必要仅仅因为在大多数文化中，道德、艺术和价值本身与宗教密不可分，就贬低生命的价值。 22

与世俗施魅观念相关的这些历史、哲学和理论问题因而也总是隐含了政治性。这些问题通过引起对此时此地的状况的关注，赋予哲学、理论和历史一个实际的、政治的，以及具有深刻道德意义的生命；这些问题对正在与这个世界互动的我们来说是重要的，这个世界（也许）并不是我们造成的，或者我们已经对它造成了灾难性的后果。它们既有宗教意义，又有政治意义，世俗主义中的门户之别必须本着达尔文理论加以消除。（基彻、罗宾斯、康诺利和威尔逊的文章在提出各自的世俗论点时，尽管方式极为不同，但都关注到公正、公平和自由等问题，这并非偶然。）活着是否值得？当然。这些问题对当下的我们而言是重要的，应该透过指尖加以感受，正如我能感受到中央公园里的鹰和俯冲而下的游隼的激动和傲慢，或者纽约街头的流浪者的羞耻，或者芸芸众生所遭遇的不幸、饥饿和虐待，我在中央公园的树林里就能发现以上种种迹象（那里每年春天的大迁徙都能给我无尽的乐趣和深深的丰足感），或者无处不在但所幸还没有发生在我身上的灾难。这只是运气，不过已经很不错了。

但是，活着是否值得呢？当然值得！那些鸟儿给我的纯粹的生命之乐或许过于偏重审美而缺乏其他维度，[23]但它以多种方式呈现出来，不过在这类充满生命力的经验之外（也许是从这类经验中衍生出来的），还有更为丰富的可能性。在给我的一封短信中，布鲁斯·罗宾斯概述了我一直希望表达的观点："活着是值得的，因为我们有理由认为，尽管世事种种，我们在过去彼此善待"；活着是值得的，"因为我们相信，我们会学着在将来更加善待对方，这样做并不会违背我们的本性，远离超自然和施魅会帮助我们做到这一点"。世界是首要考虑的对象，我们可以凭借我们的运气观察俯冲而下的鹰和成群结队的椋鸟，从中更加
23 了解这个世界，让它变得更加美好。

一

世俗主义面临的挑战

菲利普·基彻

一

世俗主义[1]，按照我的理解，声言不存在超自然实体，不存在符合"超验"这个说不清道不明的特征描述的任何东西（威廉·詹姆斯为了"限制"宗教这个主题而不得不诉诸"超验"概念）[2]。用更为直白的话来说，世俗主义者怀疑神祇、灵魂、鬼魂和祖灵的存在，怀疑某些处所的神圣性，以及从古至今全世界的诸多宗教以不同方式诉诸的超现实力量。在近两百年里，许多在不同专业领域内从事研究的学者明确提出了世俗主义**的**挑战，这个言之有据但鲜有完整表述的观点使得对超自然存在体的信仰不再站得住脚。虽然我会先概述一下这条思路，但是我的主要兴趣在于理解世俗主义**面临的**挑战。要想对这些挑战做出充分的回应，就不能把世俗主义仅仅视为一个消极的信条，而是要提出能够取代传统宗教的功能性因素的东西。世俗主义需要成为世俗的**人**文主义。

尽管宗教信仰在当代受到关注，关注者既有好战的攻击者（用我的话说就是"达尔文主义无神论者"[3]），也有试图证明信仰超自然力量与我们所知的一切并不矛盾的辩护者，但是这个争议的现状不尽如人意。达尔文主义无神论者（我把理查德·道金斯、丹尼尔·丹尼特、萨姆·哈里斯和克里斯托弗·希钦斯算入其中）既没有提出与信仰超自然力量针锋相对的最有力论据，也没有足够重视世俗主义**面临的**挑战：他们仅仅满足于驳倒，却很少关注驳倒之后曾经的信徒可能会产生何种问题。[4]另一方面，有望成为矛盾调和者的人未能直面质疑他们所钟爱的超自然存在体（其最典型者为基督教的上帝）的最有力理由，他们
24 反驳的是达尔文主义无神论者的过度简单化，而没有应对世俗主义的挑战。查尔斯·泰勒那篇幅庞大、旨在调和的历史研究著作固然极为精辟且涉及面极广，解释了如何用复杂的文化过程来取代宗教信仰，但是书中对于理性发展的叙述却显得过于简略。[5]泰勒的论述对我而言格外重要，因为他敏锐地觉察到世俗主义**面临的**挑战，并清晰地加以表述。在陈述和考查泰勒关心的问题之前，还有很重要的清场工作，即洛克所谓的苦力活要做。

二

很多人都可以轻松地把他们的宗教信仰与由自然科学揭示的自然世界图景相调和。面对自19世纪初以来就出现的证据（其大意为：地球生命的化石记录与《创世记》中的创世故事并不一致），他们宣称《圣经》中的那部分是神话，其意义是道德和精神方面的，而不是宇宙论方面的。面对地球生命历史的达尔文式描述，他们承认苦难和损耗，不过他们坚持认为，有限的生物没有资格评价上帝的意图。至于从“哲学”角度驳斥上帝存在的传统“证据”，他们解释说，他们的信仰从来就不是建立在缜密的（有可能是诡辩的）推理论证之上。他们甚至会雄心勃勃地援引其他（基督教）哲学家的著作，这些哲学家对逻辑的运用比那些批评者更加游刃有余，而且据说他们已证明，所谓的驳斥并不具决定性。

所有这一切都未触及问题的核心，它们只是从18世纪就发展起来的（尽管在霍布斯和斯宾诺莎等更早的思想家那里就已出现萌芽）来自世俗主义的多方面挑战的一个花絮。[6]挑战的第一步是以下问题，即宗教信仰的基础何在？一个显而易见的答案是，宗教信仰是随着人们在特定的文化背景中成长而获得的，通常得自父母和老师，偶尔（只出现于近代）是通过了解社会环境中的某个其他运动而自觉采纳的。虽然这不是唯一可能的答案，但是这种情况非常普遍，因此可以作为探讨问题的合适出发点。 25

来自世俗主义的关键挑战是一个源自对称的论点。宗教教义千差万别，而且世界各个宗教的核心主题常常互相矛盾。超自然存在体的辩护者有时会因为把注意力集中在核心教义有着相同来源的几个宗教上而看不到这个难题，例如，基于那三个亚伯拉罕一神教的差别来考查宗教的多样性。一旦我们意识到多神教、泛灵崇拜、在一些非洲宗教中盛行的祖先崇拜、澳大利亚原住民的圣域、波利尼西亚和美拉尼西亚社会中的超自然力量（mana）等诸多可能性，就会出现更大的问题。在超自然领域这些对立观点的持有者和那些亚伯拉罕宗教的信奉者最终的信仰方式是完全一样的。他们都身处一个漫长的传统之中，这个传统可以追溯到远古，据说源于神奇的事件和特殊的启示。可想而知，如果认为基督徒以及犹太教徒和穆斯林所接受的有关超自然力量的教义是正确的，那么其他那些社会必然是大错特错了。那些社会的成员成了完全虚假的神话的受害者，他们没有得到慷慨施与亚伯拉罕的精神后裔的正确启示。基督徒接受耶稣作为主和救世主，这种信仰凭什么更加优越？它具有何种特质，使得它有别于世界上的愚民所犯的（可悲）错误？

什么都没有。大多数基督徒接受教义的方式和多神教教徒、祖先崇拜者一样，都是通过早年的教导和社会化过程。假如基督徒出生在澳大利亚原住民当中，他们会以同样的方式、同样的原则、同样的信念相信“黄金时代”（Dreamtime）而不是“耶稣复活”。对称是彻底的。**任何**一个社会化过程，代代相传的神圣传说的**任何**一个环节，都**没有**丝毫特殊的辩护作用。显然，由于宗教教义之间普遍存在的互相矛盾，并不是所有这些传统都能够产生对超自然力量的真正信仰。既然它们没有高下之分，我们一个都不应该相信。[7]

两百年来的经文（尤其是希伯来《圣经》，以及基督教的《旧约》和《新约》）文本分析研究、宗教经典的形成的历史理解研究、宗教演变的政治语境的历史研究，以及宗教的发展和传播的社会学研究都深化了对称观点。这些领域中的学者（他们很多都是虔诚的信徒）发表了严
26 谨的研究著作，证明宗教演变、衰落和成长的过程丝毫无益于真理的获取、提炼和积累。从一开始，基督教就试图发展出一套有关它名义上的建立者的生平事迹的毫无争议的描述，《路加福音》的开头就是这样告诉我们的。现存的四福音书常有互相矛盾之处，这显然是由于企图把相信不同版本《圣经》故事的各种早期基督教共同体都包括在内的做法。[8]我们还知道对标准的福音书更为彻底的背离，它们为其他1世纪的运动所接受，但是并没有记录在正典中。我们一旦对耶稣生平故事中出现的一些人物，例如庞蒂乌斯·彼拉多，有了一定历史了解，就会发现一些著名段落是虚构的：所谓一群犹太暴民要求基督受到**罗马式**的惩罚就不是真实的。[9]社会学家探讨了宗教如何通过满足皈依者的心理需求和社会需求来吸引他们，以及成功的宗教如何通过调整教义以满足这些需求来适应新的形势。毫无疑问，宗教观念赖以流传至今的传统表明这些观念在进化，而文化进化的历程，就真理的产生和传播而言，是完全靠不住的。因此，不仅宗教信徒产生信仰的方式是相同的（尽管他们对超自然力量的看法大相径庭），而且一旦审视这些方式本身，就会发现它们与真信仰的产生毫无关系。一些宗教在几百年间发展壮大，但是其成功与超自然世界的真相如何毫无关系，宗教不一定非要正确才会受到广泛的信仰。

针对这个挑战的一个自然反应是认为信仰者被描绘得过于被动，成了仅仅因为某种周围文化潜移默化的影响而接受信仰的人。当然，一部分人成年之后改变了宗教信仰，接受了与他们从老师和父母那里听来的完全不同的教义。很多（也许是所有的）这类例子都涉及当事人所谓的宗教体验。看到了奇怪的事物；听到了声音；感觉到某种超越日常生活的存在。在最具戏剧性的情景中，比如扫罗在大马士革路上，总有一个突然而猛烈的视角改变。其他虔诚人士所描绘的是极为不同的体验，在从事特定活动（例如祈祷或宗教仪式）时始终觉察到他们的 27
神（或上帝）的存在。宗教体验提供了一条通往宗教信仰的独立途径，它有时会产生激进的新事物，有时能够证实早年获得的信仰。

与其他感知模式（包括具有绝对音高的听者或出色的品酒师所具备的特殊能力）不同的是，无法通过验证宗教体验是否真能提供有关它所接触的实体的信息来判断它的可靠性。之所以产生宗教体验，恰恰是因为缺乏发现那些实体的独立方式。不过，有一些关于宗教体验的事情是非常明显的。首先，报道出来的宗教体验数据随着团体和时间段的不同而变化不定。其次，这类体验更常见于服用一般认为无助于增强认知能力的药物的人群身上。再次，以戏剧性的方式出现时，它们不成比例地出现在焦虑、恐惧、心理失常和精神错乱的人群中，而这又是通常不会被视为理想观察状态的先验状态。不过更重要的是，无论何种宗教体验，都必须被**赋予特色**。给宗教体验设定的范畴通常就是当事人所信仰的宗教的范畴：基督徒感到耶稣在他们身边，而祖先崇拜者觉察到他们的祖先在他们周围；天主教徒在布鲁克林的一个橱窗内见到圣母玛利亚，但新教徒看不到，这些并不偶然。此外，所有的宗教体验都是用已为人所熟知的宗教术语进行分类的。宗教体验并不能为传承的教义提供独立测试，它们只能**预先假定**一些传统教义的合法性。

即使忽略了关于宗教体验之产生的明显担忧，宗教体验仍不足以打破对立传统之间的对称。基督徒在阅读《新约》时声称他们能感受到耶稣的神性。同样地，澳大利亚原住民在神圣的地方能感受到黄金时代的影响，印度教教徒在祈祷时能感觉到某个具体神祇的存在。如果有人声称他见到了崭新的幻象，这时我们就能够非常明显地看出逃脱传统的掌控有多么困难。宗教传统本身不得不努力区分对超自然领域的真实洞察和对那个人、那种宗教有潜在破坏力的虚假体验。难怪在很多传统里，给声称一再看到相同幻象的人做印证有着繁复的程序，
28 例如中世纪时判断一个即将成为隐修士的人所说是否属实的流程。那么该如何应对可能出现的异端邪说呢？只有靠坚持听从正统教义，因为它们是由那些最有资格的人传下来的，并得到了他们的认可。即将成为隐修士的人必须服从神父和主教的判断，他们最终服从的是教会本身的神圣智慧。

试图躲避挑战的第二种方式是放弃为某种具体的超自然宗教观点做辩护，而选择一种不怎么强烈的信仰。宗教在人类社会中如此普遍，这也许可以被视为**某种**（或某些）超自然实体存在的证明。这种方法寻求的是世界上一切宗教的共同内容，有点像最小公分母。由于关于超自然存在的描述差异悬殊，不可知论不得不提出具体的理论：基督教上帝、真主安拉、印度教诸神，或者黄金时代的存在是无法确证的，但是，尽管方式不尽相同，所有的宗教人士都窥见了一些真相。尽管每一个具体的宗教都失败了，但是作为整体的宗教是可以维持下去的。

考虑到宗教发展、繁荣的过程是如此之不可靠，大家早就应该对这种思路感到担忧。就我们所了解的宗教演变过程而言，认为各种宗教以各自不同的、各有缺陷的方式抓住了一种核心洞见的假说显然不是唯一的答案。成功的宗教能满足心理需求和社会需求，回应人类的焦虑和渴望，并把人们维系在一起［有一种通俗的词源解释把“religion”和拉丁文“religare”（捆绑在一起）联系起来］。没有宗教的社团的成员很可能会皈依宗教，而那些社团的凝聚力可能相对较弱，并且容易受到侵犯。这样一来，宗教就盛行起来，那是因为缺少或失去宗教的文化往往

会消失，而不是因为大多数人都具有管窥超自然领域的能力。

以上勾勒的文化进化论假说如果想得到我们的赞同，还需要更为缜密的阐述，并应对来自历史和社会学的证据。不过它提醒我们，各宗教的实质性教义都是神话，是顺应心理和社会所需而编造出来的。一旦这一点得到承认，即总体超自然观的雄心勃勃的拥护者的确承认这一点，我们就必须质问，还能留下什么样的核心洞见。世俗主义并不认为我们目前对世界的科学理解应该被证明为正确无误。自然科学的历史充满了意外，后来的研究者不得不提出迥异于此前人们所认识的事 29
物类别（想一想物质观念的发展吧：原子让位于电子和质子，随后是一组基本粒子，然后是夸克，接着可能是弦、膜和更高维度的空间）。也许在未来的某个时期，科学研究将揭示全新的实体，我们的后代将会认识到，这些实体符合此前人们认为只有超验事物才具有的特征。也许如此。我们不能排除这一选项，尽管我们不确定它的可能性究竟有多大。世俗主义对于一切人类宗教所提出的有关超自然存在的实质性观点持无神论态度，但是它应该对认为存在着某种具有合乎逻辑的“超验”或“超自然”特征的事物的观点持不可知论态度。

考虑到源自对称的观点，给潜在的超自然实体贴上“神”、“灵”、“力”，或者“精神”、“创造者”、“智力”这类标签是草率的行为。一旦把宗教视为各种实质性信仰的最小公分母，就没有什么可以用来描述超自然事物了。即使它存在，那也是“我们不知其为何物的东西”，我们紧紧抓住耳熟能详的概念，即那些在历史中产生的神话，自欺欺人，掩饰自己的无知。

在表述这个结论的时候，我用了一个在此前的讨论中从没用过的词，这样做似乎削弱了世俗主义提出的挑战。把宗教视为信仰也许是为了把宗教与希望被当作知识看待的信念体系区别开来。[10]如果宗教关乎信仰，那么引起世俗主义出现的那个问题似乎就是可以辩驳的了。探问当代宗教信仰的基础是什么，向信徒证明支撑他们信仰的过程是多么不可靠，用这样的方式让他们难堪，这样做是要把虔诚的人们禁锢在并不适合他们的地方。承认缺乏认识论上的稳固基础，这一点是很容易做到的。任何宗教的拥护者都不应该因为无法提供区分他们所选择的关于超自然实体的信念和其他传统中的相关信念的标志而感到不安，也不应该由于宗教传统以与真理无关的方式演变这一事实而感到忧虑。假如宗教是一种知识形式，那么这些考虑的确有可能令人不安。然而，那样一来就误解了宗教接受的性质。严格来说，它是关乎信仰的。

对受到围攻的信仰者来说，选择以这种方式撤退是极具诱惑力的。然而，重要的是理解他放弃了什么。首先，每一个传统中的信仰者必须
30 认识到，同样毫无根据的承诺也存在于它们的竞争对手之中，而且，尽管每一个传统可能都会认为所有其他的传统均犯了根本性的错误，但是没有证据来支持这种论断。对超自然实体（事实上是对有关此类实体的大量传说）的毫无根据的接受对任何一个人来说都是合情合理的，即便是具有正确信仰的幸运儿也没有正当理由认为他们是对的。他们大胆的信仰行为对他们自己以及对他人的生命将会产生怎样的影响呢？也许他们会非常谨慎，不允许他们所信奉的教义对他们的决定、意图和行为产生丝毫影响。如果是那样的话，那么这些承诺本身只不过是动动嘴皮子而已，在“信仰者”的生命中起不到任何作用。如果这些承诺被赋予更多力量的话，如果允许它们影响个人所做的决定，那么对信仰者和对其他人而言，其立场将充满道德不确定性。负责的行为不可能从毫无根据的信仰、痴心妄想、任意的选择或者“信仰的一跃”中产生。向《圣经》寻求指引和支持的基督徒之所以凭借阅读来提高他们的道德思考，恰恰是因为他们得到了上帝的圣言，但是，从前提来看，那只是一种盲目的信仰。他们偏爱的文本中的道德教义也许是极好的（也许不是），但关键是，盲目的信仰者没有理由赋予这些教义以权威性。如果其他人选择了不同的文本，例如《可兰经》或《薄伽梵歌》，他

们也完全有理由这样做。即使有人做出“信仰的一跃”，把《我的奋斗》或《所多玛的120天》视为神启之作，他们也有理由把自己的决定和行为建立在那个文本之上。一旦认识到这一点，毫无根据的实质性承诺的危险性就显而易见了。一个通过盲目信仰接受教义的宗教信徒如果想获得道德上的依据，他们所接受的所谓真理就必然受到严格限制，并且与实际事物脱离一切关系，以至于那些承诺本身变得毫无意义。它们就像柴郡猫的微笑，那猫已经走了，而笑容却迟迟不褪去。[11]

三

简要概述世俗主义**的**挑战之后，我现在转向世俗主义**面临的**挑战。达尔文主义无神论者认为，一旦提出反对超自然力量的理由，他们的工
作就完成了（当然，他们认为他们提出的理由并不像我在此处所呈现的 31
那样）。人们应该不再相信那些用以自我安慰并且以它们的名义对彼此干出各种可怕事情的超自然神话。[12]还有一些达尔文主义无神论者似乎相信，只要他们对神话的嘲讽足够响亮、足够频繁，曾经的宗教信徒就会因为不好意思而像成年人那样行事，抛弃他们那有缺陷的拐杖，签约参加伟大的科学冒险。目前的证据无法为这种希望提供支持。我年幼时在英国度过，那时没人对达尔文主义或者进化论感到大惊小怪，只有几个古怪的极端主义者指出，有关生命历程的正统观点是错误的。然而，最新的几个调查显示，现在有一半左右的英国人对达尔文存疑。相应地，信上帝的人数似乎在上升。而这些趋势恰恰出现在最为雄辩（而且具有生物学的渊博知识）的那位达尔文主义无神论者的家乡。

宗教不会仅仅因为人们（非常肯定地）被告知真正的成年人不应该与超自然神话有任何瓜葛而消失。达尔文主义无神论接受并强化了关于宗教的一个普遍看法：做宗教信徒或者过宗教化的生活主要是指信仰具体的教义。精通宗教的思想家长久以来所持的是非常不同的观

点。对世界上的宗教来说最重要的是许多其他事物：信徒心理态度的情意综（渴望、意图和情感）、社会组织形式、仪式，以及共同行为形式。在当代宗教中（对于富裕国家的公民来说，主要是指佛教、犹太教和基督教），存在着将自身从教义中完全拯救出来的种种运动：这些宗教形式根本就无关乎（字面意义上的）信仰。在诵读古代文本的过程中，他们认识到了有价值的故事，他们并不会按照字面意思理解这些故事，这些故事之所以重要，是因为它们的心理生活的导向，是因为欲望的正确指向，是因为它们激起某一些情感而平息另一些情感。我们甚至可以猜测，宗教的社会层面和情感层面来自史前，是宗教的原始现象；宗教生活始于具体的情感（敬畏、欣然接受），始于共有的仪式化行为形式；达尔文主义无神论者希望揭穿的故事是后世的补充，是为了将早期惯例结合在一起而编造的。[13]

到这里大致可以看出，达尔文主义无神论者的攻击有可能是无效
32 的，甚至有可能产生不良后果。他们在唱诗班的伴唱下一展歌喉。那些已经明白如何将他们的渴望、意图和行为与祛魅的[14]世界观相结合的人乐于把自己视为言行负责任的成年人，但是大多数尚未走出这一步的人一旦发现他们所相信的“神话”遭到否定，会不知道该如何生活。这些人在哪里才能找到另一种维系彼此的形式来进行他们认为重要的探险呢？一旦信仰的连接支架被去除，目前与他们那愚昧的超自然主义教义捆绑在一起的希望该如何维持下去？达尔文主义无神论者忽视了以下事实，即宗教起到心理和社会的作用，**尽管根据第二节中指出的有关宗教盛行的原因，这个事实对于宗教的发展和传播至关重要**。

一方面要认识到宗教生活的多面性，认识到断然取消宗教信仰会扰乱人们的生活；另一方面，不能错误地认为，对大众而言，保留令他们感到欣慰的幻觉是更好的办法。世俗主义者不应该以高人一等的姿态对待他人，认为对超自然力量的令人振奋的否定只适合少数勇者，而他们认为自己就属于这少数的幸运者。关键在于认识到问题所在：对许

多既会思考又非常虔诚的人来说，脱离对超自然存在的照本宣科的信仰是一个严重威胁。一旦认识到这个问题，一旦对它进行研究并弄清它的严重程度，世俗主义就能像宗教那样演变，以适应人类的需求。仅仅宽恕古老的神话绝不是完成这项任务的唯一方法。另一种方法是察觉威胁并探究其性质，探究信仰者在抛弃信仰之后认为他们究竟会失去什么，并把世俗主义表述为针对那些潜在损失的一系列积极反应。沿着这条路走意味着把（作为直言不讳的否定的）世俗主义转变为世俗人文主义。

世俗主义面临的挑战最初来自怀疑论观点，即任何事物都可以弥补伴随它而来的损失。宣称怀疑论毫无根据（达尔文主义无神论者有时就这样）是不够的。"你只要看看周围，"他们敦促道，"就会发现大批心满意足、完全世俗的人，他们过着自觉满意的生活，并参与到运作中的、和平的共同体之中。"（据说，如果你在斯堪的纳维亚待上一阵子，就会发现这种情况特别明显。）[15]**这些话尽管正确，但是它们并没有向那些感觉受到威胁的人解释清楚，神话终结之后生活的重新整合究竟将如何进行**。也许通过研究知足的非信仰者的生活就可以揭示出一些模 33
式，从中产生世俗人文主义的详细阐述。不过在完成这项工作之前，对那些据称接受了无神话状态的人打打手势是没有任何说服力的。因为信宗教的人不会明白究竟该如何到达那种据说的幸福状态，他们甚至会怀疑有关世俗幸福的报道是否经过了严重的夸大。

构建世俗人文主义需要应对的问题一部分是社会的，一部分关乎个人心理。因为我认为后者是更深层次的问题，所以这篇文章剩下的大部分篇幅将用于讨论这个问题。在这一节剩下的部分里，我将简要探讨一下宗教的社会功能。

数据分析表明，宗教皈依和宗教狂热在那些饱经沧桑的社会里（以及社会中那些饱经沧桑的团体中）最为强势。[16]对于境遇糟糕或者时刻会陷入糟糕境遇的人来说，宗教能够提供重要的保障，有时候是此生的厄运在来生得到补偿的希望，以及互相慰藉的机会。这种许诺（即实际发生的坏事情将来会以某种方式得到补偿）有一部分是无法在世俗框架内轻易复制的，这一点将不得不在下一节中予以探讨。然而，宗教令受威胁者安心的其他方面体现在人们所置身的社会结构的改进上。在许多威胁人类生存的大灾难发生的时候，一些社会能提供缓冲，减小突如其来的失业和贫困的威胁，为残疾人提供医疗和资助，甚至采取措施确保没有贫困潦倒和无家可归的人。将所有公民的需求考虑在内的合乎人道的社会措施轻易就能取代宗教组织所提供的慈善赈济和物质资助。

我们无法保证能够持久地满足人们的物质需求，而这只是宗教被认为能够做出受欢迎的应答的最简单的社会状况。对于那些在社会中遭到边缘化并认为现存世俗体制对他们待遇不公的人来说，参与宗教也许与争取目前遭到拒绝的权利有着密切关系。宗教团体在维系弱势者、壮大他们的声音以便让他们最终受到重视、提供表现为勇气和决心的持续的团结感等方面常常起着重要的作用。作为一个显著的例子，
34 20世纪60年代的民权运动就是以教会为基地，由雄辩的、能够激励会众的牧师领导的。不太为人所知的（尽管生活在曼哈顿北部地区的人除外）是教堂在贫穷的少数族裔美国人（他们必须应对长期存在的由城市衰退带来的问题）的生活中持续扮演的社会角色。[17]许多家庭既要面对世俗机构（学校、职业培训项目、诊所）常有的不尽如人意之处，以及无处不在的令人产生听天由命想法的诱惑，又想努力为他们的孩子创造更好的机会，而宗教团体一直在为这样的家庭提供资源。

不一定非这样不可。世俗社会原则上可以应对社会和经济不公的问题，因此人们感受到的（目前由宗教团体提供的）对集体行动或者支持体系的需求就会得到满足，较为幸运的公民的这些需求已经得到了满足。然而事实上，我们尚未看见任何一种具有相当规模的回应，而且虽然有人提出迈向更大的社会经济公正的措施，但它们遭到了富有的

立法者的抵制（他们通常认为自己是基督徒）。世俗人文主义如果想从世俗主义中脱颖而出，那么它的正面立场的最重要因素必须是坚定地致力于增进社会经济公正，在民族国家之内和在整个人类中间，这不仅仅是一个抽象权利的宣言，而是本着平等主义的理想共享世界的资源和机会。

到目前为止，宗教所取得的社会成就通常被认为仅限于为贫困的人提供世俗机构未能提供的东西。以这种相对狭隘的工具主义观点看待宗教团体，是无法发现它们的重要意义的。宗教机构将它们的成员联结在一起，提供一种归属感，一种与彼此同在的感觉，有难同当，共同寻找解决问题的方法。对许多人来说，参与宗教不仅提供谈论重大问题的机会（尽管这一点本身对他们而言是有价值的），也提供联合行动的机会。宗教团体可以就一些目标达成共识，不一定与成员的解放或者社会经济进步有关，也可以促进涵盖面更广的共同事业。

再次申明，**宗教不一定非成为共同体生活的主要方式不可**。彻头彻尾的世俗社会可以拥有一种共同体结构，它能使人们建立彼此的同情关系，与同伴达成团结一致，就与自己切身相关的话题交流看法，提
出有关该做什么的问题，朝着共同决定的目标一起努力。世俗主义宣 35
言的主笔者中很可能有许多人都根植于这样的共同体结构之中，也许他们所喜闻乐见的这种貌似自然的社会关系令他们看不到以下事实，即其他人并不拥有类似的**世俗**结构。不过对很多美国人来说，想要得到上述的这一切，除了教堂、清真寺和犹太会堂，并没有什么重要的团体可以加入。也许在朋友圈中，人们偶尔会有机会进行较为严肃的讨论、进行自我揭发、承认疑虑、探索有价值的事物和该做的事情。也许，在世俗环境中，这样做只会令人尴尬，因此该说的话并没有说出口；对他人生活的同情表达有限；决定目标和追求目标通常是单独完成的。因此，一个世俗世界似乎缺失了共同体生活最为重要的部分。

世俗人文主义需要对人类对共同体的需求做出诊断，这一诊断远

比在上一段中勾勒的情形来得复杂。在世俗社会中有效地重建一个令人满意的共同体结构，有赖于弄清楚（处于最佳状态时的）宗教团体目前所发挥的各种功能。几十年来，也许几百年来，我们就已经很清楚，在一个庞大、多元的社会，尤其是一个致力于经济竞争和社会竞争的社会里维持一种共同体意识是非常困难的。[18]美国最为成功的几种建立面向全体的世俗共同体结构的方法，一位论派教会、道德文化协会、犹太社区中心，都仿效了宗教生活和惯例的特点，这个事实意义重大。[19]

四

那些常被指责从事伪科学的团体有一个常见特征，那就是他们热衷于用受人尊敬的自然科学的社会装饰来包装自己，组成“学会”、举行“会议”、创立“同行评审期刊”，等等。批评者声称，这些行为只是姿态，热情的效仿者尽管谈得头头是道，但是他们回避了科学研究的真正核心问题。与此类似，那些视世俗主义为威胁的人会怀疑，刚才讨论的
36 那些社会替代品是否真能弥补由于批驳宗教教义而带来的损失。和伪科学家的那些构想一样，世俗的社会替代品是空洞的，只能提供共同体和共同道德行动的**外形**，而缺乏其实质。这一类回应基于以下想法，即这些无神的方法虽然能够提供物质利益，却无法满足深层次的心理需求。如果不接受“超验”的实体，人们将不可能与其他人建立真正的大家庭，不可能深入与他们切身相关的重要问题，不可能采取共同的道德行动。潜存于这种回应之下的担忧不一而足，由于篇幅所限，一篇文章只能指出该如何应对这种担忧的主要方面。在这一节里，我将尝试对三个方面进行提纲挈领的讨论。最后一节将用来讨论一个已经为查尔斯·泰勒广泛探讨的问题，泰勒的视角能帮助我更加彻底地审视世俗替代品究竟有多么成功。[20]

让我们从以下观点开始讨论：由共同的宗教教义产生的共同体形

式具有某种特殊性，某种不可替代性。如果大家不接受某种超验实体（我们因崇拜它而互相维系在一起），团契的纽带，据称，将被削弱。为什么一定会如此？难道人们不能从相互的同情或者通过相同的事业或理想来找到彼此之间的联系吗？乞灵于某种超自然的存在究竟能多得到些什么？

针对这些提问，有一种回答，这种回答对接受亚伯拉罕宗教的人来说是自然的，那就是，信仰一种具有神性的造物主可以提供一种特殊的友爱形式。我们因为友爱而联结在一起，或者说，我们是手足同胞，因为我们同为上帝的孩子。虽然我们尚不明了这种一父所生的观念在实际建立的宗教共同体里是如何体现的（因为这些团体通常远远不能涵盖所有持相同观念的人，甚至无法涵盖与他们信仰相同神祇的信徒），但这不是要回答的主要问题。一个世俗主义者可以言之有理地回应，无论信教还是不信教，人们彼此之间最亲密的关系无不是建立在相互同情的复杂形式之上的。既然志同道合之心让一个人把另一个人的事业视为自己的事业，让一个人修正自己的计划和行为以适应对方的需求，让彼此分享喜悦与忧愁，那么它为什么就不能成为建立大家庭的一个充分条件，从而脱离任何特殊形式的共同信仰？也许能够建立大家庭的人确实需要在某些事情，甚至在某些基本原则上达成共识，但是我 37
们没有充分理由认为，那种共识必须以承认一种超自然存在的特殊形式作为其前提。

回应：与一个超验实体具有共同的关系这个想法，就像认为我们都是上帝的孩子一样，超越了偶然产生的人类同情心，相信每个个体都有其特殊的价值；在一个宗教共同体中，你不仅把你的同伴视为碰巧与你具有同情关系的人（依你具体的信仰和愿望的变化而变化），而且还视为**真正价值**所在。因此，对虔信的人而言，宗教中的伙伴不仅仅靠相互之间的同情联结在一起，而是彼此都认为对方**配得上那种同情**。这一回应的确多了一些东西，让宗教团体的特殊性质与上一段中提出的世俗方式显得有所区别，但它是否成立取决于世俗主义者是否能找到那个额外成分的对应物。因此，关键的问题就在于，否定一切超自然存在物的人是否能判断，他们的伙伴中是否有一些人值得他们同情和支持。

如果以上列举的考虑是正确的，那么对世俗共同体是否可行的质疑就建立在以下假定之上，即不信宗教的人没有某种价值判断。认为一旦否定了宗教就使人无法决定任何事物的是非、善恶或有无价值，这种观点当然是一种司空见惯的偏见。由于我找不到一个可行的命题能够既让世俗主义者有机会做价值判断和为价值判断做辩护，又不允许他们做出在真正的共同体中出现的那些评价，所以我认为，不信宗教的人无法找到值得他们同情和支持的同伴这一想法将以以下这个普遍的抱怨为前提，即一旦离开了神祇（以及诸如此类的实体），道德要求就会变得毫无意义或者无法辩护。

世俗人文主义应该从两方面来应对这一抱怨。首先，它应该重提自从柏拉图以来就为大家所熟悉的观点，即以宗教作为伦理道德基础的尝试都彻底失败了。其次，它应该表明，道德实践以及认定某些事物是值得的判断完全可以用自然主义的方式来理解。

一般认为，宗教巩固伦理道德的方式有两种。第一种是像欧绪弗洛对苏格拉底说的冒失之言那样，善的事物可以**定义**为神明所意愿的事物。[21]我们也可以不必那么雄心勃勃地说，善通过神圣意志的作用被刻印在某些事物上，相反，我们可以提出，一个超自然的存在向我们**揭**
38 **示**善的事物的独立特性，从而给予我们用其他任何方式都无法获得的知识。

这两种说法都站不住脚。第一种说法遭遇了柏拉图所论述的两难境地。如果神圣意志基于对一种善的独立标准的某种理解，那么那个意志就不是善的来源。然而，如果神圣意志并不基于任何这类理解，那么宣布某些事物是善的、某些事物不善，就成了武断的法令，而且评判神明所做的选择的标准尚告阙如。[22]宗教信徒在赞美神明的时候认为他们是在言之有物地称颂上帝之善，而不是仅仅声称神圣意志毫无矛盾之处。

如果考虑到以下较弱观点，即神明在伦理道德中的角色是把善的独立标准（神能够认识而我们无法理解的标准）传递给人类，这个问题将会得到深化。这种方法选择了那个两难处境的一端，它承认价值具有一个独立来源，但是仍然赋予受到偏爱的超自然实体一个有特权的角色。假定出现了某种神启，而某个特定的群体蒙恩得到了上帝的戒律。如果要让这种传递在他们的道德生活中发挥作用，他们就必须认为它是在为奉命做事提供理由。他们觉得有责任依那些戒律行事，因为某个特定的存在者发布了那些命令。我们经历了20世纪的种种事件，也熟悉了那些试图为自己所犯罪行开脱的人，他们声称他们是在服从命令，因此我们应该对以下观点保持警惕，即**仅凭**一个命令就可以为行动提供恰当的理由。服从任何一个来自外界的关于该做什么的命令是否恰当？答案显然是，服从他人有时是恰当的，如果我们认为他们的命令很可能是**正确**的话。就神祇而言，这个施令者也许被认为具有特殊的品质：这个存在者非常强大，祂了解较低级的存在者一无所知的事物，等等。虽然具备了这些了不起的特质，但还是缺少了某种关键的东西。仅凭力量和知识并不能提供此处成问题的那种权威。许多下属当被问及他们所犯下的暴行时都可以拿他们长官的力量和知识当作理由。他们的罪行源于他们心甘情愿地听从来自他们没有理由认为是善的（在大多数情况下，理应认为是极恶的）来源的命令。因此，服从应该 39
以有能力判断命令来源的善恶为前提，这就需要有评判神祇的能力，独立于祂的看法，但宗教叙述否认这一点。简而言之，道德戒律的传递有赖于接受者对戒律的来源是善的这一点抱有信心，而这已然预先假定了对善的独立——世俗——判断的可能性。

现在可以更加清楚地看到那个两难处境的另一端（即如果我们假设神圣意志**让**某些事物成为善的，让其他事物成为恶的）的问题出在哪里。想象一下，假如你是戒律的接受者，而且你知道它们是如何产生的。你也许会因为害怕神圣施令者的力量而遵从这些命令，但是你的遵从不可能成为**道德**生活。你会有一种拘束感，就像一个比那些为20世纪恐怖政权办事的人所受的控制更为彻底的下属所感受到的那样。对**善**的追求将与此无关，因为任何这类概念都不适用于你那位极为强大的老板，也因此不适用于他所颁布的法令。

伦理道德通常与宗教密不可分是因为很多人没有认识到，价值判断也可以有世俗的基础。虽然我们通过审视得知，宗教无法为道德实践提供任何基础，但是认为宗教可以做到这一点的偏见依然存在，部分原因是现有的哲学理论令人难以信服。只要拿不出对道德实践令人信服的解释，世俗主义就很可能会一直遭到怀疑。

因此，世俗人文主义应该包含一份针对有关我们如何做价值判断的疑问的详细答案，以显示这些判断意味着什么，以及为什么说它们是可能的。在否定超自然存在物的同时，世俗人文主义还应该对哲学家们提出的模糊不清的实体和过程（相较于传统的神祇，普通人对这些更感陌生）保持同样的怀疑态度：非自然特性、道德感知或伦理直觉能力、纯粹实践理性的命令，诸如此类。可是，由于犯了常见的谬误或者草率地将善与促进进化的力量画等号，在自然世界中寻找价值来源的努力不出所料地失败了。[23]这样看来，世俗主义者似乎也面临着他们自己的两难处境：背离自然主义既不足以令人信服，也与否定超自然的思
40 路相对立；另一方面，道德实践的自然主义解释站不住脚。

走出困境的办法是仿效在反对超自然主义的争论中用到的策略，像理解宗教信仰那样，把道德实践理解为一种历史现象，考虑它的演变，运用最终形成的视角来决定它提出客观要求的能力。在这里我只能简要描述一下这种方法该如何操作。[24]我提出，道德实践历史悠久，也许和我们种族的历史一样长久。当我们的祖先（他们生活在杂居的小群体中，就像今天的黑猩猩和倭黑猩猩群那样）获得一种**规范性引导**

的能力，从而变得能够超越这种群体中紧张和脆弱的社会生活时，道德实践的历史就开始了。这种能力是指为他们自己的行为制定规则以及禁止会导致社会动乱（以及给自己带来麻烦）的行为方式的新能力。在**人类**生活的早期阶段，至少在五万年前，规范性引导通过社会单位中成熟成员之间讨论和制定规则而融入了社会。从这种原始的规则制定实践中产生了各种“生存实验”（借用穆勒的著名说法），彼此进行着文化竞争。当今的道德实践是这场竞争中胜出的早期努力的遥远后裔。

在人类历史的开端，随着书写的发明，我们便可以开始遵守社会得以组织起来的戒律，而早期律法的支离破碎表明，它们是更久以前就发展起来的规则体系（最初正是这些规则使得人类的社会群体得以扩展）的后嗣。在过去的五千年里，可以辨认出（虽然仍是不完整地）道德实践的进一步演变。在这一阶段中，我们可以发现（虽然只是偶尔得见）近似于道德进步的事件：奴隶制遭到否定，女性得到更多的机会，人们不再因为与大多数人的性趣不同而遭到谴责。通过审视似乎是进步的转变的产生过程，就可以研究道德真理和道德知识问题。如果伦理道德是有内容的话，那么线索就应该从道德取得进步的那些时刻中去寻找。

根据我的论述，伦理道德是**社会技术**的一种形式，它最初是用来讨论黑猩猩—倭黑猩猩—人科动物社会生活的脆弱和不稳定性的。道德实践的最初形式必然是粗糙和简单的，但是经过四万五千年的实验，已经积累了解决最初难题的方案、由最初方案产生的新问题、应对那些未 41
曾预料的问题的二级方案，以及由此产生的更多挑战，如此类推下去。应该把进步理解为以最初状态为起点的**进化**，而不是**通往**某种终极道德体系的一级级**台阶**。这样我们就可以理解人类的价值判断实践，理解这些实践所处的传统，以及理解它们对我们所施加的影响。和早期的实用主义者（尤其是杜威）一样，我认为道德实践的基础是基本的人类欲望和人类境况的特征（尤其是我们的类人猿祖先早已适应的那些社会生活形式）。伦理道德是**我们制造**的东西，但不是随意制造出来的，因为我们的祖先制造它时所处的环境以及我们继续制造它时所处的环境是由我们所属的动物物种决定的。[25]

如果可以提出和刚才概述的那种自然主义方法类似的方法的话，[26]那么反对伦理道德的宗教基础之必要性的包含两方面的讼案就完整了。于是，世俗人文主义就可以利用柏拉图和他的继承者提出的否定论点，而不必援用一个不仅和道德生活与神祇之言的传统联系同样模糊而且吸引力远远不及的替代品。这样就可以挡住以下责难，即一旦宗教被废除，真正的共同体和共同的道德行动将完全成为不可能。此外，它还可以应对宗教人士经常提出的另一个问题：没有上帝（或神）的生活恐怕会失去目的和意义。

显而易见，世俗主义是排斥目的的。如果你认为宇宙是按照一个计划创造出来的，那么你就可以把历史看作那个计划的展现，也就是实现那个造物主从一开始（如果这种时间性的语言运用于一个超自然存在体能够产生意义的话）就胸有成竹的目标。当代的宇宙论以及（更为明显的）达尔文理论关于生命历史的描述，并未指出任何这种有目的的发展过程：正如我们先前所看到的（在第二节的开始），它们认为生命是近四十亿年进化而来的，自然选择是进化的主要动因，它们加剧了对神圣的完美与我们所居住世界的混乱之间的反差的传统忧虑。但是，不能错误地认为世俗主义的视角简单地取消了目的，因为和伦理道德一样，我们也可以把目的的属性视为人类的所作所为。目的并不是从外界通过神圣的命令强加到我们世界之上的，**目的**是我们造成的。制
42 造目的是人类评价实践的一部分，已经伴随了人类的大部分历史时期。

有一种笼统的错误看法，认为世俗主义将目的从宇宙中排除出去，但是这种看法显得令人不安，这是由于它的一个非常特殊的推论。如果没有目的，人的生命就不可能有目的，我们的存在将变得毫无意义。如果接受了这个推论，那么宗教人士就自然而然会产生疑问，世俗主义

者所设想的共同体形式是否能够触及“真正的深层次问题”。经他们如此表述的问题，其核心是几乎我们所有人在某些沉思的时刻都会提出的问题，即我们的生命是关于什么的，是什么赋予了它某种“意义”。无论世俗主义者如何构造他们的共同体，他们（根据这种说法）都无法找到能够回应这个问题的答案，或者说这个问题“最深层次”的答案，因为要想充分回应，就必须有目的，而目的从一开始就被排除在外。世俗主义者的对话，无论如何努力应对最为私人化的事情，都永远无法提供信众间的仪式和讨论一直提供的东西。

同样，世俗人文主义应该从否定和肯定两方面来应对这一挑战。外界强加给人类的目的真的可以达到宗教信仰者通常所说的那种效果吗？人类为自己制造目的的活动，为我们的生活提供目标和方向的活动，是否有所欠缺，是否缺少了宗教有关人类存在意义的说法所提供的某种重要特征？我将再次试图展示，**人类**进行价值判断的实践对于我们寻找生命中的真正意义具有关键作用。

我们已经提到，世俗主义将目的从宇宙中排除出去，它否认有一个由某个神圣创造者所设想的正在展现的计划。取消目的使得我们无法从某一个特定的角度来看待人类生命的意义。你不再能够把自己的生命视为用来填补万物的神圣计划的一小部分（很可能是极微小的一部分）。这里缺失的是以下想法，即你被分到一项具体的任务（也许是认识上帝的伟大，尽你所能使他的意志在这个世界上得以实现），这项任务为你的生命提供了方向和意义。世俗主义对此的第一个回应将是，否认这是一种缺失，它将声称，恰恰相反，一旦我们认识到选择我们自己的模式和计划的重要性，我们就为自己**获得**了意义。世俗主义的回应用一种关于人类个性的看法来反对宗教观点，它认为在我们身上强加某个特定的角色否定了最为重要的一点，那就是我们为自己做选择
的能力。像这样将不同的视角进行并列对照，就会发现两个极为不同 43
的人之为人的理想是彼此冲突的：世俗主义强调自主和自己选择，而宗

教的理想是谦卑和克己，服从于某个远远大于自身的东西。虔信的宗教人士甚至会贬低对自主的强调，认为那是一种傲慢，表现了始于启蒙运动的价值观的堕落。

两者的僵持貌似是不可避免的，双方都坚持自己关于人的意义的观点，因而这场关于目的和意义的争论永远不可能解决。但是通过仔细探究，宗教的有关人类生活如何获得目的的观点心照不宣地预先假定了世俗主义者坚持的那种价值判断形式。其原因是，削弱伦理道德的宗教基础这一观念的思考经过一番改头换面之后重新在此处出现。信仰者并不认为克己和顺从神的意志的行为是**强迫**的（假如他们这样认为的话，他们很可能就不会认为这样做可以赋予人的生命那种他们试图解释的意义），而是认为这是出于那个顺从的人的个人选择。一个人的生命获得意义，那是因为那个人有意识地与神圣目的相认同，即便有时那些目的含混不清。那种认同本身必然来自一种价值判断的行为，不但认识到神祇的力量，还认识到适应一个更广的被公认为**善**的目的的**价值**。如果缺乏这样的评价行为，宗教上对神祇的顺从就近似于接受那些努力为日常世界的权力机构效力的人，那些勉强同意独裁者命令的人，即使当那些独裁者下令实施暴行。宗教人士认为他们可以区分对神的效忠和令人不安的盲目自贬，而那种做区分的能力已经承认了把一个人的生命建立在一种评价行为之上的可能性。两种寻找目的的方式之间的区别不在于信仰者首先考虑的是顺从和克己而不是自主选择，而在于信仰者**自主选择**决定放弃自主，以效力于自主评价已然认定是善的事物。从根本上说，双方都必须接受以下观点，即要在一个人的生命中寻找意义，必须首先决定评价某个特定步骤，这是由个体做出的一种确认行为。两者的区别在于，从宗教的角度来看，恰当的评价是欣然接受一个外部设定的目的，它比任何一个有限的生命都大，以至
44 于从一开始就放弃了所有进一步的自主决定；而根据世俗主义的观点，目的完全是由人类的评价行为构成的。（毕竟，没有更大的目的可以欣

然接受了。）

因此，宗教的挑战不应针对人类试图决定什么才是有价值的这个受到误导的冒失行为，而是必须推想，为信仰者所欣然接受的目的有着某种特质，这种特质使得那些目的与人们可以为自身设想的计划有所不同。上一段的语言已经暗示那种特质可能是什么：神圣目的是关乎宇宙的，远较人类为自己设定的目的广大。与上帝意志相认同可以被视为具有本质上的重要性。即使是塑造我们的生活的最为雄心勃勃的世俗计划也无法望其项背。

如何才能获得有价值的人生，这个问题和哲学一样古老，也可以把它视为哲学的中心议题。然而在西方思想史上，很长一段时间（基督教占统治地位的阶段）以来，这一问题几乎一直都没出现。只有到了18世纪末，随着宗教开始面对世俗主义**的**挑战，这一问题才重新凸显出来。在古代思想中，关于善的生活的描述通常未被以下观念所污染，即有意义的存在的一个必要条件是对宇宙的某种永恒贡献。[27]在基督教出现之后，人们很容易为以下想法所困扰，即必须给宇宙留下永恒的印记。这种想法很容易与在古代的讨论中就已经非常突出的观念结合在一起，即善的生活只适合少数人。因此，很容易得出以下结论：有价值的世俗生活，即使有可能存在，也必然是**例外的**。于是，世俗主义远远不敌基督教给出的承诺，后者有力地回答了关于有价值的生活的问题，它宣称有价值的生活在于顺从上帝和发扬神圣目的，因此，基督教认为每个人都可以过上有意义的生活，甚至包括遭受极度苦难的人。

世俗人文主义必须一方面抵制真正的人类目的必须与宇宙目的相联系这个要求，另一方面又要反对在古代有关善的生活的讨论中充斥的例外论。个人通过决定什么是对自己最重要的事物，围绕着计划和关系来塑造生活，从而赋予自己的生活以目的和意义。如果说有价值的生活难以达到，那并不是因为人们缺少撼动宇宙的机会，而是因为他们的选择受到限制（有时候是受到以下偏见的制约，即他们必须向

45 往“撼动宇宙”)，或者是因为他们被剥夺了对他们而言最可实现个人抱负的机会。然而，还有许多人（既有信宗教的也有世俗的）在服务他人（供养一个家庭或一个共同体，救济病患和受苦的人，或提供使他人感到安全和快乐的事物）的过程中找到了意义。那些深刻影响其他生命的人也许会想，他们是否尽力了，但是既然他们能够敏感地想到该如何采取进一步措施，那么这就恰好证明他们所做的事情是极有价值的。希望自己做得更多即是心照不宣地证明，他们的付出是有一定价值的。

敬业的护士、养育亲戚的慈爱的家庭成员、某种必要的公共利益的不屈不挠的支援者——所有这些人，以及更多的这类人，为超越个体的其他生命做出了贡献。还有一些人的贡献让更多人受益，他们或有科学发现，或创造音乐、绘画和文学作品，让一代代人得到激励、崇敬感和喜悦。而这一切影响完全是有限的。在宇宙的历史中将会出现这样一个时间，那时所有受到直接影响的人都已死去，那些贡献早已为人所遗忘，人类自身也已灭绝。因此，一个宗教信仰者可以坚持说，这些世俗的目的是不足的；与神圣计划的宏大目的相比，它们终究是昙花一现。

我们应该承认我们的付出产生的影响是短暂的。但是，我们是否就应该为此感到难过呢？这是不是一个令人类生活无法获得任何目的的关键性缺陷？世俗人文主义需要一个明确的观点来支持否定的回答。虽然我无法在此处充分表述任何一个这样的观点，但是我认为设想一下它的发展方向仍是有可能的。一旦我们的生命以提供保护或拓宽生命的可能性的方式影响他人，我们就与某种超越我们个体有限性的东西建立起了联系。就像把一块石头扔到水池里，石头沉没之后，水的波纹仍在继续散开，直至最终消失。我们的计划和我们的努力也是如此，只要目标明确、孜孜不懈。虽然我们所引起的变化不是永恒的，但是我们曾经的存在影响了某个大于我们个体的东西，因此就把我们与一个比我们的生命更长久的世界联系在了一起。我们可以放弃对永恒贡献的追求但仍然看到我们这样有限的生命所取得的有限影响的意义所在。[28]

我们已经探讨了两个主要的挑战：世俗主义无法为价值找到合适的位置，以及它无法在人类生命中发现目的或意义。为了应对我的第三个挑战，我极为粗略地转向了世俗主义观点的一个特征，这个特征轻 46
易就和有关人类生命的目的的问题，尤其是人类有限性问题联系在一起。宗教有时（尽管不是总是如此）会提供不朽的盼头，这种做法可以被理解为提供世俗主义者不得不放弃的希望。

死亡可怕吗？一些思想家不这样认为，至少已经成熟的人不这样认为。[29]怨恨或者懊悔也许是更加恰当的情绪，抑或反抗是对待死亡更加合适的态度，但是仍然有些关于死亡的东西是连完全的成年人都会害怕的，这不奇怪。我们也许会因为临终前逐渐丧失能力，甚至因为丧失年轻时的充沛精力而惊恐万分。我们也许会担心到了弥留之际，我们所看重的所谓自我可能一点都剩不下。我们也许会为死亡过程中的疼痛感到恐惧。在我看来，最基本的恐惧（或者懊悔、怨恨）是，我们对死亡会破坏我们意欲用我们的生命来创造的价值感到焦虑。最令人害怕的是我们有可能**过早**死亡。

宗教提供的不朽对此一无所助。我们死后是否以某种奇妙的状态再度出现这一点并不能阻止我们能力衰减，也不能永葆我们的青春；它不能解救我们出离可怜的半死不活（或更糟）的弥留阶段，也不能缓和临终的各种苦痛。它也无法完成我们未尽的计划。如果你的生命是为了帮助其他需要你保护和引导的人，如果你不幸在他们能够独立应付之前就死去，即使你将会复原，也许是以某种完全不同的形态又回到他们中间，那也于事无补。倾注你毕生心血的计划仍然因为你的过早去世而受到连累。反之，死亡的前景对于那些活得久到可以看到他们所致力的目标和目的指日可待，甚至已成囊中物的人而言，已显得不再那么可怕。他们的这种认识并不能阻止他们继续活下去的欲望；你希望看到你努力引领的方向继续向前开拓，但是由于你知道必然会有终点，因此无论走到哪一步你都能释怀。为人父母（或者祖父母）者看到自己的孩子（或者孙辈）已能自立，找到了他们自己的道路并满怀信心地继续走下去，他们还想看到家庭故事的进一步续写，但是显而易见的是，无论死亡何时降临，总会留下遗憾，总会有看不到的情节。

我所举的例子反映了人们，无论信教与否，从自己的生活中寻找
47 意义的最常见方式，它也表明了宗教之承诺死后复生可以带给人希望的最为明显的语境。对那些把自己生活的重心放在与他人的关系之上的人而言，死亡意味着一种不可能得到世俗补偿的损失。虽然小孩的夭折格外让人痛心，但是你所爱的人永远离开你的生活，这在人生的任何一个阶段都是令人痛苦的，看看那么多人在失去一生的伴侣之后的衰颓模样就知道此言不虚。在这方面，像基督教这样的宗教似乎也能给人希望，正如查尔斯·金斯利在他的好友托马斯·亨利·赫胥黎的儿子夭折之际给他的信中所说，他很遗憾，这位著名的不可知论者（甚至这个词都是他造的）无法从与他儿子来生团聚的期待中获得慰藉。[30]（赫胥黎尽管很伤心，但是他的回答斩钉截铁，他宣称自己坚决“侍奉真理”。）

宗教人士期待着与他们深爱并失去的人有某种形式的重逢，我从与他们的谈话中得知，这种给予希望的承诺力量有多大。但是我相信慰藉感的前提是不要过多思考这个承诺的条件。人们很容易以为，重逢意味着曾经存在过的事物的延续，就好像生命的磁带被重放，死亡得以避免。坦率地说，真实的情况并非如此。赫胥黎无法得到他最想得到的东西，他孩子生命的延续；他无法看到诺埃尔长大成人，找到自己的生活模式。此外，任何形式的重逢似乎都是在让两个陌生人面对彼此：一个是在诺埃尔死后生活向不同方向延展的父亲，另一个是不再占据由于夭折而空出来的情感空间的孩子。也许人类是不足以理解那种重逢的情形的，而刚才给出的特征描述也是不充分的，但是这显然无助于为遭受丧子之痛的父亲提供慰藉。基督徒通常瞧不起《可兰经》中向穆斯林承诺的天堂里的物质享受，但是伊斯兰教对来世的想

象却有着与忠实信徒的欲望相联系的好处(考虑到早期教徒所居住的沙漠环境,我们完全可以理解经文中对流水的强调)。比较而言,人们公认基督教的复活教义是神迹,而且在认识到这一点之后,我们完全不确定我们在来世重逢的环境是否会对我们在此生体会到的切身痛苦和损失做出回应,也不确定设想中的存在形式是否能弥补实际的悲痛和苦难。[31] 48

许多人,也许是大多数人的生活并不如意。死亡常常夺走我们心爱之人,让我们的计划破灭。世俗人文主义旨在减小人们的抱负遭到挫折和破坏的频率,但同时认识到,不要指望用它来阻挡我们尘世生活中的所有厄运。它不会承诺对未来的某种虚无缥缈的希望,它关注的是增加我们达到为自己定下的目的的可能性,并在那些目的未能达到时提供一切可以提供的慰藉。貌似遭到摒弃的那种希望并不像宗教认为的那么美好,而且,虽然活在一个完全世俗的世界里总是容易受到伤害,但是,正因为如此,这样的生活不是凄凉无望的。

五

查尔斯·泰勒最近探讨了我们是如何走到当前的世俗主义的,他的分析与我们在前几节中得出的一些结论有着显著的分歧。他的历史叙事用完全不同的方式来看待否认超自然力量的潜在基础:他并没有考虑我在第二节中重构的世俗主义的挑战,而只考虑力量较小的推理形式,这种论证思路无法彻底推翻超自然主义信仰。换用较弱的推理之后,泰勒便自由地加以阐释,他认为向世俗主义的转变之所以发生是因为各种社会运动弥补了反超自然主义论调的漏洞。因此,泰勒便可以为他视为重要选择之一的(基督教)宗教教义保留一个位置。

我虽然对他的历史叙事赞赏有加,但是它低估了世俗主义的挑战。不过泰勒在表述世俗主义面临的挑战时没有采用通常的指控版本,而是提出了更为复杂的东西。他很可能不会接受第三节和第四节中提供的答案，但是他显然认为世俗主义的致命弱点并不在于那些答案所回应的批评思路。他直言不讳地承认，世俗生活可以有一个“道德/精神的特征”[32]。我认为他清楚地意识到，世俗主义者仍然可以找到一个地方来谈论人们认为归属于他们生活的那些价值和目的。他对于世俗的生存方式的主要关注点也并不是某种希望的丧失，那种能够指望有来
49 世的宗教人士所享有的希望。相反，他在他的巨著中反复强调，世俗生活是“扁平化了的”，用一个恰当的比喻来说，它失去了一个维度。

就我对泰勒的解读来看，他力图阐述的是威廉·詹姆斯在他那关于神秘主义的经典讨论中探索而未得的观点。詹姆斯把许多神秘主义的著作描绘为“音乐作品”，他认为这种“音乐”提供“非音乐批评无法反驳的本体论信息，尽管它可能会嘲笑我们在乎这些信息是愚蠢之举”。因此我们得到来自彼岸世界的“耳语”，如果我们对此留意，就会“活在永恒之中”。[33]詹姆斯艰难地探讨以下这个认识论问题，即这些体验是否可以为信仰超自然力量提供任何佐证，但是他完全相信，设想一个超越日常（和科学）经验的更为广阔的领域可以丰富人类生活的某些部分。

泰勒在他著作的前面引入了人类经验的宗教层面概念，他援引了天主教作家（和僧侣）比德·格里菲思的一段话，后面的讨论将以这段话为基础。

> 我在校期间的最后一学期的某一天傍晚，我独自一人走出学校，听到了百鸟和鸣，在那个季节只有在黎明或日落时分才能听到这样的大合唱。我此刻想起了当时那声音入耳时的惊奇感。我仿佛觉得我从未听过鸟鸣，我不知道它们是否一年四季都这样鸣唱，我居然从未留意这一点。走着走着，我遇见几株盛开的山楂树，我又想到，我从未见过这样的景致或体验过如此的甜美。即使我被

> 突然带到天堂花园的树丛中，听到天使们的歌唱，也不会更为吃惊。随后我来到了操场那头太阳下山的地方。一只云雀兀地从我所站立的树边空地上飞了起来，在我头顶上倾泻它的歌声，然后渐归于寂灭。夕阳西下，万籁俱寂，黄昏的面纱笼罩大地。我此刻记起那时的一种敬畏感。我有跪到地上的冲动，仿佛我正站在一个天使面前；我几乎不敢看天，因为它仿佛只是蒙在上帝脸上的一层面纱。[34]

这个例子（我们可以称之为“比德·格里菲思的顿悟”）的力量在于很多人的体验与它产生共鸣：生命的阶段（大约十八岁）、季节（春天）、时间（清晨或傍晚）、背景（异常美丽的光线下的寻常乡景）。然 50
而对泰勒来说，这段体验代表某种典型的宗教感受（这“一个例子”将“代表许多例子”）。它表明：

> 在某个地方，在某种活动或状态中，有着一种丰足，一种丰富性，也就是说，在那个地方（活动或状态），生命更为丰满、丰富、深刻、更有价值、更令人钦佩、更显本色。[35]

世俗生活所缺少的并不是价值和目的，那种“道德/精神的特征”，而是这种丰足感。

这段话虽然有力，但是我们必须谨慎辨别由此产生的各种问题。以下是我认为最重要的几个问题：

1. 完全世俗之人会有“比德·格里菲思的顿悟”这样的经验吗？

2. 这类经验能为一个“超自然领域”提供任何证据吗？

3. 相信超自然来源的人的经验比不相信那些的人的经验更为丰富和深刻吗？

4. 对宗教人士而言，这类经验会增强他们生活中的目的感和意义吗？它们会加强对共同的道德计划的投入吗？

5. 如果这类经验与系统化的宗教信仰联系起来，它们会更容易出现和更容易持续吗？

除了历史分析之外，泰勒专著的真正力量很大程度上来自他对以上部分问题所提供的答案，以及这些答案向他人传播的方式，在我看来是对健康有害的传染。

让我们先来看看较容易回答的问题：世俗主义者有没有类似的体验？当然有。它们也许发生在丁登寺旁，或者面对勃朗峰时，或者当闪电击中曼哈顿某座高楼的那一刻。有时候，它们在阅读或听音乐的时候发生。对完全世俗的人来说，也同样有激越振奋的时刻，与其他人或某些地方的联系感，觉得生命就该如此的感觉。没有迹象表明这些经验是一种"恭维"，或者失去了宗教人士在其中发现的某种特质。我们世俗主义者也许是在欺骗自己，因为即使我们试图把目前的顿悟与我们曾经信教时的顿悟进行比较，记忆也可能欺骗我们。那么就先让我们承认这样的经验确实会发生，而把丰富性和深度的差别这一更棘手
51 的问题留待以后。

问题2在第二节里已经有了答案，但是此处值得重温一遍。比德·格里菲思的语言是有力的见证。他写到天使、天使的合唱、天堂和上帝。整段话充盈着他此前所知的那个宗教的范畴，他使他的情感回应与之相应。正如威廉·詹姆斯清晰地看到的那样，关于那些情感的来源有着对立的假说，它们是基于极为不同原因的潜在的心理学解释。世俗主义应该承认，这类经验目前尚无充分的科学解释：武断地认定比德·格里菲思的心理状态具有先前特征，决定了他在那个场合会感到那种油然而生的喜悦，这种判断是错误的。我们根本不知道我们的心理生活的某些部分该如何理解，包括这些宝贵的顿悟。然而这并不意

味着我们有权利用从远古流传下来的神话的方式将它们概念化。更为妥当的做法是承认我们无知，不要急于给它贴上来自某个我们熟悉但不可靠的传统的各种标签，期待着将来为这些重要的经验提供理由充分的解释。

剩下的几个问题更难回答，主要是因为比较不同人的经验并评估特定经验对随后的行为所具有的影响，其困难程度是众所周知的。处理问题3最明显的方式是询问那些获得或失去信仰的人，让他们思考在他们生命的不同时期所产生的顿悟，比较它们的深度和丰富性。我们已经提到，任何这类步骤都容易受到质疑，因为由此产生的判断往往因记忆失误或者后来的虚构而变得扭曲。可以想见，沿着其中一个方向（比如说，从信仰到世俗主义）行走的人和反方向而行的人会给出不同的判断：失去信仰的人宣称，体验的特质没有改变；获得信仰的人颂扬丰富性和深度得到增强。这类判断自然会与评价者做评价时所持有的信仰保持一致，并坐实一种感觉，即他们现在得出的观点是正确的。

不过还有应对这个问题的另外一种方式，那就是第四节中的那种讨论思路。感到有某种更高的超自然世界究竟能为这些顿悟增加什
么？显而易见的回答是，有宗教信仰的人感到与比自身生命广大得多 52
的一种东西之间的联系。可是，如果接受这个答案，就回到了前一节中的问题，尤其是以下看法，即把自己视为在完成一个外部强加的神圣目的（即使那个目的在我等有限生灵看来模糊不清），比任何世俗主义者所能提供的东西在本质上都更为令人满意。在这里我可以再概述一下世俗人文主义的态度。完全世俗的人无须借助与一个一知半解的超验存在的“纵向”联系，而仅凭与一个比他们的个体存在更为广大的自然世界的“横向”联系，就能够阐释他们生命的目的。认识到你是世界（最重要的是包括其他人）的一部分，你的行为对这个世界有影响，那么顿悟就可以是无须任何超自然前提而建立更宽广联系的一个丰富来源。宗教声称这些经验别具深度或丰富性的说法因此原形毕露，它只

是应该被抛弃的误入歧途的预想的残余。

问题4和问题5要求世俗主义者做出更大规模的让步。许多不具备超自然信仰的人有过一些经验，他们通过这些经验而变得致力于某一种行动方针，一种他们余生孜孜以求的行动方针；尽管如此，我仍然承认，**就目前的情况来看**，接受一个上帝可以让顿悟拥有一种渗透随后的行为的力量。我所认识的最令人钦佩的人当中有一位是虔诚的基督徒，她虽然几十年来受到病痛的折磨，但她为她的社区所做工作的强度和广度令人赞叹。她一方面维持并激励着她的家庭，一方面在照顾病人、穷人和老人方面做出了极大的贡献。她的奉献是非凡的，常常让我感到难以置信的是，她尽管患有多发性硬化，却成功地把光明带给如此多的生命。她自己对此的解释是她认识了一度以耶稣身份示现的上帝，正如我们上次交流时她对我所说的："假如我不相信基督就是他自称的那个人，我就无法一如既往地做所有这些事情。"

那么，也许问题4的答案是：是的，也许世俗主义者应该承认，**在目前存在的社会环境中**，达到宗教顿悟的人和不相信超自然力量的人所感受到的动力之间存在着一种不平衡。同样，宗教生活的形式也许使得这些重要经验变得更加频繁或更加持久。如果有人赞同以下观点，
53 即宗教已通过演变来满足人类心理和社会的需求，那么此人应该认识到，宗教人士所从事的仪式和祈祷活动在引导人类行为和提供一种"丰足"感方面也许有着有益的影响。正如我在第二节里反复强调的，宗教传统的演变不必累积或提纯真理就能使宗教成功。

无论是在宗教生活之内还是之外，顿悟对我们的影响往往是短暂的，那些经验给予的振奋感是难以持续的。为了与比德·格里菲思的告白进行比较，我引用一位伟大得多的作家的一段（虚构）描述。

> 他忏悔了，上帝已经宽宥了他。他的灵魂再一次变得美好而圣洁，圣洁而幸福。……他坐在厨房的火炉边，因为太幸福了，不

> 敢说出话来。在那时刻之前，他从没体验到生活竟然能如此美好，如此安静。从用别针别在灯上的翠绿色的方灯罩里射出一圈柔和的光影。在厨房桌上放着一盘香肠和白色的布丁，在柜橱里有鸡蛋。它们是为公学小教堂做完圣餐礼后开早餐准备的。白布丁，鸡蛋，香肠，一杯杯茶。生活毕竟是多么简单而美好！人生在他面前展现了一切的可能。[*]

这一段落中的“他”是斯蒂芬·德达罗斯，《青年艺术家画像》的主人公（如果称不上“英雄”的话），这一幕发生于斯蒂芬刚做完告解回来，他是受到学院静修期间的四场布道的驱使而去做的告解。[36]

然而结果证明，振奋是暂时的。斯蒂芬很快便陷入严苛的仪轨日程之中，他的鲜活经历被逐渐耗尽。

> 他星期日思考神圣三位一体的奥理，星期一思忖圣灵，星期二考虑守护神，星期三思索圣约瑟，星期四沉思享受上帝至高祝福的祭台圣餐礼，星期五深思受苦受难的耶稣，星期六冥思为主所宠爱的圣洁的圣母马利亚。……他的日常生活都是在宗教场所度过的。通过向神祇的呼号和祈祷，他毫不吝啬地为炼狱里的灵魂积敛了由天、四十天、年组成的无数涤罪的世纪；然而，如此容易地获取由于规范的告解圣事而带来的这么神奇般多的涤罪的岁月使他感到精神的胜利，但这并没有完全酬答他祈祷的热忱，因为他永远无法知晓通过为受炼狱之苦的灵魂做代祷他到底帮助减轻了多少俗世的惩罚；他生怕在炼狱的火海中——它与地狱的区别就在于
> 它的火不是永恒不灭的——他的告解圣事不过是一滴水而已，所 54

* 詹姆斯·乔伊斯著，《青年艺术家画像》，朱世达译，上海：上海译文出版社，2013年，第192—193页。下一段译文出处同上，第195—196页。

以，他每天逼迫自己做越来越多遵守上帝诫命之外的善事。[37]

斯蒂芬并没有丧失顿悟，实际上，他产生顿悟的频率之高让这个词都出名了，但是它们对他的生活（无论是在虔信宗教时期还是离经叛道之后）的影响通常都是短暂的。这些插曲的意义很难在我们的意识里留存，**甚至宗教机制会侵蚀持久的影响力**。

我认为乔伊斯的用意是深刻而重要的。对几乎所有人而言，无论他信教与否，感受振奋的机会都非常罕见，而且产生这些机会的动力很容易消散。这一事实为世俗人文主义指明了正确回应泰勒提出的挑战的方法，正如我勉强给出的针对问题4和问题5的肯定回答所展现的那样。**特殊的经验形式——顿悟——一部分是由社会造就的**。它们对人类行为产生的力量，以及发生的频率，都取决于宗教长期以来采用并磨砺的有效技术手段。

根据音乐中的一个老生常谈的说法，最美的曲调总是归魔鬼所有。无论事实究竟如何，说到培养体现泰勒的"丰足感"的经验，宗教有着悠久的实践历史。它们往往能够出色地利用令人产生共鸣的语言、仪式、绘画和音乐，而相较之下，世俗替代品（例如一位论派的"礼拜式"）常常显得苍白无力。这意味着我在回答问题4和问题5时所做的让步不应被视为世俗主义的损失，而应被视为挑战，敦促我们去寻找维持那些我们认为极为重要的经验的方法，这些经验将与由历史悠久的宗教传统提供的经验一样有力。

杜威非常明确这一点。他并不认为比德·格里菲思那样的顿悟的力量来自信仰超自然事物，他提出，我们要恰如其分地把这些经验视为有价值的插曲，并寻找维持和深化它们的方法。

> 宗教声称是它们引起这种持久的态度的改变。我想把这一陈述反过来说：这种变化无论何时发生，必然有一种宗教态度在其

> 中。并不是宗教使它发生，而是当它发生时，无论因何而起以及用何种方式，其中总有一个宗教的观点和功能。[38]

几十年后，世俗主义仍需致力于培养这种态度，深入探讨让它变得更加
普及和持久的方法。这一任务显然是困难的，因为世界上现有的宗教 55
已经磨砺了应对人类对共同体的需求的能力。然而，我们没有理由认为这些障碍无法逾越，或者认为世俗人文主义者无法从那些致力于非字面地理解传统教义的宗教团体中汲取灵感。通过将对世俗主义面临的一些重要挑战的回答进行概述，我希望恢复对杜威所谓的“共同信仰”，即超越接受神话的各种心理状态的综合体的追求，它认识到世俗
人文主义并不只是一味否定。 56

二

祛魅——返魅

查尔斯·泰勒

一

这两个术语常常一起使用：前者指我们所谓的世俗化过程的一个主要特征；后者指一种对前者的假定取消，根据个人观点的不同，它可以是令人期待的，也可以是令人担忧的。

但是两者关系的复杂程度远甚于此。从某种意义上说，祛魅的过程是不可逆的。对返魅的向往（或返魅有可能造成的令人担忧的危险）指向一个不同的过程，它也许真的可以再现类似于被施了魅的世界的特征，但并不是对那个世界的简单复原。

让我们用“被施了魅的世界”来指称祛魅所去除的那些特征。主要有两点。

那个世界的第一个特征，是其中充满了精灵和道德力量，而且这些力量对人类有影响；也就是说，自我和这些力量之间的界限是具有一定渗透性的。这里有树林的精灵或者旷野的精灵。这里有具有招致好运或厄运的力量的物体，例如圣物（好的）和爱情魔剂（不一定好）。我用“道德”力量一词是为了表明某些物体被用于或善或恶的目的。因此，来自坎特伯雷的一小瓶水（其中必然包含殉道者托马斯·贝克特的一点血）具有治疗任何疾病的力量。在这方面，它和现代的药完全不同，后者因其化学构造而“瞄准”特定的疾病和状况。

总而言之，我们可以说这是一个“魔法”的世界。这一点暗含在我们的术语“祛魅”之中，因为它可以被视为祛除魔法的一个过程。这在德语原词里看得更加清楚：韦伯的Entzauberung就包含Zauber（魔法）一词。但是它实际上并不那么能说明问题。祛魅的过程最初是因为宗教原因而实施的，它的内容是使所有与精灵和力量有关的习俗丧失其 57
合法性，因为据说它们不是忽视了上帝的力量，就是干脆与之对抗。这类仪式据信具有本身的力量，因此是亵渎上帝的。所有此类仪式都被归为“魔法”一类。这种归类是由于排斥而形成的，它并未明确指出排斥的理由是什么。此后它便在西方文化中一直延续下来，即使信仰衰落之后仍然如此，例如弗雷泽对魔法和宗教的区分。只是到了西方人试图对非西方社会进行人种学研究之后，人们才明白这种归类是多么不恰当和不稳定。

刚才我谈到不可逆。但是我们的许多同时代人确乎已经“回到了”那个世界。他们相信并实践某些仪式，以便恢复健康或取得成功。这种心态留存了下来，即使以不为人所知的方式。这是实情；很多事物从更早的年代留存了下来。但是大的变化（这是很难取消的），是往昔的能渗透的自我被我所谓的“缓冲的”自我所取代。

让我们再来看一下被施了魅的世界，我们的先人所公认的精灵、魔鬼和道德力量的世界。祛魅的过程就是那个世界逐渐消失，以我们今天所生活的世界取而代之——在这个世界里，思想、感情、精神活力的唯一所在是我们所谓的心智；宇宙间唯一的心智是人类的心智（大体如此，或许还有火星人或其他外星人）；心智是有界限的，因此那些思想、感情等位于心智“之内”。我说“思想、感情等”是什么意思呢？我当然是指我们的感知，以及我们对世界和自身所怀有的信念或见解。不过我还指我们的反应，我们在事物中发现的意义和重要性。我想用类属名词“意义”来指称它们，尽管从原则上来说，这有可能会与语言学上的意义相混淆。在本文中，我用的是谈论“生命的意义”时的那层含义，或者是谈论对我们“意义”重大的一种关系时的那层含义。

一旦我们审视这层含义的意义，以心智为中心的观点与被施了魅的世界的关键区别就显现出来了。根据前者的观点，意义“在心智中”，也就是说，事物之所以具有意义是因为它们唤醒了我们的某种反应，这与我们的生物本性有关，因为我们具备这样的反应，也就是说，我们是具有感情、欲望、厌恶的生物，换言之，我们是具有（最广义的）心智
58 的生命。

我必须再次强调，这种理解事物的方式先于不同哲学理论（唯物论、唯心论、一元论、二元论）的解释。我们可以采用严格的唯物论观点，认为我们的反应要用事物对作为生物体的我们而言所具有的功能以及因感知事物而引起的神经生理反应的种类来解释。我们仍是用我们的反应来解释事物的意义，这些反应在我们“之内”，因为它们取决于我们内在的“编程”或“硬接线”方式。

根据唯物论，我们说不定是一个大桶里的大脑，受到某个疯狂科学家的控制；这个幻想有没有道理取决于以下观点，即各种思想的物质充分条件在头盖骨之内。因此，关于一个不存在的世界的令人信服的想法可以随着正确的大脑状态的出现而产生。对于心智观至关重要的内外之分以及两者之间的界限在这种唯物论的解释中得以再现。

但是在被施了魅的世界中，意义不仅仅存在于这种意义上的心智之中，显然不仅仅存在于人类的心智之中。如果我们观察在五百年前普通人的生活（精英的生活在很大程度上也是如此），我们可以通过各种方式发现这一点。首先，正如我在上文所述，他们生活在一个精灵（既有善的也有恶的）的世界里。恶的精灵自然包括撒旦，但是除了他之外，这个世界充斥着从四面八方逼来的魔鬼：森林和旷野的魔鬼和精灵，以及在我们的日常生活中可能造成威胁的那些恶灵。

善的精灵也有很多。除了上帝，还有他的圣徒，人们向他们祈祷，并在特定情况下，如希望疾病得愈，或因疾病得愈而还愿，或祈求从极度危险（例如出海）中得到拯救时，参访他们的圣地。

这些非人的作用者对我们而言恐怕并不陌生。它们违反了上文提到的现代观点的第二点，即（我们通常相信）宇宙间唯一具有心智的是人类，但是它们似乎提供了一幅心智的图景，多少与我们的心智相类似，意义（以善意或恶意的形式）可以在其中存在。

但是这种看待事物的方式未能充分反映被施了魅的世界的陌生感。因此，正是在对圣徒的崇拜中，我们可以发现，此处的力量并不都是可以决定是否要施以援手的作用者或主体。力量也存在于事物之中。[1]因为圣徒的治愈力量常常与他们的遗物所在地有关：或者是他们（被信以为真的）遗体的一部分，或者是与他们生前有关的某件物品，比 59
如钉死耶稣的那个十字架上的木片，或者圣梅洛尼加用来给耶稣擦脸的汗巾，这块汗巾曾几度在罗马展出。我们还可以列举出其他被赋予神圣力量的物品，例如圣饼或圣烛节被祝福过的蜡烛之类。这些物品是精神力量之所在，因此需要谨慎对待，使用不当会导致可怕的后果。

事实上，在被施了魅的世界里，个人的使然作用和非个人力量之间的界限并未做清晰的划分。这一点又可以从圣物上看出来。圣物产生的治疗作用，或者施加在偷盗它们或对它们处理不当的人头上的诅咒，被认为既源自它们（作为力量的所在），又来自它们所属的圣徒的善意或愤怒。甚至我们可以说，在这个世界里有着一整套大小不同的力量，（暂时只举恶的一端）从高级作用者，比如那个始终企图让我们堕入万劫不复境地的撒旦，到小魔鬼，例如树林的精灵（它们几乎无法与它们所栖息的环境分别开来），最后是导致疾病或死亡的魔剂。这说明了我在这里想要提出的一个观点，不久我将重提这个观点，即与我们那有着缓冲的自我和“心智”的宇宙不同，被施了魅的世界令人费解地缺乏某些对我们而言必不可少的界限。

因此，在前现代世界里，意义不仅属于心智，也可以存在于事物之中或人类之外、宇宙之内的各种主体之中。我们可以从两个层面，通过观察这些事物/主体所拥有的两种力量，来展现其与现在的差别。

第一种是把某种意义强加于我们的那种力量。从某种意义上说，这种情况现在一直在发生，因为某些反应是由我们这个世界上发生的事情不知不觉间在我们心中触发的。我们遭逢不幸而伤心难过；我们遇到大事而充满喜悦。但是在被施了魅的世界里，具有力量的事物对我们的影响方式在我们今天的理解当中没有可比之物。

对我们而言，世上的事物，那些既不是人类也不是人类所表达的东西，处于心智“之外”。它们可能会以自己的方式影响心智，实际上有两种可能的方式。

我们可以因为观察这些事物而改变我们对世界的看法，或者以平时办不到的方式受到激发。由于我们本身是与这些外物相连的肉体，并与它们时刻进行着交换，由于我们的心理状况以种种方式对我们的身体状况做出因果反应（我们意识到这个东西，但不拥护任何一种具体
60 的、有关什么引起什么的理论），我们的体力、情绪、动机之类会受到，并正在不断受到外界所发生事情的影响。

但是在所有这些情况中，这些反应从我们心中产生而事物获得这些意义这一点，是作为心智，或作为分泌心智的生物的我们如何运作的一个功能。相比之下，在被施了魅的世界里，意义已然存在于物体/作用者之中：完全独立于我们而存在；即使我们不存在它也会在那里。这意味着物体/作用者能够将这种意义传达给我们，把它强加于我们，还有一种方式，可以说是把我们带入它的力场之中。用这种方式，它甚至可以把格格不入的意义，即鉴于我们的本性，那些我们通常不会有的意义强加给我们；此外，在积极的情况下，它可以加强我们内生的好的反应。

换言之，世界不仅仅通过向我们展示事情的某些状态（我们出于本

性对其做出反应)，或者通过在我们体内制造某种化学—有机环境(它根据我们的运作方式而产生，比如说，欣快或抑郁)来影响我们。在所有这些情况中，只有当世界对心智/生物产生影响时，意义才出现。在这种意义上，它是内生的。但是在被施了魅的世界里，意义已然存在于我们之外，两者并未发生接触：它可以把我们带过去；我们可以落入它的力场。它从外部与我们不期而遇。

被祛魅逼出局外的那个早期世界的第二个特征，其重要性不亚于第一个特征。它通过另一种方式将意义置于宇宙之内。只不过这是精英文化的一个特征。我并不是在论述通俗的"魔法"和能渗透的自我的感觉力，而是在论述高深的理论。宇宙反映并展现伟大的存在之链。存在本身存在于几个不同的层面上，宇宙的整体结构和它的各个不同领域都反映了这种等级制度。灵魂相较于肉体所体现的尊贵和统治同样体现在国王之于一个国家、狮子之于动物世界、鹰和海豚之于鸟类和海洋生物所处的优越地位。这些特征在不同领域中彼此"对应"。整体是由互补的等级关系构建起来的，这一点应该在一个管理有序的国家里得到再现。

为了再次强调与我们的世界之不同，我们可以说，在被施了魅的世界里，充满的事物具有引起结果的力量，这种力量与事物所包含的意义相匹配。虽然文艺复兴鼎盛期的对应理论与其说是一种通俗信仰不如说是一种精英信仰，但是它具有相同的施魅逻辑，充满着由意义居间促成的因果链。为什么水银能治愈性病？因为这种疾病是在市场上感染的，而赫尔墨斯是市场之神。这种思维方式完全不同于我们后伽利略 61
时代、以心智为中心的祛魅。如果思想和意义只存在于心智之中，那么就不可能有"充满的"物体，事物之间的因果关系就不可能取决于它们的意义，因为意义必然是从我们的心智投射到它们之中的。换言之，心智之外的物理世界必然按照因果法则运行，这些法则绝不会依赖事物对我们所具有的道德意义。

我们可以发现精英理论和民众的感觉力是如何互相渗透和互相强化的。在一个被施了魅的感觉力的世界里更容易相信高深的理论。该理论本身可以汲取民间学问的一些特征，从而赋予这些特征一种新的理论依据和系统形式。

我们更容易想象的是在我们的世界里恢复这第二个特征。显然，许多人持有“稀奇古怪”的理论。但是把这种观念视为具有霸权地位而加以全盘接受的想法在后伽利略时代是无法想象的。

二

那么寻求“返魅”的人的意图何在？从某种意义上说，他们追求的是同一个基本特征，但看法不同。换言之，他们不满于我们身处的宇宙完全没有人类意义。当然，工具意义可以被归因于我们自然环境的各种特征（就其满足或妨碍我们的生物需求而言），但是任何人类意义必然只是主观的投射。我所谓的“人类意义”是指当我们辨认出生命的目的时试图通过诸如以下这些判断来解释的东西：这确实是一种富有意义的生活方式；或者这种生活确实值得拥有；或者这种存在形式确实令人满意，或者是一种更高的存在方式，诸如此类。再推导一步，鉴于我们周围的事物在这些目的和目标中所起到的作用，我们可以把人类意义赋予它们。梭罗的话“世界保存于荒野之中”就是一个赋予意义的例子。这正是返魅的支持者们经常想做的陈述。

这种失落感在浪漫主义时期频频得到表达。以席勒的《希腊的群神》一诗为例。

> 那时，还有诗歌的迷人的外衣
> 裹住一切真实，显得美好，
> 那时，万物都注满充沛的生气，

从来没有感觉的，也有了感觉，
人们把自然拥抱在爱的怀中，
给自然赋予一种高贵的意义，
万物在方家们的慧眼之中，
都显示出神的痕迹。

但是这种情感交融现已遭到摧毁；我们面对的是一个“被剥夺了神道的自然”：

被剥夺了神道的这个大自然，
不复知道她所赐与的欢欣，
不再沉迷于自己的妙相庄严，
不再认识支配自己的精神，
对我们的幸福不感到高兴，
甚至不关心艺术家的荣誉，
就像滴答的摆钟，死气沉沉，
屈从铁一般的规律。*

那么彻底的祛魅错在何处呢？是什么驱使人们寻求返魅呢？在我笼统地称为后“浪漫主义”的时期中，我们一再发现这种抱怨，它针对的是对我们现代处境的一种解读，根据这种解读，一切人类意义都只是投射而已。也就是说，人类意义被认为是由人类主体随意赋予的。这样的话，就没有一个放之四海而皆准的意义。对于这些意义的普遍认同将源自我们投射的实际存在的交点。梭罗关于荒野的话只能被理解为这 63

* 中译文引自张玉书选编，《席勒文集Ⅰ：诗歌小说卷》，北京：人民文学出版社，2005年，第38，43—44页。

样一种主观投射，而并非对所有人类有效。

但是这种投射主义的世界观并不是从上文概述的双重意义上的祛魅中得出的。诚然，人类意义不再被视为存在于物体之中，甚至不是独立于人类作用者的。这些意义因作为世界作用者的我们而产生。但是从中并不能推导出它们是被随意赋予的。

这里的推理有一个严重错误，它常常伴随着这一主题的现代转向而出现。在认识论领域，这一转向（笛卡尔、洛克）首先产生了一种观点，这种观点将知识视为存在于头脑**之中**的对外部现实的正确描述。但是全面展开之后，这种返回自身对我们的经验进行检视的方式最终消除了这个错觉。我们对世界的理解并不仅仅是我们内心的一个表征。事实上，它存在于我们与现实的互动之中。我们在世界之中存在（海德格尔的Inderweltsein），或者面向世界存在（梅洛—庞蒂的être au monde）。

在人类意义的这一领域中必须进行一些类似的探究，否则，我们将一直活在对自身的扭曲观点之中。

简单说一下这个辩论与有神论者和无神论者之间的辩论的关系。显然，前者不会同意以下观点，即抽离人类作用者的现实当中不存在意义；我本人也不接受这个观点。不过这丝毫不影响我饶有兴致地探求我们该如何在人类经验中发掘那些必须承认是放之四海而皆能成立的意义。一旦我们确立这些意义是什么，那么有神论者与无神论者之间的辩论就可以更好地展开了。如果我们不跨出这第一步，就将以人类境况的一种扭曲形式生活下去，而其中的工具主义偏差将会使整个地球面临生死攸关的局面。

因此，返魅问题可以这样来表述：一旦我们离开了“施了魅”的精灵世界，不再相信伟大的生存之链，我们该如何理解以下观念，即自然或者我们身处的宇宙是人类意义之所在，这些意义是“客观的”，因为它们并不仅仅是选择或偶然欲望的随意投射？

换言之，这些意义的属性对我们而言属于强评价。我在此处提及的强评价与弱评价的区别在于，弱评价取决于我们可能无法做出的选择，或者取决于我们对可能并不接受的目标的拥护。由此，对于声称某事物应该于我们有价值的观点，我们可以通过选择另一个目标或者否定这一价值所依赖的那个目标来推翻它。就强评价而言，我们无法那 64
样解放自己，我们一旦试图那样做将给自己带来负面影响。

道德领域的这一区分可以用康德的绝对命令和假言命令之间的对比来说明。如果有人说：投资房地产吧（在今天看来显然不是一个好点子，不过通常是明智的意见）。你可以这样说来挫败这个命令：我已经够富有的了；或者，我甘于过贫穷的生活。但是假如有人说：采取行动以减少不必要的痛苦吧，你就无法通过辩称你还有其他生活目标来解放自己。你需要的是以下这样的论点：减少痛苦是不好的，因为（比方说）这会导致一个“最后的人”的世界，或者会阻碍“超人”的产生。

但是，当然也可以在道德领域之外做出强评价，例如在美学中。某个作品或场景是美的这一判断将是强的，假如它暗示那些无法认同的人是审美有缺陷而不只是对这类东西不感兴趣。

把人类意义归于宇宙（中的事物）作为一个强评价跨越伦理和审美的界限。它涉及的也许是广义的道德，在这一领域中我们对什么样才是一个真正好的或体面的人类生活做出判断。

以这些思考作为背景，让我们对有关祛魅和返魅的诸多争辩审视一番。我在此处跟随的是乔治·莱文在近著中的出色讨论。[2]这一争论始于许多人（包括无神论者和有神论者以及一些居于两者之间的人）的论调，即韦伯的理性化和后伽利略时代的科学，伴随着宗教的式微，使我们面临一个失去意义的世界，而且没有提供任何慰藉。在这方面，一般认为现代人的处境与此前所有时代和文化中的人的处境都极为不同。于是就有可能爆发有关我们可以或者应该如何应对这个处境的争论：以大无畏精神面对空虚的世界，抑或对否定宗教提出质疑，抑或寻找一些新的意义来源。

但是我们还可以审视这幅“韦伯式”图景。[3]这真的是我们的困境吗？有些人对此已经表示质疑。我们现在不是正对浩渺而复杂的宇宙、多样化的生命形式，以及从低级形式向高级形式的进化奇迹惊叹不已吗？难道我们从中没有发现美吗？这样看来，被认为使世界祛魅的那个变化的一部分，此处指现代科学中我们称之为进化理论的那部分，
65 事实上让我们有更多、更深刻的理由对宇宙感到惊奇。正如莱文所说，世界尚未失去意义：“它惊艳、美丽、可怕、迷人、危险、性感、真实。”[4]前四个修饰词也许可以被认为是审美的而非伦理的。但是我们可以提出以下主张，即这种伟大感和美感可以培养对世界的热爱，这是宽宏大量的源泉之一。正如康德所见，我们从“头顶的星空”得到的灵感近似于我们在“心中的道德律”面前所感受到的东西。[5]

事实上，唯物主义从一开始就产生了一种对宇宙和对我们人类从宇宙中诞生的敬畏感。我们可以从卢克莱修那儿发现这一点，不过这种感觉在18世纪随着唯物主义世界观的形成和稳固而得以强化和发展。这一看法站稳了脚跟，但同时也得以深化。

我们在宇宙中是孤独的，这让我们感到害怕；不过这也是一个令人兴奋的消息。孤独中有一定的喜悦，尤其对缓冲的身份而言。因为孤独而产生的激动一部分是自由感，一部分是对这个易逝时刻的深刻感触，你必须抓住（carpere）这日子（dies）。一切意义尽在其中，就在这个小小的斑点之中。帕斯卡把人比作会思考的芦苇，这差不多说到了点子上。

新的宇宙图景在它之上又增加了一个层面。由于我们意识到宇宙在时空上是多么地浩瀚，它的微观构造是多么地接近无限小，因此我们感到自身的渺小和脆弱，但是我们也看到了一件了不起的事情，那就是从这个浩瀚无垠、了无目的的机器中竟然产生了生命，继而有了感情、想象和思想。

一个信教的人看到这里很容易表露一种神秘感。唯物主义者常常希望批驳这种认识；科学在其发展过程中不承认有任何神秘事物，只有暂时的未解之谜。但是无论如何，我们感到生命将它的根扎入一个深度如此令人难以想象的系统之中，以至于能从中产生意识，这种感觉也让唯物主义者惊叹不已。

对于我们来历不明的疑问，以及我们能感受到的围绕这一疑问的争执，被一个当代作家很好地捕捉到了。道格拉斯·霍夫施塔特发现，某些人

> 对于“通过解释消除”灵魂有着一种本能的恐惧。我不知道为什么有些人有此恐惧，而另一些人，比如我，在简化论中找到了终极的宗教。也许是我毕生的物理学和一般科学的训练使我看到最坚固、最熟悉的物体或经验在趋近无限小时逐渐消散，最终成为奇 66
> 特的非实体以太，成为无数瞬间生灭、有着几乎无法理解的数学活动的旋涡，此时会产生深深的敬畏感。这在我心中引起无尽的敬畏。对我而言，简化论不是“通过解释消除”神秘，而是增加了神秘感。[6]

但是这种惊叹为一种亲属感、一种归属于这些深度的感觉所调节和加强。这使得我们得以重拾18世纪时由于我们感到我们来历不明而产生的与万物的联系感和一致感，不过现在我们对于它的广度和深度有着无法比拟的认识。[7]

因此，唯物主义变得更为深刻，更为丰富，此外，其形式也变得更为多样，因为倡导者们对于我刚才试图说明的若干复杂方面采取的立场是不同的。我们之所以选择无信仰，不仅是因为我们对宗教的评判以及所谓的“科学”的拯救。其他原因还包括我们现在在宇宙中发现的道德意义以及我们在宇宙中的起源。现在唯物主义壮大起来了，这一

方面是由我们的宇宙图景之中的某些生活方式以及对这个宇宙图景的进一步发展造成的，另一方面是由改变我们对这个浩瀚宇宙的无目的感的某些方式以及我们对宇宙的惊叹和亲属感造成的。

但是我们不能就此止步不前。充满敌意的批评家会反对说，这些只是**感情**而已。我们感受到深度和伟大，但是这是否与现实相应？如果我们抛开一切宗教和形而上学，是否还存在一个与这些感情相对应的现实？对此我们可以回应道，仅仅发现对事物的一个新的、（据信）更正确的解释根本不会改变我们在这些事物面前所感受到的惊叹或钦佩。因此，我们在解释宇宙的形状或者生命的起源时，完全可以把以下两者一分为二：我们对事物起源的解释；我们对它们所具有的意义的感受。

这个回答有一定的道理，但是事情实际上要更加复杂。当我们言及我们面对宇宙之宏伟和复杂时的惊奇感时，或者言及世界在我们心中激起的爱时，这就是我上文所说的强评价。它们隐含的意思是，惊奇是我们应该感受到的；无法产生惊奇感的人缺失了某种东西，他们由于某种原因对于一个非常值得赞赏的对象感觉迟钝。在这方面，它完全不同于我们的偏好，例如对冰淇淋口味的偏好（举一个无足轻重因而反差显著的例子）。我喜欢草莓味，你喜欢香草味。互相指责对方没有看到某些东西是荒唐的。

让我们再看另外一个对比。强评价背后的认识是，它们追踪到某
67 种真实。可以提出一个问题：那个物体真的值得尊重或感到惊奇吗？那个物体可能会激发起你心中的爱，但是它值得爱吗？显然，这些争论是道德生活的核心。是的，我们应该大胆行事，但是那（盲目对敌人发起进攻）是真正的勇气吗？我们应该慷慨一点，但是那（花费公共关系预算来提升公司形象）是真正的慷慨吗？再举一个（令人相当吃惊的）对比：我们对某些事物感到恶心；我们说这些事物“令人恶心”。争论**真正**令人恶心的是什么是否有意义？我想到的是字面意义，即某些物

质的外观或气味令人无法忍受；此外当然还有道德含义，例如当我说一个政府决策令人恶心。显然，在直白的、字面意义的情况下，答案是否定的。令我们感到恶心的是一个无情的事实（brute fact）；某些事物恰好引发这种反应，其他事物则不会。如果存在人际差别的话，它们也属于无情事实的范畴。无法对它们做出公断。

这些对比表明以下事实，即强评价背后隐含着事情的某种真实性。这无法与有关该如何解释我们的反应的事实分隔开来。简言之，我们的道德反应认为，它们是对某种现实的回应，如果误解了这种现实可能会遭到批评。但是说到恶心，就不能这样论述；现实与否的问题无立足之地。

如果我们记住这个区别，也许就会赞同以下观点，即没有理由认为从有神论的现实观转变为唯物主义的现实观就会削弱我们对宇宙的惊奇感，尽管关于是什么引起了惊奇感的看法将会不同，而且对有神论者和无神论者而言将会与不同的事物相联系。

但是让我们看一下社会生物学的观点，它宣称能够证明人类行为和所有的动物行为一样，是受到“自私”基因的驱使。确实存在“利他”的行为模式，在这种行为模式中，一个行为者损己利他；但是其背后的动机并无区别。这必然会破坏那些欣赏利他主义的人的一部分关键性背景理解。为什么？因为欣赏利他主义不仅意味着他们发现这种行为模式有用，还意味着他们认为为利他主义提供动力的那个动机在某些方面更高、更高尚、更令人钦佩。这种主张只有基于以下背景观点才有意义，即人类动机可以转化，从而越来越受到更高事物的吸引，最终让我们的行为模式发生改变。这一背景也比单一的动机等级划分来得丰富；必然会有某种解释，说明为什么某一种动机更加高尚：因为它通过各种方式带来真正的和谐，与我们的真实自我相应，促成我们梦寐已久的人类之间的统一与和谐。正是由于以下主张，即我们从根本上 68
来说总是“以自我为中心”的，才使得这整个背景观点遭到否定且无法成立。

我们可以从尼采对基督教的攻击中看到类似的情况。基督徒谈论“仁爱”、“爱”，以及转过另一边脸。但事实上这是谎言。因为我们其实都受到权力意志的驱使。基督徒的行为事实上是受到一种欲望的驱使，他们想要报复甚或支配那些在权力斗争中胜过他们的人。再从基督教角度来看，付出额外的努力、进一步推行无私的爱是有意义的，因为它是我们朝着更像耶稣和上帝的转化之路上的一步。如果这整个前景都是错觉，如果我们都不可避免地受到同样的权力意志的驱使，那么这种期盼将徒劳无功；整个人生观将崩溃。这仅仅是尼采观点中惯常出现的又一个反讽，他告诉我们，这里的“爱”其实是受到它的对立面，即愤懑和仇恨的驱使。

因此，一方面当然可以说，以上双重意义的祛魅，以及去除宗教，本身并无法削弱非常强大的人类意义，例如一种惊奇感、对世界和对他者的爱，诸如此类；另一方面，某些有关人类生活和行为的还原论解释却将它们排除在外。我们不能只说，关于我们为什么会经历这些意义的解释与它们是否正确无关；或者，它们言之成理，因为我们强烈地**感觉**到了它们。我们只有弄清这些意义的属性才能使我们的主张更加令人信服。需要认识到它们的本质是强评价，只有这样才能声称它们具有真理、现实性，或客观正确性。

这就是为什么那些我在上文描述的对现实产生过惊奇感的人觉得有必要解释它和明确表达它。我们在上文看到，一个完整的背景理解构成不同的利他主义伦理学的基础。对有神论者和无神论者而言，这种背景是不同的，但是两者都不能仅仅建立在单纯的反应之上。一个人可以认为，在人类生活中这样的反应是第一位的，所有构想哲学和宗教理论的尝试都源自表述那些反应的需要。但是这些表述并不是派生的和次要的。每一种表达类似反应的方式都在修改它、发展它，给它一种不同的趋势。因此，我们在今天的人道主义工作中看到，各种信仰的人，无论是宗教的还是非宗教的，在并肩合作。从某种意义上说，他们受到同一种冲动的驱使，但是在共同的奉献背后有着一些非常不同的伦理观：关于人类生活、关于转化的种种可能性、关于采取何种精神或 69
心智准则模式等的不同观点。

但是这些阐述并不完整。它们留下了可供神秘性闯入的缺口，对真理的断言并没有充分的理由，貌似有理的反驳犹抱琵琶半遮面。从某种意义上说，必须要有某种程度的信仰才能从原则上克服这些困难。无论是自然主义和唯物主义的困难，还是“基于信仰的”困难，这一点都适用。事实上，尽管缺口和不确定性出现在不同的地方，这个条件可以运用于一切人道主义的努力中，无论其动机是什么。

有些人也许会惊讶于在伦理道德领域居然能够做出真理的断言。我们如何才能令人信服地证明，人类转化的某种方向，成为圣徒，或成佛，或者成为一个纯粹的康德的意志，真的可以实现，而这一路上并没有关键的障碍？事实上，古典的“科学”方法无法表明，我们能够找到某种实相，它与希望相对应，而且能够证实这种希望。一些人（佛陀的常随众、耶稣的门徒）相信他们看见了这样一种实相，但是他们无法向没有见过实相的人显示它。事实上，我们对自己信仰所具有的信心在很大程度上是从另一条路径获得的，即撕下我们幻觉的假面具，使得我们能够抛弃早先更值得怀疑的观点。当然，这个过程永远也不会完成，但是能够从这种去伪存真的步骤中留存下来的观点总要比不能留存下来的观点可信一些。[8]

三

以上讨论或许有助于我们更好地解释以下问题：一个对于世界的科学描述怎样令它彻底“祛魅”，也就是说，无论如何也做不到我们所说的返魅？显然，我们更好地理解不同物种是如何进化的这个简单事实（无论这个过程被认为有多么机械论），并不能减少我们对于这个最终系统的广度和复杂程度的惊奇感。我们面临以下事实（无论我们如何理解它），即我们可以带着惊奇感来回应；我们还想补充一点，任何一个人，只要有足够的知识、训练和意识，都能够感受到这种惊奇。

那么，潜在的冲突在哪里？在于这种惊奇感是我们作为强评价加以体验的；它在某些方面让我们的生活变得崇高，一个人缺乏惊奇感表
70 明其人缺失了某种东西，从而对这些奇迹无动于衷。就像一切我们借来赋予我们的生命以意义的强评价，这将与某种还原论解释相龃龉，不是关于太平洋群岛上鸟类进化的解释，而是关于我们自身的心理和行为的解释。

这种冲突存在于何处？一个我们理解为强评价的反应以下列本体论为前提：(1) 这个反应真正地激发我们，它不只是一个伪装、一种理性化，或者是其他某种欲望的幌子；(2) 它在某些情况或某些人身上不会发生，但是这表明那些情况或那些人的局限性、愚昧或感觉迟钝；(3) 换言之，这种反应具有某种客观的正确性；(4) 我们能够也应该培养这种反应，提高我们对它的专属对象的感知能力。这四点是一个整体，表明这种评价是有基础的。用伯纳德·威廉斯的话来说，我们在道德和其他方面的强评价是"基于世界的"。[9]

用盲目的、机械论的观点来描述鸟类的进化对我的惊奇感不构成重要威胁——尽管在这里有可能产生冲突，假如我的惊奇感与一种对主观意图的信仰紧密相连的话。但是，对我的心理和行动的只允许存在"盲目的"直接原因的描述，因此也就是某些场合下产生这种反应的描述，的确制造出一种冲突，正如我们在上文中利他主义动机的例子里所看到的。在这里，还原论问题就显得至关重要。

当我们拥有针对貌似相同的现象的两种描述时（"相同"可以用时空坐标或者用其他识别相同物体的没有争议的方式来注解），还原论解释的问题就产生了。基于后伽利略时代的科学的描述显然有意避免目

的论或意向性、目的或评价，认为这些不是构成原因的因素，而承认强评价的、针对我们正在做的事的描述则必然涉及这些因素。关于还原论解释的问题如下所述：我们用“上层”语言（例如人们用惊奇感对宇宙做出反应）描述的现象能否用“下层”语言（后伽利略时代的科学）进行充分的解释？这将尤其意味着，我们可以用下层语言为所有用上层语言描述的状态提供必要和充分条件。但是，基于“上层”现象所做出的断言，即它们的运作原则与用下层语言充分解释的原则完全不同这个观点，将会被宣告无效。 71

当然，一些哲学家试图否认人类与机器在本体论上的差别。人类与貌似表现出有目的行为的机器（例如导弹和电脑）的唯一差别，除了复杂性的差异之外，在于我们所赋予它们的立场不同。作为观察者，我们可以对人类和导弹都采取“意向性”立场，也可以把它们视为机械，后者是解释它们所作所为的更有成效的语言，但是两者都用了相同的原则来解释。那么，我们能否认为更为复杂的机器人具有意识和自我情感呢？为什么不能？丹尼尔·丹尼特争辩道。[10]也许机器人觉得它正在努力地、勤勤恳恳地完成任务。但是除了很难把意识和感情归于由塑料和硅酮制造的存在物之外，这种内在知觉对机器人而言只可能是副现象，也许它本身就是借助工程学的大手笔植入的，而不是描述它正在做什么的必要因素。

但是我们整个的道德—评价生命有赖于相反的理解。评价提供动机，它们反映的是对它们的对象的一种感知，这种感知大致是充分的。

一些哲学家欣喜地谈论还原论解释，把它视为几乎确凿无疑的前景，这事实上是非同寻常的，考虑到我们对人类生活和进化的所有了解。对人类意识行为的神经生理学描述，即我们是如何“接通”的，主要在个体有机体的层面上运作，它用这类有机体之间的相互作用来解释社会组合。但是人类文化事实上是在社会当中发展起来的。正如默林·唐纳德所指出的，语言不是由哪个人独立发明的，更不用说人类文化了。遭人遗弃的孩子，或者像海伦·凯勒那样的残疾人，仅靠自己永远都无法习得语言，也无法在意识层面把握事物，这只有靠语言才能做到。[11]此外，婴儿大脑的“接通”在很大程度上取决于他们在早期抚养过程中所学到的事物，这些事物因文化不同而不同。没有人能够先验地否认，所有这一切可以用对大脑和神经系统的形成和运作的单线逻辑的、具有直接因果性的描述来捕捉到，但是看清如何做到这一点不是容易的事。

除此之外，我们还知道，文化的进化带来了新的强评价，例如我们今天赖以生活的那些强评价（如民主和普遍的人权），而且我们给任何
72 一个希望能够更加充分地描述人类进化的人准备了相当详细的议程表。这是一个极为有价值的目标，但是我们该如何来实现它并不是非常明朗。

从上文可以推知，祛魅和返魅的问题至少在两个层面上出现。首先，存在这样一个问题，即我在文章开头所描述的祛魅（被施了魅的世界的瓦解、对伟大的生存之链的否认，以及对西方有神论的普遍排斥）是否使具有任何人类意义的宇宙变得无效。尤其是我还提出，对宇宙的惊奇感没有进一步的基础，这种惊奇感继而可以激发人类对他们所处的更伟大的整体的爱甚至是感激。这个问题的答案是，毫无疑问，以某种方式表述的一些惊奇感的模式将遭到决定性的削弱。但是，基于我们对这个世界的亲身经验的其他形式能否被恢复，这仍是一个开放的问题。我觉得答案是肯定的。

但是有一种全然不同的方式，以这种方式，“科学”的陈述可能会削弱肯定的回答，我指的是某种形式的还原论解释，它不是针对宇宙，而是针对人类生活的。这也许是现代文化中极其严重的一个思想问题。

当然，回到第一个问题，还存在着以下这个问题，即纯粹的人类中

心论调是否能够公平对待我们的惊奇感以及其他相关评价。这个问题将继续成为持不同立场（宗教的、世俗的、心灵的，不一而足）的人之间的争论焦点。我们之间的讨论有望结出成果；这里有几乎无限的洞见，没有哪一个观点能够独占鳌头。但是所有这些观点都必须建立在反对针对人类生活的还原论解释之上。 73

三

施魅？不，谢谢！

布鲁斯·罗宾斯

马克斯·韦伯了不起的演讲《学术作为一种志业》(1917/1919)的卓越译者给“世界的祛魅”这个短语加上了引号。[1]这样做也许是因为(正如他们在引言中注明的那样)，韦伯是在借用席勒的话。但是德文本没有引号。[2]这是一个小问题，也许微不足道。不过它暗示格特和米尔斯很可能在韦伯和与他的名字密切联系的历史过程之间设置了一定的距离。也许他们只是希望韦伯曾经保持过这样的距离。另一方面，他们也许已认定，基于他们所了解的，韦伯不可能全然相信祛魅这一套说法。后一种假说似乎颇有道理。事实上，有证据表明，韦伯不仅对祛魅的态度前后矛盾(这是标准的看法)，而且他不相信世界的祛魅已经发生，至少按照通俗的理解是这样。我希望在本文中继续探讨这个观点，倒不是因为它关乎对韦伯的理解(这个留给韦伯的研究学者)，而是出于它本身的意义。无论韦伯是否真的相信祛魅，在我看来，我们已经习惯于经常给自己讲祛魅的故事，它让我们丧失能力，暗中受到误导。我希望我们戒除这个习惯。

这个故事的梗概很简单：有一个东西叫作施魅，它是(1)我们曾经拥有的，但是(2)后来没有了，而(3)我们现在迫切需要它。至于能否重新获得它，观点不一，但是大家都赞同，我们失去了极其珍贵的东西。

这些见解中的每一个都有自身的问题。让我们从被称为施魅的那个珍贵的东西开始说起。

施魅听起来像宗教，但是韦伯似乎至少在一定程度上急于区分二者。席勒版本的祛魅（看来韦伯并没有直接引用席勒），是Entgötterung 74
（去神圣化）。当席勒在他1788年的诗作《希腊的群神》里运用“被剥夺了神道的自然”（“die entgötterte Natur”，除去了诸神的自然）这一短语时，有人批评他似乎是在哀悼多神论的终结，而席勒打了退堂鼓。[3] 韦伯用的是Entzauberung（消除魔法）一词。它在一定程度上要归功于席勒，然而，无论是否出于策略原因，它去除了对神性的强调。在《新教伦理与资本主义精神》一书以及别处，韦伯已经提出了宗教是魔法消除的原因这个观点；基督教的一神论不应被简单视为世界的祛魅或理性化的受害者，因为它（也）是那个过程的作用者，它帮助减少了相信精灵和恶魔的异教徒人数。无论如何，从群神到魔法的切换使得韦伯的版本听起来更具包容性。正统信仰不是韦伯哀悼的主要对象。无论魔法比喻什么，非信仰者和信仰者同样蒙受损失。至少通俗的理解似乎是这样。

但是，如果施魅不能简单地和宗教或传统画上等号，那么**应该**怎么理解它呢？根据简·贝内特，“enchant一词与法语动词‘唱’（chanter）有关。‘en-chant’就是用歌声或咒语围绕之；因此，就是用声音施咒，使之落入具有魔法的叠句摆布之下，用圆润低沉的音流使之失去自控力”。[4]这里的被施魅听起来像是一个纯真的美好时光，完全没有传统和宗教所承载的那些不容妥协的教条和严格的义务。我们没有什么显著的理由要拒绝它。不过在被贝内特那优美的散文诗迷得神魂颠倒之前，你应该停下来想一想，“施咒”和“落入摆布”至少和圆润低沉的歌声之流一样，对该术语的历史具有至关重要的作用。一个说英语的现代人在“施魅”一词里所听到的是一种格外迷人、愉悦、陶醉的状态，就好像偶遇某人或某件艺术品那样。当然，这一切都已成为亡隐喻，需要重新挖掘，擦洗干净，看清其本来面目。在很久以前，也就是世界被祛魅之前，施魅的本意应该是运用魔法或巫术。它假定这样一种环境，人们认为自己时时都有可能被人攻击，个人意志时时都有可能受制于魔咒的不可抗力。祛魅的故事从对因果关系（这种因果关系会对相关的人造成严重的心灵不适）的认知里借用了电影广告般的词汇（“令人着迷！”“令人出神！”）。保守的基督徒仍然身处那个险恶的心理宇宙，
75 这就解释了他们为什么不能像我们其他人那样放心地把J. K. 罗琳的哈利·波特系列当作科幻小说来赏读（这是很遗憾的事，因为从很多方面来看，这套书完全就是保守的科幻小说）。[5]祛魅故事的作用是邀请我们其他人放纵对比喻性质的施魅的欲望，而不用担心万一我们真的相信咒语对我们有效，万一世界真的到处是魔法师和随时会伤害我们、让我们所爱的人不能动弹或得病、摧毁我们的庄稼和牲口诸如此类的恶灵，会有什么样的结果。

这不是附带着说的。正如查尔斯·泰勒在《世俗时代》（这是对祛魅叙事的一个重新解读，我将在下文较为详细地讨论它）中提出的，就西方历史的大多数时期而言，正是由于人们确信恶灵存在，才使得大多数人根本不敢有放弃信仰的念头，更不用说付诸行动了。你需要基督教的善灵，因为你需要有人保护自己不受恶灵的侵扰，你丝毫都不怀疑那些恶灵正潜伏在你的四面八方。那时的自然充满生命，这种生命是精灵用意图，但不一定是善的意图赋予的。祛魅的故事颂扬现代之前的往昔，却没有费心记住恶灵。它告诉我们，我们所需要的那种信仰的特点是忽略过去的坏东西。我们被催促着去购买整包产品，却没有人告诉我们其中的一半内容是什么。

当然，这个祛魅故事也有一些版本听起来根本不像故事。当“之前”和“之后”的不妥当表现得最为明显时，这个概念变得极不牢固。尤其是令人尴尬的“之前”：这时你不得不将施魅等同于，比如说，下面这个观念，即如果你牺牲你的女儿就可以取悦诸神，让顺风吹起。但是

这对联系两者的逻辑也成立，即以下这个几近不可能的设想：当今社会最缺乏的东西正是过去的社会所拥有的。当祛魅直接切入现在，强调施魅是多么令人向往时（无论后者作为一个过去的方面现在是否可以重新获得），祛魅这个命题就显得更加合理。例如，在贝内特的版本里，施魅或多或少从祛魅情节的累赘中解放出来。贝内特颇有说服力地反对那个情节。她抛弃了第二阶段，即施魅之失，从而打破了叙事。与泰勒不同，她不太在意牧歌般的第一阶段，即据说由施魅统治的现代之前的时代。[6]虽然她对第一阶段缺乏兴趣，对第二阶段不屑一顾，但是这丝毫不妨碍她致力于第三阶段，即对施魅的现代渴望，它仍然是完好无 76
损的。贝内特从来没有停下来质疑施魅是我们所希望和需要的这个看法。相反，她放任这个观点恣意膨胀。她所呈现的施魅是一帖能够对治我们所患的许多病症的魔法解药，能够轻松解决我们最为紧迫的道德和政治问题，还能够重整我们的情感甚至肉体存在。幸运的是，它就在这儿，完全可以为我们所用，它包围着我们。

眼下这本书没有走得那么远。不过从叙事角度来说，“世俗施魅”这个观点中所包含的悖论似乎又一次希望二者兼顾。祛魅已然发生，本书如是暗示：所以世界才是世俗的，所以我们才有那些具体的问题（伦理学没有自然基础，没有超越自我满足的意义或价值，生命不可避免的痛苦、损失和不公无法得到补偿），施魅可以被提出来作为解决的办法。但是同时，祛魅不可能已经发生，否则施魅就不会还那么容易利用。这也许和我自己所相信的相差并不太远，只是侧重点略有不同。（用相同的悖论形式来表述之：祛魅尚未发生，因此施魅不是我们所需要的那个东西的名称。祛魅已然发生，但是由此产生的是世俗主义，它与其说是一个问题，不如说是一个解决之道，尽管它并不是最终的、不排除任何群体的解决之道。）不过，如果可能的话，我更愿意用不太矛盾的说法来表述我的信念。所以我觉得我们应该从两端来考查这个悖论。我们是否确信，我们所需要和希望的真的是施魅，而不是完全不同的其他什么东西吗？是否发生了什么可以被名正言顺地称为祛魅的事？

毫无疑问，对韦伯而言，“施了魅的世界”是“一个渴望的对象”，他是透过一片“乡愁的薄雾”来看施魅的。乡愁只是韦伯的众多灵感之一，贝内特所说的“无意义问题”绝对不像韦伯想象的那样，是祛魅的关键结果。[7]在这里讲一点社会语境是有益的。正如弗里茨·林格在《德国士大夫阶级的式微》(*The Decline of the German Mandarins*)一书中所指出的，韦伯所属的知识界精英圈子“正迅速失去其对新的选举制政治的影响”。由于这个原因和其他原因，它往往对民主持悲观态度，而且很容易将民主体制或改革与一个黯淡、疏远、被剥夺意义的现代性
77 的无灵魂状态混淆在一起。韦伯也有这种乡愁。但是他坚决反对“对工业化文明本身的轻率而无限制的排斥”，而这却吸引了许多知识界名流（一如当前许多拥护祛魅的人）。“韦伯本人往往把理性化和官僚主义化看作令人不悦但又无法避免的东西。他的语气是面对事实的英勇的悲观主义者的语气；但是他另一个突出的特点是，他不愿意容忍彻底逃离现代性的反启蒙主义幻觉。”[8]

假如说韦伯没有陷入或者没有要求那种不切实际的对现代性的逃离，那不单纯是因为（正如那些被指控为反启蒙主义者的人可能会回应的那样）他陷入了把社会科学家或学者（讲座标题中的Wissenschaft一词译作“学术”比“科学”来得更好）视为具有超凡魅力的新英雄的现代主义神话，那英雄独自面对没有意义的空虚，他无法指望胆怯的群众栖息于那空虚之中，甚至只是承认它。那个神话在当时（和现在）有它吸引人的地方。但是在韦伯那里，它受到历史因素的制衡，这个历史不是始于意义、终于无意义，像后来的读者所以为的那样。在卡特琳·科利奥—泰莱纳看来，有两个基本原因解释了韦伯为什么不应该被理解为是在提出（即使带着矛盾的心态）一个恋旧的理性化叙事。首先，韦

伯叙事的“之后”并不单纯是理性的。其次，“之前”并不单纯是非理性的。

在韦伯看来，宗教既是理性化的作用者（它使魔法从世界上消失），同时，宗教本身从真正意义上来说完全是理性的。在韦伯看来，人们希望从宗教那里得到的与其说是个人与终极的宇宙真理的融合，不如说是物质的、现世的事物，例如健康、富足和子孙。宗教与工具理性并不抵触。（这也是泰勒提出的关于免受恶灵侵害的观点，虽然他后来忘记了他提过这一点。）因此，当韦伯描述宗教的时候，他并没有强调“来世”，仿佛现世生活如果不涉及一个神秘的或不可知的更高的真实就必然不够好。另一方面，现代性的铁笼无论被描述为过度理性化还是它的对立面，都能成立。[9]在《新教伦理与资本主义精神》的结尾，韦伯描绘了一幅无法遏制的贪得无厌的画面，这种利欲熏心来自理性—宗教增加资本家在天堂里的分值，甚至增益其物质幸福的目标，资本家无法记起他为什么虽然已经很富有了却仍在殚精竭虑地堆积更多的财富。这幅画面不太讨人喜欢，但是它不能证明现代化的作用是使世界理性化。这也适用于韦伯坚持的一个观点：虽然经历了祛魅过程，现代世界仍然是多神教的，至少在比喻意义上如此。 78

正如科利奥—泰莱纳所指出的，韦伯多次提到祛魅，但它们的所指并不相同。“在不同的篇章里，”她评论道，“韦伯所开出的著名处方要么是指有所限定、准确意义上的消除获得拯救的魔法技术，要么是指广义上放弃对意义的追求。”[10]读者从具有历史特殊意义并且较容易抛弃的**魔法**一跃而至具有普遍性并且绝对不可或缺的**意义**。因此，失去前者似乎就必然导致失去后者。这就是祛魅故事最常见的解读。根据一般理解，宗教和它的近似对等物存在的目的是为了满足人们对意义的饥渴，这种饥渴是普遍的和无法根除的。根据这种观点，没有意义就必然会陷入一种极度饥饿和病态的状态，就像涂尔干所说的失范（anomie）。正是由于宗教具有填补失范造成的空虚的能力，才使得人们认为宗教具有令人满意的社会效应。因此，施魅，即宗教和它的近似对等物，是社会所需要的，而且将永远需要。

也许，如果社会还没有饿死，意义将永远是社会已经提供的东西。故事在此处自相矛盾，它暗示，如果需求真的那么不容抗拒，意义就从来也没有缺失过。如果说祛魅**意味着**意义的丧失，也就是说，在宣告意义丧失这一行为中用它作谓语，那么，这就有自相矛盾之嫌，而且使得那个损失显得不太重要和非常不确定。用这种方式来解读祛魅的故事使得它的弧度愈加不明显：既没有之前的施魅和之后的返魅这两座高峰，也没有中间的祛魅这个深谷。如果朝着这个方向再深入一些，可能意味着这里根本就没有一个叙事。也许意义是我们须臾不可离的东西。在《人生的意义》一书中，特里·伊格尔顿区分了两种意义上的无意义："当有人哀叹'我的人生毫无意义'的时候，他们不是指人生就像一串诸如'&$£%'的乱码一样毫无意义。相反，它更像是'随时随地，诚意相伴，我们永远是您卑微而忠诚的仆人……'这种客套话一般毫无意义。发觉人生无意义的人，并不是在抱怨他们不知道自己身体的构造……他们所要表达的是，自己的生活缺乏**深意**(significance)。所谓缺乏深意，就是说缺乏核心、实质、目的、质量、价值和方向。"[11]这个意义上的深意并不需要任何超验的根据。甚至连"随时随地，诚意相伴"也有其背后明显的社会目的，虽然这并不是要告诉对方，你将无休止地
79 关注或尊敬对方。世界上充满了社会目的。问题是你喜欢哪些和讨厌哪些。

韦伯的哲学立场，我希望，是没有争议的：人类必须学着不依靠自然或超验的基础来做道德选择。显得有争议的，甚至是他书中的一个争论话题的，是这个黯淡的景象是如何映射到社会中去的。韦伯并不认为社会充满着社会目的，并因此充满着深意(取其较低级、次于哲学的意思)，他习惯于把社会分成两部分，一部分是否认终极空虚的普通人，另一部分是脱离于社会的学者或社会学家，他们英勇无畏地体现那

种空虚。韦伯决然反对人们对意义的需求时，把学者树立为神学家的对立面。他在《学术作为一种志业》里宣称，每一种神学“都预设：世界必定具有一种**意义**”。[12]学者应该可以做到不依靠这种神学的假定。在这里韦伯的语气就像林格描述的那样：“对于我们时代的这种命运，谁若无法坚毅承担，就让我们对他说：您还是安静地、不要像一般回头浪子那样公开宣传，而是平实地、简单地回到旧教会双臂大开而仁慈宽恕的怀抱中去吧。”（155）回归宗教将必然导致一种“理知的牺牲”。韦伯并没有反对这种牺牲。他似乎认为，只有少数人有勇气不做出这种牺牲，而且他慷慨地将这些不愿做出牺牲的少数人的名望抬得更高。但是这篇文章的总体语气（“人”=Wer）使得它可以被解读为要求每个人，不仅是学者，都应当坚毅地承担无意义的命运。[13]

这种民主的暗示指向理解韦伯关于无意义的立场的另一种更加积极的方式。如果无意义真的是一种社会和历史现象（如“时代的命运”所暗示的），那么就要对解释无意义的那段社会历史做进一步讨论。韦伯在对托尔斯泰的释义中呈现了这段历史。根据韦伯，托尔斯泰声称，对“亚伯拉罕或古代的农夫”而言，死亡是有意义的，因为在他生命终结时他获得了“生命所能给他的一切”，因为“他眼中再也没有想要去解开的疑惑”。另一方面，如今，“对那身处进步过程中的人来说，前面永远有下一步待走”（140）。对于文明人来说，疑惑仍然存在，而我们真心希望解开它们。因此，文明人所体验到的“只属一时而非终极。在这种情况下，死亡在他眼中，乃成为一桩没有意义的事件。既然死亡没有意义，文明生命本身也就不再带有任何意义”（140）。在这里，无意义似乎是相信进步的直接和必然的结果（进步以悬而未解的疑惑的形式出现）。 80

但是从韦伯的前提得出的是一个极为不同的结论。我们还记得，对韦伯来说，施魅并未消失，它只是被重新安置了：“一切终极而最崇高的价值已从公共生活隐没，或者遁入神秘生活的一个超验世界，或者流于个人之间直接关系上的一种博爱。”(155)损失发生的场所是“公共生活”。正是因为意义据信退出了公共生活，才造成了不再有“真正的共同体”的结果(155)。但是这里的历史假定远非那么确定。终极价值如果要从公共生活隐没，它们必须首先在那里。公共生活是否被赋予过意义？在什么条件下可以说“真正的共同体”曾经存在过？虽然韦伯没有提这些问题，但是既然他把“疑惑”和“公共生活”安排得如此邻近，不由得我们不问这些问题。萦绕在韦伯这类人心头的尚未解开的疑惑，使得他们死时未能享尽生命(韦伯本人在发表这篇演讲的次年逝世)，毕竟，这些疑惑是**社会**疑惑，可以说，它们既与他本人所处的社会相关，也同样与现代之前的社会相关。“真正的共同体”曾经存在过这种说法未能考虑到那些被这样的共同体排除在外的人，如古希腊的奴隶和女性(仅从一长串可能的例子中随机挑选一则)。要说是否是真正的共同体，得看考虑的是谁的经验。假如你询问的对象是中世纪没有地的劳动者，这样的共同体也许就不是确凿无疑的真正共同体了。

但是还没有讲到争论的关键一步。这才是：如果现在似乎不存在真正的共同体，如祛魅的故事所暗示的那样，那在很大程度上是因为韦伯这类人询问的**正是**边缘化和被排除在外的人。实际上，除开时代的方法论不同，**这就是新社会学所做的事**。社会学家试图解开但至死都未能解开的“疑惑”涉及，是什么使得公共生活成为公共的生活，是什么阻止共同体成为真正的共同体这两个问题；它们是有关社会包容性、社会凝聚力、社会正义的疑惑。韦伯说，正是为了解决这些疑惑才使得我们走上“进步过程”，从而导致无意义。但是以下结论显得更加合理：无意义不是由进步产生的，而是由进步的**失败**造成的；无意义是现代世界未能整合社会族群的一个征兆(现代之前的世界没想到要进行整合)，是现代世界未能取得一定程度的社会正义的一个征兆(现代之前的世界甚至都没有为此努力过)。换言之，这些疑惑并不是新的。新
81 的是想要解决它们的企图。如果进步必然导致或者包括迈向民主、迈

向更大更公正的社会包容的进步，那么朝着最终解决这些疑惑的进步就恰好与韦伯所说的相反。进步不是无意义的起因，而是试图解决它的一个尝试。韦伯为解决疑惑所做的工作相当于：他不是在为一个假如没有祛魅就会充满迷魅的世界祛魅，而是千方百计提供从未存在过的意义和共同体。

这种论证思路为韦伯的工作提供了意义，事实上，这意义大于韦伯本人愿意承认的意义。它暗示，尽管他对进步和民主怀有知识界精英的怀疑态度，但他本人正在朝着类似民主进步的目标前进。它暗示，韦伯这样做是在反对祛魅，尽管他通常认为祛魅是不能动摇的。最后，它暗示，可以采取一定措施来消除据说存在于学者和非学者之间的“意义缺口”：让普通生活更具包容性、更加公正，这样可以为普通人提供一些据说他们非常渴望的“意义”，而这也使得学者的存在意义上的空虚努力变得更容易理解，可以减少他们孤傲地面对无意义的必要性。

我们希望称它为返魅吗？我看不出为什么要这样做。对妙不可言、意乱神迷的陶醉的暗示在这里显得格格不入，尽管这样的陶醉在工作之余总是受欢迎的。这样的意义更为平凡、更为日常化，它是辅导孩子功课、做一顿美餐或者和朋友一起吃顿饭这类事情中的意义的延伸。它暗示，施魅或返魅是错误的用语，因为祛魅从未发生过。是否真有那样一个历史时刻，那时人们失去了对辅导孩子功课或热情待客的信仰？从这些问题到另一个韦伯近乎提出的问题只有一步之遥：人们是否曾经失去过与其他人联起手来并试图改变他们共同的生活状况的意愿？

韦伯对这个问题的回答是否定的，这就意味着祛魅从未发生过；而韦伯正是在宣布祛魅的一个段落中给出这个含蓄的答案的：

> 不同的神祇在互相争斗，毫无疑问地永远在争斗。这种情形，和古代尚未祛除其神祇与邪魔之迷魅的世界中的情形并无二致，

> 唯其意义已不同；一如希腊人此时向阿佛洛狄忒献祭，彼时向阿波罗献祭，每个人尤其都向自己城邦的神献祭，今天我们依然如此；
> 82 但是在我们的仪式里，迷魅已祛散……主宰这些神祇及其斗争的，自然不是“学问”，而是命运。我们所能了解的，只是对这个领域或那个领域而言，具有神的地位的是什么，或者该说：在这个领域里或那个领域里，具有神的地位的是什么。就教授在课堂上所能做的讨论而言，问题到此绝对告终。(148)*

至少在比喻的意义上(但是韦伯抓住这个比喻不放)，学者—教师走进课堂那一刻留在身后的社会阶层仍然是多神论的。从这个意义上说，完全的祛魅并未发生，虽然从现代前社会到现代社会在“仪式”上发生了重大改变。祛魅在将来也不会发生。韦伯用了“永远”一词，就近乎将多神论定为人类生活的永恒法则，也就彻底告别了祛魅叙事。这个姿态是可喜的。一想到不再需要渴望那任性、盲目而怪诞的“之前”和“之后”，一想到并未有过施魅，现在也不存在无意义，有的只是社会曾经遭遇的**各种**困境(无论这些困境本身或呈现的形式有多么不同)的延续，这让我们松了一口气。

然而，也许暗示告别叙事有一点为时过早。韦伯是这样描述多神论的“基本事实”的：“只要生命的根据在其自身，须通过其本身方得了解，生命便只知诸神之间永恒的斗争。或者说得更直截了当：对生命采取的各种终极而一般性的可能立场是不可能兼容的，因此其间的争斗永远不可能有结论。”(152)这容易让人以为，这个多神论中的有神论因素只是一个比喻符号。其实它不是。它确保了每一个神都是独一无二、不能减缩的，所以才有诸神的不可兼容。凭借这个极为重要的逻

* 马克斯·韦伯著，《学术与政治》，钱永祥等译，桂林：广西师范大学出版社，2010年，第183页。

辑，多神论在韦伯那里（正如当前“差异”的诸种强版本）必然被令人沮丧地定义为“永远不可能有结论”。但是我们要记得，对韦伯而言，没有结论（个人生命的“暂时和没有决定性”的特质）正是导致与“进步过程”相关的无意义和祛魅的原因。因此，没有结论身处两个对立的阵营：一端是进步，另一端是多神论。在韦伯眼里，这两个术语是互相矛盾的；正是多神论，“诸神之间**永恒的**斗争”，使得进步难以想象。但是，韦伯之所以把进步和没有结论，而不是和必胜主义联系在一起，似乎是想把它们二者拉得更近，以便可以设想出一个叙事，也就是说，一种有意义的进步。 83

韦伯在此处的语言是尼采式的，他构想的社会科学事业也是如此，它是建立在空虚的无目的性之上的。也许我们只需像尼采那样欣然接受“永恒的斗争”的反叙事主义，或者根据福柯的版本，后一个统治政权接替前一个，如此无止境地展现难以调和的精巧力量。不过，这种对尼采的转向也许是在回避一个用韦伯本人的词汇表述的潜在叙事，如果这个叙事属实，就可以和尼采式的“永远”构成有趣的竞争。多神论的比喻，或者说诸多神祇的持续存在，直接导致世俗化的反叙事。韦伯自己提出了这个观点：“昔日众神从坟墓中再度走出来，由于已遭祛魅，他们便表现为非个人的力量。”（149）韦伯在这里没有把世俗化视为断裂，而是视为延续，他把世俗化视为宗教概念的保存和转化的结合体，而不是与它们决裂。这种解读与某种进步似乎并无矛盾之处，尽管韦伯没有直说。非个人的力量与诸神不是**一回事**。例如，它们的权威更容易受到非神职人员的干涉、民主的重新阐释，或者遭到断然拒绝。这个意义上的祛魅能产生重大的，尽管有可能是不完整的差别。问题是如何衡量保存和转化。它们恰好是线性叙事的材料，而线性叙事如果没有与其开端衔接而形成回环，那么虽然它具有线性，也将不成其为叙事。关于进步的叙事，例如，以民主包容性和平等为目的的进步，很可能要舍弃具有结论性的解答，甚至接受它自身的（多神论的）无结论性，而仍然采取具有方向性的叙事形式，仍然能算作是有意义的进步。多神论与进步的结合：这将是重述世俗化故事的一种方式，这种方式可以在最大限度上避免提及施魅。

在《世俗时代》（此书为作者赢得了2007年坦普尔顿奖）第一章的第一页上，查尔斯·泰勒选用了“施魅”一词（虽然该词令人想起“光和精灵”）来描绘1500年的世界。[14]泰勒说，他这样做是因为韦伯的“祛魅”作为描述继之而起的现代世界的词，“已广为流布”。因此，他现在可以“用它的反义词来描述前现代状况的一个关键特征”，具体而
84 言就是“我们祖先所栖居的妖精、魔鬼和道德力量的世界”（25—26）。此处的关键词是“精灵”和“魔鬼”。泰勒至少暂时不希望只有精灵而**没有**魔鬼，只有福神而没有邪神。这将成为世俗化进程的一个详尽历史，它和韦伯的版本一样，不愿意佯称现代化进步叙事的价值观可以逆转。它似乎是说，已消失的前现代世界并不代表一切好的事物。泰勒在我们祛了魅的现代性中看到许多价值，这一点又和韦伯一样。然而，这个版本的世俗化并没有完全选择延续而抛弃断裂。[15]它也不能够指向一个进步叙事，即使作为未能实现的潜力也做不到。

泰勒不愿意把世俗主义的登极描绘为他所说的“减损”故事。根据这个版本的世俗化或者祛魅，宗教据说随着科学、技术和理性的扩张而萎缩。迷信逐渐从世界中除去，只剩下代表一切非迷信事物的世俗主义。在泰勒看来，世俗主义不是伴随着神话和宗教的瓦解而来的不断扩张的清明，而是宗教**之内**，尤其是基督教之内，思想转变的产物。从这个意义上来说，他显然沿用了韦伯《新教伦理与资本主义精神》一书中的观点。一个重要区别是，泰勒没有把世俗化归功于（如果“功”用得恰当的话）新教，而是归功于天主教。他和汉斯·布卢门贝格的看法一致，他们都认为超自然事物到了中世纪才第一次与自然事物相区分，从而为后来的时刻做了准备，到后来，“一个充满妖精和力量的迷魅

世界”对大多数人而言将变得难以理解。[16]造成这个早期祛魅的原因不是原始科学理性，而是对上帝的更有意识和更加热诚的奉献。泰勒对宗教改革运动的描述在人们更为熟悉的题目中植入了同样的反讽：“因此我们为世界祛魅；我们拒绝接受神圣物；旧宗教中的一切‘魔法’因素。它们不仅无用，而且还亵渎，因为它们没来由地把力量归属于我们，从而将它从‘上帝公义的荣光’中‘拔除’。这也意味着圣徒的代人祷告不起作用。面对精灵和力量的世界，这给了我们巨大的自由。”(79)泰勒说，我们为世界祛了魅，然而他和韦伯一样也提供了证据证明，在一个很重要的意义上，世界根本没有被祛魅。对泰勒而言，现代的自由概念来源于基督教(既包括新教，也包括天主教)，在很重要(尽管未指明)的程度上，它仍然是基督教的概念。类似地，现代个人主义保留了“基督教或者基督教—斯多葛学派试图重塑社会的努力”的印 85
记(155)。几百页过后，泰勒展示了“维多利亚时代的自律的基督教”是怎样“为达到一个责任、意志和利他主义的人文主义创造空间”的(396)。用在人文主义上能成立的，用在后人文主义或反人文主义上也能成立。我们中的许多人现在所面对的是一个浩瀚而冷漠的宇宙，它的秩序(虽然这秩序不过如此)似乎与我们这个妄自尊大的渺小物种的希望和恐惧没有任何关系。但是我们之所以走到这一步，泰勒提出，不仅因为我们的祖先放弃了“与精灵和力量的直面相遇”，还因为他们这样做是出于“对上帝的决定意志强烈得多的意识”的偏爱(375)。那种秩序意识，或者非常接近它的意识，此后一直贯穿于我们视为世俗的各种概念。从一个希望成为更严格的世俗观点的立场出发，存在着这样的问题，即我们是否已成功地与冷漠的宇宙取得了联系，或者是否有这种可能性。

作为基督教的信徒和辩护者，泰勒不可能十分欣喜地把基督教呈现为一种正在逐渐逝去的调停者，它与其说本身就是一种施魅形式，不如说是一个有责任引领我们从施魅走向祛魅的作用者，其终点就是，或者他担心将是，基督教消失的那一刻。但是这至少是他讲述的故事之一。他指出，当任何一个现有的宗教成为众多选择当中的一个时，没有一个宗教可以保留其原来的样子。在世俗时代，这发生在了所有西方宗教的头上。泰勒把这个世俗的终点称为“内在框架”，这个短语已成为社会科学研究委员会网站上一个讨论热烈的帖子的标题，该网站是美国知识界支持“重返宗教”的重镇之一。内在框架是“一个‘自然的’或者‘今生’的秩序，它可用其自身的说法来理解，而不必涉及‘超自然’或者‘超验’”，因此它不鼓励超自然或超验的解释。“这是我们所共有的”，泰勒说（594）。他没有把他自己或其他的宗教信仰者排除在外。他在此处呼应了他早先关于世俗主义之不可避免的立场，由于这个立场，他遭到人类学家塔拉勒·阿萨德的强烈批评，后者是目前极具影响的一位反世俗主义作家。[17]

这个大度的让步（它与泰勒所希望的叙事走向相龃龉），显示了他的故事的深处隐藏着某种不稳定性。因为，尽管他告诉我们，我们现在已经与超自然和超验事物隔离开来，但是他仍然不遗余力地让我们知道，无论我们如何尝试，实际上我们从未离开过超自然和超验事物。换
86 言之，泰勒的书似乎走向两个几乎相对立的出路。一方面它暗示，世俗主义之打败基督教，正如基督教之打败异教的妖精和魔鬼，的确标志着无可争辩的断裂。那场胜利（体现在内在框架之中）现在使得旧有意义上的宗教信仰变得非常困难。根据这种解读，世界的祛魅是一个令人不快的事实，尽管还不是一个完全不可逆转的历史事实。另一方面，《世俗时代》把世俗主义描述为披着伪装的基督教，把神学内容隐藏在世俗概念的表面之下。根据这种解读，世界的祛魅更像是一种翻译。一切有赖于翻译的忠实程度，即有多少基督教成分在这个过程中丧失，有多少得以留存。泰勒既没有承认由第二种解读造成的犹豫不决，也没有承认前一种诠释和后一种诠释之间的差异。他只是在两者之间游移不定。他的游移不定意味着他对世俗主义的肯定超出了我们对一个

基督教拥护者的期待。这也意味着他对基督教本身的矛盾态度也超出了我们的预期。有时候，他把世俗主义描述为一项“成就”(542)，有时候，他似乎是在责怪基督教把旧的异教世界中的大批魔鬼和妖精一扫而尽。

这本书的一个效果是让世俗主义和宗教得以公平竞争。这既包括诉诸历史，也包括让历史失去作用。泰勒用极其类似黑格尔的语气指出，真理的标准不适用于从属于历史的实体。作为宗教事业的一个历史延伸，世俗主义提供了一套具体的答案，来回答怎样度过一个善的人生这个无法回避的问题。泰勒重提社群主义反对自由主义的陈旧理由（因为抽象、缺乏价值，所以没法生活），他认为**必须**要给出**某种**答案，虽然没有一个答案能够有坚实的根据或者能做到无可争辩。既然我们所掌握的不足以让我们继续下去，他写道，“走这条路还是那条路需要常被称作‘信仰的一跃’的东西”(550)。针对这类问题的所有答案都同样没有根据，“追求”某事物和“相信”某事物没有任何区别。因此，宗教信仰得到了认识论的通行证，世俗主义不得不抛弃它的优越感，而成为与它借以定义自身的宗教**同一类**的事物。这也许可以被视为有利于宗教的后现代理由陈述，因为它把全面缺乏基本原则视为既定事实。然而同时，我们距离原教旨主义者的观点只有一步之遥，他们声称，世俗人文主义“只不过是另一个宗教”，达尔文对创世的描述不应比《圣经》中的描述得到学校的更多偏爱。 87

碰巧，泰勒对原教旨主义并无好感。他对地狱或上帝的震怒没有耐心。[他说，他的上帝是仁爱的上帝，而不是一个“残忍的傀儡操纵者”(389)。当苦难的话题出现时，他似乎也在受苦，表示同情，但是他和他的上帝一样，对于苦难产生的原因则不正面回答而只是报以沉默。]泰勒本人似乎对原教旨主义者有一点愤怒，他们接受了关于因果关系的“正常”观念，肯定了唯物主义有关奇迹的概念，认为奇迹是“来自外部的、在事物的规则排列上炸出的一种恰到好处的洞”(547)。他坚决反对把信仰等同于性行为准则的教派。他所谓的“准则固恋”(704)是他的反启蒙叙事和福柯版本的一个相似之处。在泰勒看来，福柯的“规训社会”(disciplinary society)有效地描述了世俗的现代世界，而原教旨主义者从这个现代世界中不自觉地接受了太多的东西，当他们欣然接受一种“崇拜规范和准则的恋物癖”(742)，尤其是关于性的规范和准则时。

问题在于，泰勒讨厌原教旨主义的原因也适用于广义的基督教。毕竟，基督教也已经从“一个充满妖精和力量的迷魅世界”向前发展，而泰勒并没打算掩饰他对那个世界的乡愁。[当迷魅世界在书中第一次出现时，它被描绘为“妖精、魔鬼和道德力量的世界”(26)。到后面，魔鬼退出了。我知道原因是什么。]在一种心态下，泰勒断定世俗和宗教在功能上相当；在另一种心态下，他更多地受到他的乡愁情结的驱使，转而强调两者之间戏剧性的历史断裂——断裂也发生在宗教**之内**，将迷魅的世界(如今没有魔鬼)与基督教本身分隔开来。在这里，他坚信世俗主义确实为世界祛了魅，而且这是糟糕的事情。我们不仅失去了精灵(这需要某种对“更高的”真实的理解)，还失去了对我们身体的全面体验。现在我们“与我们强大的情感和我们的身体功能保持一定的距离”(139)。[18]我们的宗教不再是真正的宗教。我们几乎无法想象我们可能还丧失了多少其他东西。

想象力在这个故事里是一种魔力助手，当西方人在祛魅的荒原上完全找不到出路时才会遇上它，这才多了几分大团圆结局的希望。假如精灵没有消失该怎么办？假如祛魅只是“为了达到与精灵世界相关的能渗透性”(137)该怎么办？我们现在不再是名副其实的能渗透的自我，而是病态的“缓冲的”自我，这个观点表明，精灵的世界仍然存在，能否看见精灵完全取决于我们是否能除去我们的缓冲器，擦净我们的
88 想象力或者我们的表皮，让我们的身心向更高的世界以及更低的世界打开。(根据泰勒的描述，罪让我们和上帝之间产生隔绝；接受内在框

架意味着接受一个封闭的世界。封闭是他最常给出和最具意识形态意味的诊断之一。）在这里，泰勒认定的观点，即精灵真实存在，可能会遭到明理的人的怀疑，因此应该得到某种论证的支撑。我为他这种做法所能想到的唯一解释是，泰勒还认为，广为流传的关于精灵的**信仰**可以等同于那些精灵的**实际存在**。换言之，他赋予了主观性、感情、想象力以具有决定性的本体论分量。

问题出在他使用“我们”和“我们的”的特有方式。“我们的”感情被视为各种可疑的实体确实存在的铁证。为了支持“自然有话要对我们说这个观点”，泰勒提出了居住在乡间或林中的人有时会产生的那些“更新的感觉”（358）。没错，惊奇感是很棒的，不过人们非得去乡间或者森林才能感受它吗？他们在那里（而不是，比如说，走在城市拥挤的马路上或者看着别人表演说唱乐或做寿司时）感受到惊奇感，是因为自然真的在和他们交谈，还是因为他们被告知该听什么和在哪里听？感觉总是有趣而不可靠。或者：“我无法理解‘对宗教的需求’就那样消失了。”（435）泰勒说这话就仿佛一旦表达了对宗教的由衷需求，就一定会产生相应的终极满足感。我觉得上帝存在，所以他存在。我们渴望永恒的生命，因此永恒的生命一定是真的。为什么不能得出相反的结论，即因为我们怕死，所以没有来生？我们的感觉有很多，它们大都互相矛盾。它们不可能都是真的。

一方面，泰勒对某些人类感情的尊重有点过了头。另一方面，有许多种感情没有得到应有的尊重。泰勒几乎没有谈及世俗主义者通过帮孩子辅导功课或者做丰盛的食物找到意义，也没有谈及人们参加运动保护医生免受凶狠的反堕胎主义分子的伤害，或者犹太人反对以色列在约旦河西岸建立居留地。泰勒笔下的世俗现代性充斥着关于休·赫夫纳、亮堂的超级市场、空无一人的郊区和治疗学的大获全胜的过时的、《美丽新世界》式的陈词滥调。情况变得带有一点挑衅意味。我们被告知，世俗主义者是天生的空想社会主义者和原始法西斯主义者。

显然，他们的生命是毫无意义的。泰勒完全认同以下陈词滥调，即在
89 当今的世俗世界中，生命正为无意义所困扰。他照搬这个论调，却没有自问这是否有可能是由期待提高，而不是由祛魅导致的，即民主进步的产物，与之形成反差的是几个世纪以来穷人对于他们社会命运的听天由命。那时候可没有困扰。为何如此？因为那时的人知道他们的位置。此外，泰勒没想到要比较这种假象的困扰和人们在渗透意义的中世纪教区（泰勒喜欢拿它来做对比）里罹患的各种疾病，比喻意义上的和字面意义上的。魔鬼不够吓人，总之，它们在后来列有妖精、精灵、道德力量等的名单里被轻描淡写地略去了。因易受字面意义而不是比喻意义的施魅的伤害而自然引起的恐惧在泰勒的书里没有得到充分考虑。工作、家庭、娱乐和政治等普通纽带，新近发明的亲密关系和由技术促成的对远方的他人的关注，爱、希望和善灵的无比丰富和出人意料的形式，尽管社会处于紧急状况，而且缺乏任何超验的基础，它们仍然在大多数时间给大多数人提供活下去的足够意义，这些在书里也很少涉及。

简言之，泰勒是在重述祛魅故事，而且是带着报复的心理。这个故事让缺乏宗教 / 施魅的人生显得如此贫乏和空虚，如此有害且根本无法过下去，我们几乎立刻就想接受泰勒的不那么恋旧而更加后现代的另一个解决办法：世界是由感情和想象力统治的。但是这仍然是一个错误观点。

泰勒把内在框架（也就是世俗主义）称为一种社会想象。泰勒把社会想象（这是他早先一本专著的主题）理解为一组规范观念和意象，它们比“智识的计划”更加深透，决定了有可能或不可能的期待种类。它并不明确规定有哪些信仰，但是它为信仰设定条件。关键的一点是，它决定了一旦你的信仰最终只被视为诸多选项中的一个时，维持你的信仰将变得有多么困难。但是你认为一个社会想象的决定性有多强，取决于你强调的是社会还是想象。如果你强调社会，你得到的暗示是，不

论好坏，世俗主义不会消失，曾经维持信仰的孤立的中世纪小教区一去不复返。如果你强调的是想象，你可以再次对信仰充满乐观，不过你会突然怀疑，这个时代是否真的是世俗的。说一切都是想象等于说一切
都是信仰。如果泰勒想说的是这个，那么祛魅的故事就进行不下去了。 90
我们现在有信仰，而且我们过去一直有信仰，这是他想要说的。信仰不是不可能；它始终存在。世俗主义只不过是傲慢的幻想，认为信仰之外还有其他或更高的选择。

在试图让世俗主义有自知之明的努力中，泰勒动员了尼采，后者本身就是说过“上帝已死”的人。这个策略也许显得有些反常，但是它有其一定的道理。当尼采宣布上帝已死时，他又加了一句(以至于显得自相矛盾)，这意味着上帝事实上已经躲藏起来，现在不得不把他从藏身的各种世俗说法，从道德、自然和历史到人，甚至语法当中熏赶出来。像福柯这类尼采主义者始终不擅长面对的宏大问题是，这些上帝的说法是不是上帝的相等物。因为如果神学概念的世俗化导致的只不过是更多的神学，如果上帝的说法是切实有效的、天衣无缝的上帝的相等物，那么上帝根本是无法摧毁的。那样的话，一切就真的是宗教，或者信仰，或者想象了。泰勒脑子里一直浮现着这个想法，有时似乎真打算赞成它了。“也许只能在好宗教和坏宗教这两者之间进行选择。”(708)

没有人会对“一切都是宗教”这个铤而走险的非历史假定完全满意，尽管我们欣喜地发现它与泰勒的祛魅历史相抵触。世俗的读者希望能够坚持几组区别：例如，达尔文的自然选择理论和《圣经》关于创世的故事不属于同一个属类或认识论范畴。像我这样的文学批评家也许希望重新思考自己那自以为了不起的“一切都是X”等式的其他版本。我希望每个人都想要这样一个历史，它所呈现的从上帝到上帝的说法的转变，也就是世俗化过程，是真实而意义重大的，即使上帝的说法总是进一步引起怀疑和世俗化。毕竟，我们不必为了觉得“自然”、“历史”或“人权”这类词远胜宗教词汇，就满足于在类似神学的意义上

运用这些词汇。我们不必为了认为今日所谓的理性论辩优于诉诸神圣经文的权威或者上帝的旨意，就把理性论辩理想化。这样一个改进的故事可以把乡愁从泰勒的祛魅故事里剔除出去，而不必成为另一个作为减损的世俗主义的故事，也就是说，不必拒绝接受泰勒的一个有价值的观点，即世俗主义也是由历史构成和制约的。简言之，我认为我们需
91 要一个把世俗主义视为对宗教信仰的改进的故事，一个既没有结论又令人鼓舞的故事。冒着吃力不讨好的风险，我想把它叫作进步叙事。[19]

在《达尔文爱你：自然选择与世界的返魅》一书中，乔治·莱文赞同“韦伯正确地认识到‘理性化’使道德败坏的力量”。[20]我也赞同这一点。问题不是：情况假如属实，它是否会让我们道德败坏。问题是：情况是否属实；换言之，理性化概念在与许多竞争对手争夺谁是描述世界的最佳概念的竞赛中表现如何。我认为它的胜算不大。理性化的范式制度是官僚体制。在一个极为严重但是从历史上看远非独一无二的金融和经济危机中，我们在每天的新闻里得知由危机造成的苦难，我们被强烈地提醒要记住两件早就该知道的事情：和官僚体制相比，资本主义与我们世界的现状的关系更大；虽然资本主义也运用数字，但是它不是导致理性化的力量，而是导致混乱的力量。面对如此野蛮、不负责和基于数字的想象作为衍生物，官僚制度断然不适合用于描述我们世界的问题。它是我们极为需要的东西。简单来说，祛魅是错误的诊断。返魅是错误的疗法。

返魅的要求不可避免地会产生事与愿违的后果。它表面上抵制祛魅的故事，但是它接受了太多那个故事里的内容，因为普通生活必先变得空乏，才能让返魅有权来填补它，使之再度丰满。惊奇和诧异制造了据它们说是它们想要解决的问题：用莱文的话来说，“对当代体验一贯的低估”（37）。这里关键的一步是把普通生活当作“常规”，这使得惊奇和诧异（也就是非常规的东西）听起来像是解决问题的办法。这是

想象力的大大失败。历史中的人生（充分体验了它的所有转折和发展）从何时起成了可以预测的常规？如果说生物学，严格来说，是个奇迹的话，那么人类历史显然也是如此，实际上每天的社会存在亦复如是。斯拉沃热·齐泽克在《论信仰》中问道，难道“所有宗教，所有神圣的体验不都包含着——或者说就是——从每日常规中‘拔去塞子’吗？‘拔去塞子’不就是用来指称进入日常规则悬置的领域，即神圣侵越的领 92
域时的基本的狂喜体验的名词吗？”[21]不是这样的。如果说这种大写的狂喜侵越突然出现在议程表上，那只是因为人们愿意接受一个空乏的、整体式的、不含矛盾的“每日常规”，他们认为，在一般情况下，这套“规则”，很不幸，确实奏效。它们并不奏效。无政府状态不是我们所希望的，而是已有的现实。华尔街的投机商已经快乐地侵越了几十年，他们那拔去塞子的狂喜导致的是回赎权的取消和大规模的失业。资本主义不是理想化。它没有让世界祛魅。它所做的是其他事，而且要糟糕得多。

正如简·贝内特所指出的，甚至在商品拜物教中也有施魅的某种形式。不过让我们想一想，除此之外，日常的祛物神崇拜的做法中有多少施魅或者诗歌或者意义的成分。当你看着你身上的衬衫或者杯里的咖啡，有那么一回，你透过这件物品看到在远方生产了这件物品的人所付出的劳动，看到他们不得不过的那种生活，看到他们的生活和你的生活之间的那种隐形但真实的联系，这时，你也许从他们的生活里找不到施魅的成分，但是你无法得出这个世界是无聊的这个结论。为了确保能让你不断产生惊奇感而让你对你一路上的东西视而不见，我不知道这样做有什么好处。认为日常生活是理性化的、官僚化的或者常规化的，就是为了得到可以把它救活的背上的一下轻拍而把它杀死。

传统认为与宗教密不可分的需求中有多少可以通过从常规／惊奇叙事（如今这也快成了常规）走向一个更加辩证的办法（在其中，惊奇是意料之中的，而世俗化仍然具有被视为进步的令人吃惊的力量）来得到满足，对于这个问题我没法回答。我觉得一些被称为“需求”的东西应该被视为愿望，对我们从未拥有和无法拥有的东西的愿望，比如说，对于“人生的意义”这个问题的满意答案，或者人类伦理在自然界中的基础，或者对于孩子夭折的令人满意的安慰。要理解莱文所谓的“万物的深层价值”(259)，包括杀害你女儿的病毒，在我看来是一个宗教立场而不是一个伦理立场。它贬低了“价值”一词的价值。没有什么可以充分补偿已然发生的苦难和不公。但是(为什么要担心老生常谈呢？)，试图减少这两者在将来发生的数量，其中是可以发现
93 意义的。

我认为，把世俗化和我前文讨论过的民主包容性和自主的主题联系起来应该不是什么难事。如果“重返宗教”又重获宽容，也许最近不太时髦的关于解放的元叙事也会有更大的回旋余地。想象一个没有宗教，或者宗教影响变弱的世界意味着从担负过重义务的权威的重压下面脱身。这种解放不容易想象，因为各种世俗概念包含如此众多的宗教包袱(所以说世俗化是没有结论的)，而且没有多少地方是真正世俗的，即使从最片面的意义上说。在美国(这不是一个世俗的地方)，想象进一步的解放将首先意味着想象没有义不容辞地表现某种信仰的总统竞选。这将意味着想象在公众的或个人的灾难过后，人们可能会逐渐不再说他们的苦难是“上帝的旨意”，尽管没有其他的安慰方式可以有效取代那个习惯说法。这将意味着人们把他们的命运置于自己手中的同时并不能保证事情因此会比过去更好地得到解决。

即使没有任何保证，“作为进步的世俗化”的叙事也可能听起来傲慢或自满。不过即使这是事实，它也不如世界的返魅那样傲慢或自满。对人类知识和行为的限度表现出适度的不确定性，这在我看来更契合世俗的一面，而不是宗教的一面。世俗意味着知道并非所有的神秘事物都能转化为难题，更不用说都能得到解决。它意味着我们的话语不

应该要求它们得不到的东西。如果说，讨论莱文所说的“缺乏终极目的的世界的神圣性”(261)是有意义的话，那么，讨论对这样一个世界的褒渎显然更有意义。我们假定我们非常希望我们的话语具有意义(这是确保我们的人生同样尽可能地具有意义的一个可行方法)，那么我们最好放弃神圣力量，放弃施魅及其各种变体。还有其他更好的方式来夸赞这个世界。 94

四

休克疗法、戏剧化与实践智慧

威廉·E. 康诺利

理解、假言或工具理性、思辨理性、实践理性、审美判断、目的论理性。康德的清单耳熟能详。它们之间的区分和优先顺序已深植于文化之中,连许多不信仰康德主义的人也深受其影响。一旦区分固定之后,每一项功能便得到其余功能以及详细说明这项功能的论据的支撑和维持。假如你为了替另一种选择创造空间而想打破这种格局,结果会如何?我们为什么想这样做?你该如何进行下去?"为什么"的问题是很难事先回答的,因为它所包含的怀疑和希望需要在后面通过确切阐述才能够得到解答。简言之,我怀疑康德主义和新康德主义的思想体系阻碍了思想和实践方面具有创造性和探索性的实验,它把解释计划挤进一个极其狭窄的空间,影响了我们对非人类世界以多种方式参与人类生活并影响我们对存在之依恋的认识,它把工具理性勾勒得过于轮廓分明,掩盖了必需的道德生活的层面。所有这一切使得我们格外难以把对生命多样性和地球之丰饶的推定的关注放到实践的中心地位。它还使我们无法专注地投身到一个更大的变易的世界之中,这个世界本身充满着区别性的创造力。不过我也非常欣赏康德的体系,一方面是因为其系统性的特点要求其他理论必须阐明自己的立场并证明自己的合理性,一方面是因为贯穿其中的对那个世界的关切。

我采取的策略是两线作战。一方面，简要概述支持康德理论体系的观点，以此来识别“燃点”，即关乎人类存在的重要投入进入该体系的时刻，这有时候是在无意中发生的，有时则是当理论家把那个关节点视为每日经验不可否认的起点的时候发生的。另一方面，动用休克疗 95
法，以便以不同方式把那些燃点**戏剧化**，首先要做的是勾勒出经验和实验得以进行的另一种文化背景。其目的是让那些微休克为探索性思考打开一扇门。本文的焦点是实践理性，即康德用以统领道德并提供广义上的理性支柱的模式。我们先来一次休克疗法。

神谱的智慧

> 光荣属于你们，宙斯的孩子们！高唱美妙的歌曲赞颂永生不死的神圣种族吧！他们是大地女神该亚、星光灿烂的天神乌兰诺斯和黑夜的夜神纽克斯的子女，以及咸苦的大海蓬托斯所养育的后代。首先请说说诸神和大地的产生吧！再说说河流、波涛滚滚的无边大海、闪烁的群星、宽广的上天……
>
> 但狡猾强大的克洛诺斯鼓起勇气回答了亲爱的母亲：“妈妈，我答应你做这个事情……”此时，克洛诺斯从埋伏处伸出左手，右手握着那把有锯齿的大镰刀，飞快地割下了父亲的生殖器，把它往身后一丢，让它掉在他的后面。
>
> 瑞亚被迫嫁给克洛诺斯为妻，为他生下了出色的子女：赫斯提亚、德墨特尔……赫拉……哈得斯……与诸神之父英明的宙斯——其雷声能够震动广阔的地面。
>
> 在黑夜的掩护下，地神首先带着他［宙斯］……找到一处偏僻的秘密地下洞穴，将他藏在这里。之后，瑞亚把一块大石头裹在襁褓中，送给强大的统治者天神之子，诸神之前王克洛诺斯。他接过襁褓，吞进腹中。这个倒霉的家伙！他心里不知道吞下去的是石

> 块，他的儿子存活下来，既没有被消灭，也没有受到威胁。
>
> 快乐神灵操劳完毕，用武力解决了与提坦神争夺荣誉的斗争；根据地神的提示，他们要求……宙斯统治管辖他们……诸神之王宙斯首先娶墨提斯为妻，她是神灵和凡人中最聪明的人。在她就要生产明眸女神雅典娜时……宙斯花言巧语地骗过了她，将她吞进了自己肚里……是为了不让别的神灵代替宙斯取得永生神灵中的王位。
>
> 最后，宙斯娶赫拉作宠妻。她与这位神人之王相爱，为他生了赫柏、阿瑞斯和爱勒提亚……卡德摩斯之女塞墨勒与宙斯恋爱结
> 96 合，生下一个出色的儿子，快乐的狄俄尼索斯。母亲是凡间妇女，儿子是神。现在两人同为神灵。[1][*]

这是一个什么样的世界啊！有几个方面使得它与渗透康德哲学和新康德主义哲学的神话／精神定相（determinations）相区别。第一，诸神可以不死，但是他们周期性地打败对方，而且他们经常和人类通奸。第二，在那个世界里，原因这个概念不能化简为直接因果性。性、爱、感官享受和欺骗提供了隐喻，由这些隐喻可以进行因果思考，它们胜过人类设计的机械的观念（从后者得出了动力因概念）。吸收、吞下、混杂、消化和增强，这些都是打败、转化和变形借以发生的模式。第三，诸神是多种多样的，并没有完全归属于某个单一的原则或历史轨迹。第四，神与人之间相互作用的模式也是多种多样的，有些人后来成为神。而且，正如后来以《神谱》作为创作蓝本的悲剧作家所强调的那样，这样的神或者力量既参与人类激情，也作用于来自外部的事件，以支持一个美好的胜利或悲剧性的结局。第五，狄俄尼索斯的后来加入既指向自

* 赫西俄德著，《工作与时日 神谱》，张竹明、蒋平译，北京：商务印书馆，1991年，第29，31—32，40，41，51—52，52—54页。

然／文化的叠盖中的野性元素，同时也认识到那个世界中的生活之美好。狄俄尼索斯（他本身是不正当杂交的产物）表明古希腊人乐于将野性元素和快乐结合到人类境况之中。

如果你把这五点结合起来就会发现，赫西俄德所依恋的那个宇宙既没有在很大程度上依靠神意，也不完全受人类支配，即使奥林匹斯山诸神的情况稍微清晰一点。因此，索福克勒斯不用费多大的劲就把这个神话转化为一个悲剧性想象，当时的雅典正面临它自身的新神和旧神之间的冲突。冲突、突转和出人意料的事件不时打破公民生活的常规、稳固的传统，以及道德准则，制造出需要决定和判断的新问题。其结果不是“混乱”，某些对秩序的理解极其狭隘的人一遇到让人联想到人生中带有一丝不确定性的情况就爱这么说，而是：**世界由持久的相对有序的时期组成，它不时被加速时期打断，导致破裂发生，这一部分要归因于超出人力范围之外的力量**。

我说的是“神或者力量”。正如让—皮埃尔·韦尔南所示，爱奥尼亚哲学家，如阿那克西曼德和德谟克利特，不必费多少工夫就可以把这些混杂在一处你争我夺的神转变成各种力量。赫西俄德已经打开了那
扇门，因为他提到了原始的大地、天空、克洛诺斯等概念。“爱奥尼亚哲 97
学赖以建立的基本概念，即脱离原初的统一、对立物之间不断的斗争和融合，以及变化的永恒循环，揭示了爱奥尼亚宇宙观所扎根的神话思维的土壤。那些哲学家不必发明一套解释世界的体系；他们找到了一个现成的体系。”[2]后面那些观点也成了索福克勒斯作品中的次要主题，例如，伊奥卡斯特向俄狄浦斯解释巧合在人生和宇宙中所起到的积极作用，后来俄狄浦斯、合唱队以及（大多数？）观众把他们的悲剧命运归结为诸神的敌意。

假如我们的世界直接从那个世界演变而来，而不是中间走了两千年基督教的弯路，实践理性，作为与道德生活相称的规则和倾向，会呈现出怎样的面貌呢？工具理性会怎么样？这些问题没有可靠的答案。

提这种虚拟问题似乎显得不太高明。不过我还是要追问下去。一个现时代的系谱继续追踪这类非真实条件句，直至其揭露和干扰充斥当今争辩和判断的无意识的假定、感情和坚持。

有此声明在先，我们就可以提出，首先，康德的理解概念将遭遇危机，因为动力因概念过于简单和概略，无法解释《神谱》中神、人和自然的关系所体现的相互作用、注入和变形。正如米歇尔·塞尔试图将古希腊早期的科学观念"现代化"的努力表明，流体和流动的概念是其中的核心，而力学和静态平衡的概念在现代人那里才得以突出，至少直到近期才如此。[3]

其次，实践理性的概念现在将转变为一种探索：在一个本质上既非为人类利益亦非为人类做主而设计的世界里把智慧灌输到日常事务之中。培养正确的品格也变得极为重要，一部分原因是在这个世界上不存在由一个毫无品格的道德主体颁布的普世的道德法则，另一部分原因是我们并没有假定广大的世界最终是偏向人类的。在这一点上我和伯纳德·威廉斯意见一致，他谈到经典希腊悲剧的愿景与现代生活的运作观念(后者因为占主导地位的哲学解释而变得有些不明朗)之间的相似之处。[4]出于同样的原因，探讨何为正确的文化特质对于公共生活的品质而言，也将具有类似的重要性。

工具理性也会被涉及。在康德的哲学传统里，它是通过与实践理
98 性和审美判断的纯粹性的反差来界定的。它是由一组不受超越感觉的道德因素制约的"感官"利益引导的计算的行动。但是，如果说品格对赫西俄德的世界里的实践智慧来说至关重要的话，它对私利的定义和追求(即你追求那个世界的权力、收入、私通和个人安全)也有影响。在实践理性中注入感官特质的因素，以及格外关注一个非神意的世界里事物的脆弱性，这两点结合在一起就暗示着康德、哈贝马斯和新自由主义有关**工具**理性(以及实践理性)的概念有必要重新表述。当你计算你的利益和得到它的方式时，你身上所赋予的品格和传统因素悄然进入

你的运算过程，带它走上某一些轨道而不是另一些轨道。如今进入实践理性的一些品格元素也注入了工具理性，使得康德哲学中两者之间清晰的界限变得模糊起来。

如果把这些考量勉勉强强地纳入后康德语域，你可以说，渗透记忆的“躯体标识”（somatic markers，神经科学家安东尼奥·达马西奥认为它们是记忆的非意识模式，它们在有意识的思考之前准备好并限制计算的选项范围）在“工具理性”内部起到本构作用。[5]假设你隶属于政治科学系。一位同事先是强烈反对一位候选人，这一轮失败之后，转而强烈要求立刻授予那个候选人终身教职，全然不顾支持者的意见。以这种或那种方式挫败候选人资格。这是不是一个“纯粹的”工具理性的例子？其实不是。即使我们忽略这种透明性的长期影响，一种冷酷无情的倾向已经进入运算之中，与假如另一种倾向在决定之前注入其中相比，判断发生了截然不同的转向。如果品格对道德判断来说是无处不在的，那么也就不存在纯粹的工具理性。因为每一个判断都包含品格，这个不可或缺的组成部分的轮廓因人而异（而且因地而异）。

然而审美判断又会如何？我涉及的康德作品主要是《实践理性批判》和《纯然理性界限内的宗教》，因为正是在这两部书中，对此处所采取的本体政治（onto-political）视角抗拒最甚的主题得到了概括。不过在《判断力批判》一书中康德确实在某种程度上公开讨论了他的体系。在书中他谈到审美判断是先于概念的**并**由官能固有的和谐一致来支配。他对主体对世界的**感受性**的论述略多于对它纯粹的**本构的**力量的论述，他甚至暗示，主体除了是被给定的，在某种程度上也可以是被塑 99
造的。阿尔弗雷德·诺思·怀特海和吉尔·德勒兹等作家探讨过康德的这些方面，他们试图把早期文本置于主题经过扩充的后期版本之中来加以考查。以下是一位较近的作家对这些努力所做的一种回应：

我一直在讨论怀特海自称的对康德的否定，这是因为我想说明康德本人已经在第三批判里于某种程度上做了这样的否定或者说自我修正。在那本书里康德提出了一个既不理解也不立法而只是感觉和回应的主体……这个主体本身被外部世界所充盈，那是一个（用华莱士·史蒂文斯的话说）“在心智能思考之前就使存在者充满”的世界。[6]

这是一个充满希望的计划，尽管我认为它必须不仅从康德那里汲取一些养分，还应该以康德作为研究对象。这个计划的追随者比较的往往是早期康德和调整后的康德，而我试图进行的是早期和调整后的康德这二者与《神谱》中的主题以及这篇论文最后一部分中提出的实践理性的基本原理之间的比较。比较对象不同，结果大不一样。

赫西俄德和时间呢？我的感觉是，我在这篇论文中所接受的变易的时间观念与赫西俄德和索福克勒斯作品中的时间定位之间存在着意味深长的联系，尽管两者并不完全重合。这两个视角都强调了在我们的时间经验中发生突然转变的可能性。两者都认识到，在一个并非高度偏向人类利益的宇宙中，人类事务中所具有的悲剧可能性的特征。以下是雅克利娜·德·罗米伊以索福克勒斯为例提出这些观点的方式：

索福克勒斯当然了解神的正义，也了解由于祖辈犯错而造成的苦难。不过他很少坚持这个观点。他并没有说，摧毁人类的事件的发生是由一个正义或不正义的力量引起的：他说那是上帝的旨意。其后果是，谈得更多的是上帝的旨意闯入人类生活，而不是神的正义的长久拖延。即使提到惩罚时，我们看到的也不是迫在眉睫的不祥之兆，而是迅速和反差。[7]

不过我操之过急了。我还没有回应康德提出的支持理性及其各种

功能之间的复杂关系是统一的这个观点的论证。我也没有特别提到于
尔根·哈贝马斯那样的新康德主义者在转向语言学之后修正了康德的
理性概念的字句，却在很大程度上保留了它的精意。因此，该让康德发 100
言了。此外，现在也该探究哪些具体化的文化禀好会**透过**康德发言。

纯粹实践理性

上帝：如果……我们这些可怜的生灵竟然要给上帝的知识设定界限，并且说除非相同短暂的事物要在相同的循环周期中重复出现，否则上帝就既不能预见又不能认识他所创造的生灵，那我们凡人又算什么呢？上帝的知识是多重的，又是多样性中的统一，上帝用他的理智理解一切不可理解的事物，尽管上帝总是想要把他后来的造物造就为新的，与他先前的造物不同，但上帝不能在无秩序和无预见的情况下造就它们，也不会突如其来地理解它们，而是凭借他永恒的预见创造它们。[8][*]

亚当堕落之后分裂的意志：其实灵魂并不完全愿意，所以发出的命令也不是完全的命令。命令的尺度完全符合愿意的尺度……于此可见，灵魂不是以它的全心全意发出命令，才会令出不行。[9][**]

神的恩典：规劝他，向耶稣祈求他应得到的拯救，让他睁开双眼，这样他才有可能承认圣徒原已承认的上帝的恩典……因为没有人会命令这些事情……也没有人会要求得到这些事情，除非出于以下目的，即我们软弱的意志应该得到命令它们的上帝的帮助。[10]

---

* 奥古斯丁著，《上帝之城》，王晓朝译，北京：人民出版社，2006年，第523页。

** 奥古斯丁著，《忏悔录》，周士良译，北京：商务印书馆，1996年，第152—153页。

> **永生：**因而信仰就在于信，我们必须相信事实上人的灵魂和身体都没有完全消灭，只是恶人复活是遭受无以复加的刑罚，善人复活是领受永生。[11 *]

这是一个什么样的世界啊！根据奥古斯丁式的基督教，意志将人类行动与上帝创世的简单影响相隔绝，保护人类免受物质决定，它解释了悲剧家在存在本身之中发现的痛苦的断裂为什么实际上位于亚当背叛之后自身分裂的人类意志之中，并展示了为什么说人类自身应该对存在的断裂负责。自由意志使万能的造物主免于对恶负责，由此创造了一个足够强大和仁慈的神性来满足基督徒对永恒拯救的希望。亚当
101 的第一次背叛（即自由）行为之后，人类可以自行决意坏的事物，不过如果他们要决意好的事物就一定要有神的恩典。因此，意志与困惑深深地纠缠在一起，除非它有神恩的支援。我们非有神论者把它叫作意志内的异律性因素。这种对恩典的需求伴随着极深的存在不确定性，从对神的万能、神意和永恒拯救的信念中源源流出。

以上每一个信条，尽管形式不同，在康德的理性中都再度出现：改动以必要的假定、希望，以及理性的“仿佛”预设等形式（每一种都有其独立的地位）注入其中。**改动**之所以是必要的，一方面是因为康德接受了牛顿对自然的解释，这是奥古斯丁所不知道的；另一方面是因为康德吸收了《圣经》解释学的最新研究成果之后得出以下结论，奥古斯丁据以立论的宗教文本充斥着翻译和版本的问题，以至于它们的权威性受到影响。**相似之处**反映的是一种道德和信念的延续性，尽管不是一致性，康德现在试图将它们与牛顿学说保持一致。

---

* 奥古斯丁著，《论灵魂及其起源》，石敏敏译，北京：中国社会科学出版社，2004年，第26页。

实践理性的诸种假定之类如何？这些信念、概念化、法令和希望的运作是否表达重新融入实践理性的文化禀好？或者如康德所声称的那样，这种反复申说是否要等实践理性的基线在无可怀疑的经验，也就是说，在一经勾勒任何人便再也无法否认的人类经验本身的特征中确立**之后**才分泌出来？理性的统一是否是一桩文化迂回的事情？还有，严格论证的效果是否稳稳落在无可怀疑的经验之中？

比较赫西俄德和奥古斯丁这两个传统有助于我们在康德的论证中发现**燃点**。燃点在某些情况下指的是一个难以捕捉的经验，需要将它有选择地加以戏剧化，使其以这样或那样的方式成为现实；在另一些情况下它指的是一个世俗的经验，由一位哲学家将它设为论证的必要的或绝对成立的起点。每一个燃点为康德有关理性各种功能中的必然性的论证提供了一个通道。有好几个燃点。有时间之接连不断的日常经验，它对康德演绎理解的范畴的奠基有所助益。有"绝对成立的"认识，即道德以法则为形式，为自由、上帝和拯救等假定以及有关神意、恩典、进步、世界主义和道德联邦的较为宽松的分泌确立基线。有"非感官的感觉"，它使得对道德责任的尊重能够**被感觉到**，同时使那种感觉与反复无常的**感官领域**绝缘。如果没有那样的绝缘，道德的纯粹性将 102
受到染污。还有非有机的自然与有机体之间的根本区别（这是最后才得出的），前者易受理解范畴的影响，后者超越那些范畴，逃脱直接因果性，需要假定一种更高的智能，把人类世界推向它的最高目的。还有未及概念化表述的各种官能的自发协调一致，它使得美的经验成为可能，并可以期待这个经验得到交流和普遍化。我主要讨论把道德视为法则的观点。

道德采取法则的形式，而不是，比如说，表达对地球和人生多样性的初步眷恋，这一点是无法证实的。它首先只能被经验。正如康德所说：

> 再者，道德法则仿佛是作为一个我们先天地意识到而又必定

> 确实的纯粹理性的事实给予的……于是，道德法则的客观实在性就不能通过任何演绎，任何理论的、思辨的或以经验为支撑的理性努力得到证明……而且它自身仍然是自为地确定不移的。[12] *

这种道德作为法则的难以捕捉、无可怀疑的经验设定了一个基点，自由、上帝和拯救的演绎都是从那一点发生的。康德演绎的自由是自由意志的自由，它不受感官手段的限定。当意志与感官欲望发生冲突时，它可以同意服从道德法则，或者同意那些意愿。然而，由于受到后一种压力的反复威逼，意志本身的内在结构最终趋向早先奥古斯丁所说的自我分裂的特征。在某些具体的个人身上，那种结构紧紧相随。因此，当我们读到《纯然理性界限内的宗教》的时候，我们发现：

> 如果这种倾向是包含在人的本性之中，那么，在人身上就有一种趋恶的自然倾向，而且这种倾向自身，由于归根结底必须在一种自由的任性中来寻找……所以是道德上恶的。这种恶是根本的，因为它败坏了一切准则的根据，同时它作为自然倾向也是不能借助于人力铲除的，因为这只有借助于善的准则才会实现；而既然假定所有准则的最高主观根据都是败坏了的，这就是无法实现的了。但尽管如此，这种倾向必然是能够克服的，因为它毕竟是在作为自由行动的存在者的人身上发现的。[13] **

康德不仅重述了奥古斯丁有关分裂的意志的主题，他还因此被迫

* 康德著，《实践理性批判》，韩水法译，北京：商务印书馆，2003年，第50页。

** 《康德著作全集第6卷》，李秋零主编，北京：中国人民大学出版社，2007年，第37页。

将恩典重新引入他的存在等式之中，即使他的做法比奥古斯丁更加谨
慎。恩典不再是基督教（就其本身而论）的初步信念；准确地说，它也 103
不是实践理性的一个假定。它成了不可缺少的“希望”，超越了理性“本身”的界限，不过就保护实践理性的完整性而言它仍然非常重要。它是理性的统一的必要补充，后者是从作为假定的理性中分泌出来而不是演绎出来的。胆大妄为的希望。

为了确保作用者独立于物质决定，我们不仅必须接受一种打破因果性（它在自然界中的其他地方起作用）逻辑的意志的哲学，还必须希望恩典让我们得以超越**意志的内部分裂**，如果我们无法独自做到这一点的话。除此之外，道德提出的要求将不太可能实现。康德还说，对道德本身的效力来说，为了逐步促进道德提出的要求，恩典也是有必要的。

这些假定和希望也出现在集体生活中。康德阐述的趋向道德联邦的世界性的进步并不以有关历史进步的经验证据为主要依据。它们是我们为了保护和确保无处不在、无法消除的纯粹道德而必须提出的预设。因此当康德断言世界主义和普遍进步的时候，他主要不是在说，历史的证据支持这些发展。他是在陈述他的道德哲学的隐含之意：充分阐发道德作为法则这个绝对成立的观念的共同含义，将它与其他已能确保那个认识的假定和设想结合在一起：

> 因此，我可以假定：既然人类在作为其自然目的的文化方面不断向前推进，则这种推进也包含在它的存在的道德目的方面向着更善的进步中，而且这种进步虽然时而被打断，但绝不会被断绝。我没有必要证明这种预设……因为我依据的是我天生的义务，即在繁衍序列……的每个环节上都如此影响后代，使他们越来越善（因此也必须假定这件事的可能性）。[14] *

* 《康德著作全集第8卷》，李秋零主编，北京：中国人民大学出版社，2013年，第313页。

"我可以假定";"我天生的义务"。这意味着,有必要做出这样一个关于文明进步的假定以确保康德式的道德,仅有基于经验的历史记录支持这个假定还不够,尽管康德确实在基于经验的记录中搜寻补充证据。(康德关于世界主义的一些理论似乎对以下基本点一带而过,即它在更大程度上是跟随着他最初的道德感而来的,而不仅仅反映一个历
104 史叙述。)

因此,对个人恩典的希望现在获得了一张集体的脸。为了用弥补的方法恢复道德普遍性观念,假定集体的历史进步是有必要的。即使当一个道德联邦在相当大的程度上已经建成时,这种进步也超出了道德联邦的能力,后者无法预见集体行动的长期影响。因此有必要把神圣智慧和恩典的成分保留在集体历史的轨迹之中。康德说,我们**必须**相信,作为道德作为法则这个无法消除的观念的最终**共同**结果,"只要人类尽其所能,竭力仿效上帝的意志,上帝(已经由理性向我们保证了的)对人类的爱就将顾及这种诚挚的意念而弥补行为的缺陷,无论这种弥补是以什么方式进行的"。[15] *

这份假定、希望和最终结果的列表还没完,它们都与在奥古斯丁那里表述得更为直接并与充满神性的圣典相联系的信念一脉相承。不过通过以上检视我们足以看出,实践理性和世界主义进步的逻辑是如何从埋藏在据说是绝对成立的主题中的一颗种子里生长出来的。我们还可以顺便提一下,新康德主义以往通常不涉及这类假定和希望,但是现在愈益认识到对它们的依赖。例如,哈贝马斯早先将康德的理性转化为一种包含不可避免的、与事实相悖的假定的语言哲学,现在他往其中添加了基督教福音主义的"仿佛"(as if),这让人想到康德。哈贝马斯

---

* 《康德著作全集第6卷》,李秋零主编,北京:中国人民大学出版社,2007年,第122页。

这样做是为了让人类动机与他以还原论方式理解的生物学的解释和介入相隔绝。他说道：

> 因为他二位一体——造物主上帝和救世主上帝——这位造物主的行为不必像技术员那样遵守自然法则……从一开始，上帝那创造生命的声音就是在一个道德敏感的宇宙里交流的……现在，我们不必非要相信神学前提才能理解随之而来的东西，亦即一种完全不同的依存，被理解为因果性的依存融入其中，假如要让创世概念中被认为是固有的差异消失的话。[16]

在我看来，哈贝马斯在这部后期著作中向康德本人走近了一步，他既表述了与康德极为相近的科学理解观念，又采用一个“仿佛”假定以保护人类免受还原论解释和生物操纵的种种模式的影响。[17]但是生物学和神经科学中的复杂性理论（complexity theory）早已不再需要这样 105
一种“仿佛”逻辑的还原论解释。有些人甚至说，我们参与到一个真正创造性所在的更大世界中去，这个世界也超出了人类世界。

对康德逻辑的**必然性**，而不是**可能性**提出质疑的有效方法是什么？一种方法是直接用关于因果性和时间的其他理论和哲学对康德哲学施加压力。另一种方法，就是我们在这里所用的，即拿《神谱》的神学宇宙论背景与康德参与其中的欧美文化中的神学宇宙论进行比较。一个与此相关的方法是回忆告解、祈祷、礼拜仪式、司法假定、学校灌输、父母须知、电视剧，以及责任和惩罚的种种制度模式是怎样一方面（无论多么不尽如人意地）融入这样的意向，一方面流入思考和判断这两个更高的领域。我认为，同时采用这两个策略可以揭示康德在关键时刻所做的所有那些“仿佛”的陈述的更深层来源（“仿佛是作为一个我们先天地意识到而又必定确实的纯粹理性的事实给予的”）。基督教世界的人们仿佛已经经历了通过内在法则的红字标题发出的要守道德的号召；他们仿佛已经分别通过目的因和自由意志区分了非人类事件和人类行动之间的显著差别；他们仿佛往往早已希望得到恩典，当意志的分裂变得明显，当集体行动的失败变得后果严重；他们仿佛常常把历史进步这个假定投射到人生当中去，不然就要陷入可悲的绝望之中。其他支持，如俗世的属性、性格发展、存在实验，以及要求勇敢的号召，在关口为此类以文化为中介的表达模式所截断。

以《神谱》为参照，让我们回到康德哲学赖以维系的绝对成立的认识的关键时刻。康德追随着他年轻时的虔信派传统，他被引领进入的是一个广义上的奥古斯丁文化。在他看来，欧洲的年轻人也需要被引领进入这种文化，以便让道德采用法则的形式这个已经存在的意识变得更加清晰，让感官意向准备好接受超感性的理性的要求。以下是康德的几条关于引领过程的说明：

> 我们确实不能否认，为了把一个未受过教育的或粗野的心灵
> 带到道德—善的轨道上来，需要一些预备性的指导，或以他个人的
> 106 利益诱导他，或以损失来威吓他；一当……这种襁带产生了某种效
> 果之后，纯粹道德的动机就必须完全导入心灵。
>
> ……当它教导人们感受自己的尊严时赋予心灵一种甚至出其望外的力量，以挣脱一切正想占据统治地位的感性依赖性。
>
> ……德行的纯粹表象的这种推动力量，当被恰如其分置入心灵时，乃是行善的最强大的动力，而当事关遵守道德准则的持久和严格时，乃是行善的唯一动力。[18]*

康德仿佛试图引领年轻人进入一种重新认知的文化模式。而且正如此后几页所显示的那样，他提出用决疑法、榜样以及引领的其他策略来把

---

* 康德著，《实践理性批判》，韩水法译，北京：商务印书馆，2003年，第166页。

道德作为法则的经验变得更加强烈（抑或使之戏剧化？），使得感官意向听从它的指令。换句话说，就是塑造与康德的道德相称的质料品格。那么，康德的实践理性似乎并不是单纯从确凿无疑的经验出发的。它在某种程度上类似于在第三批判里阐述的更具接受性的主体形象，它以一种具体的方式将一组在某种程度上早已安置在他参与的文化之中的难以捕捉的经验**戏剧化**。然后它提出用额外的策略和方法将那些经过戏剧化的经验牢牢地固定在人生的软组织之中。但是彼此编码的背景信仰、意向、假定和希望与深植在赫西俄德的古希腊世界中的那些有着重大区别。例如，柏拉图试图将一些康德哲学概念的初期形式戏剧化的尝试，需要更加彻底的神话休克疗法，而不仅仅是康德欣赏的怯场的花招。

我是这样表述这个观点的：康德没有扩大已然存在的绝对成立的认识；**他将蕴藉着文化的种子戏剧化，而这个种子本可以用其他方式提出、扩大和戏剧化**。他必须在他的讲述中隐藏戏剧性的作用，以保护围绕在实践理性四周的必然性氛围。这位理性的哲学家实际上是一个文化主义者，他仿佛偏向于后来从他的体系中演绎出来的公设。他的论证展开的文化起点在很大程度上是可争议的。

我并不打算回到古希腊世界，我只是用它来帮助我们重新思考我们的世界。我也并不满于当康德的论证严密性受到争议时投射出的那种怀疑论。由于主体性和主体间性的本能语域之上从来不存在真空状态，我们总是已经做好准备要往这个或那个方向移动。因此，我的待办事项是将另一个可能性立即**戏剧化**。一方面是将这个可能性戏剧化，另一方面是为它辩护。在这个领域不存在无懈可击的论证。信条、对我们身处 107
的时代的敏感，以及吸引力或灵感，这些在那些分岔点上都是相关的。

一些实践智慧的准则

赫西俄德、索福克勒斯和康德的一个共同点，是他们对于更大的世界本身的法则的关切，他们以各自的方式领会它、探讨它。它体现在他们每个人的风格以及（正如前文已经提及的）接受性的时刻之中。对这个世界的关切指的是，对标志着你所生活的那个时代的事物的大方向的关注，其中包涵你所领悟的对存在的最基本条件的积极情感。这种对存在的关切可以与政治好战性结合在一起，一旦事态威胁到你最关切的东西的完整性。不过那种好战性也会受到充满其间的感受性的影响。这是我从他们三位那里得到的一个教训，即使我主张在我们今天所面对的全球化环境之下，应该让越来越多的人（尽管仍属少数派）接受这样一个世界图景：既非由神意维持秩序、充满诸神、由普遍的道德法则支配、易受至上的征服的影响，亦非安顿在线性进步的稳定轨迹之上。一个变易的世界，由好几个层次的计时时间设定，在其中人类世界与好几个其他世俗力场牵连在一起，任何一个力场都能不时以一种新的方式作用于人类世界。我所追求的实践智慧从这些背景理解中产生；它试图从存在的角度证实一个变易的世界，我们是其中的次要参与者；它试图与其他理论建立富有成果的关系，它们的假定和准则与此处所描述的多少有些出入，但是它们同样表达了对吉尔·德勒兹所说的“此世界”的一种更加深刻的依恋。如果一种生存哲学充满着关乎存在的怨恨，它会培养一种针对多样性的惩罚性态度和拒绝优先考虑将来而不是现在的态度。这种哲学可以说具有高度智力，但是它不配成为我书里所说的智慧。

此处接受的实践智慧诸元素之间的关系并没有假定由于一个不能根除的出发点而不得不设立的限嗣继承。相反，这个综合体是以问题群的形式出现的。这些元素彼此分泌、相互支持，就像一个摇摇晃晃的装配上的活动零件。准则设立在其中的那个宇宙，其基本形象使得在
108 哲学中形成体系的意志令人怀疑，而人生的迫切要求表明，有必要厘清各元素之间的相似之处和互相牵连之处。

随着我们的讨论继续进行（此处的“我们”纯粹是邀请性质的），我

们把初步的理解和准则放到非时间性的惯例和对当前偶发事件的反应之间的某个地方，在它们里面加入对近期内要处理的集体议题的一个背景意识。这也就是可以帮助我们应对诸如以下问题的那种假定和意向：全球变暖、新自由主义经济学的失败、福音派正义的滥用、梵蒂冈的权力主义、经济不平等的扩散，以及许多选区拒绝承认世界的少数派化（minoritization，如今，少数派化见证了步伐的加快和资本的增强）。我们也记得渗透在这个努力之中的人类状况的想象仍然是可以争论的。重要的是这些争论是**如何**进行的。

以下是实践智慧的后康德模式的一些假定、价值和设想。

意志：意志既不是对超感性的自由的永恒表达，也不能还原为直接因果性的决定，也不是原罪的载体。相反，它必须首先被合法化，作为战胜含有存在的怨恨的文化的更大努力的一部分，这种情绪很容易在那种文化内滋生。意志在这里是一种**突生的**生物文化构造，它带有它从中产生的那个东西的印记和标志，但是无法还原为那些印记和标志。正如生命不必因为它从无生命演化而来且现在无法还原到无生命就遭到贬低，也正如人类不必因为它是从其他物种演化而来就遭到贬低，意志也不会因为它是植入预先设计好要做自由意志的作用者的生命体的一个不完全的感官构造就遭到贬低。作为一个构造，它的形态不完美，它是文化所需要的，而且那些要求普遍信仰一个对我们经历的存在之裂缝不负有责任的上帝的人还有可能给它安上罪名。

如此构想的意志包含两个层面：（1）最初的行动的倾向，它随着你对事件做出反应而在你体内积聚；（2）当一些倾向即将到达行动的临界点时禁止它们或者让它们改变方向的有限能力。据神经科学家邦雅曼·利贝测量，从身体／大脑行为的发端到其落实为行动，其间有半秒之差；他提出，意志可以还原为你能够禁止正在发生的行动倾向的那个毫微时刻。[19]不过对我来说，意志同时包含那两个层面：充满文化色彩的行动倾向和禁止每一个正在发生的倾向或改变其方向的某种力量。 109

意志的确是有两个方面，正如大脑有两个方面，但它的核心并没有被宣告犯法。

意志的每一个层面在一定程度上都可以自我修正或调整。当反射或新经验的冲击使你不得不调整最初的倾向时，你就会采取作用于受到感染的禀好的策略，使其在自我的直接理智控制不能下及的地方采取行动。也就是说，你有意识地对你自己采取措施，以协助为一些直接的理智调控不能下及的最初的行动意向重新编码。你还调动行使否决权的能力，周期性地重新调整你发现你自己所处的时间情境与已经安置在你的记忆库中的实践智慧的种种假定之间的关系。

因此意志既是自由的一种表达，同时又不时伴随着冲突，不过它并没有与原初的罪恶感相联系，也没有超出有机生命的范围。意志是此世界的事，正如思考也是如此，而且它的两个层面在某种程度上可以策略性地有所调动。

伦理：在一个变易的世界里，这个或那个区域内的持久时期偶尔被加速变化的时期打断，我们需要重新构想一个纯粹的、普世的道德观念，以及依附于它的线性进步的观念。我并不仅仅在讨论线性进步是否真的在发生，我还在讨论当一个突然的、意料之外的转折在你构想的轨迹（而且你对道德原则的判断以此轨迹为标准）中出现的时候你该如何应对。当一个出乎意料的变化发生时，对外推法的逻辑（目前对可能发生的进步的构想以它为基础）做深度调整或者回过头来在习惯和意向的灌木丛上下功夫（它们像热带植物一样在已为我们所接受的原则之中和周围疯长）也许是很重要的。如今，伦理与政治彼此编码、互相包含。

由于变易时间的动荡不平，一个培养的伦理如今压过普遍法则的伦理占据优势地位，虽然你可以在既定的习惯和原则足以应付的时期和需要一个重大变化的时期之间前后移动。最初的驱动力是扩大（无论采用现有的何种培养模式）初步的关切地球的倾向，以及很多时候已经在大多数人心中和人与人之间流动的生命活力。我们的想法是把这些意向更为积极地融入欲望、信仰、认同、私利等既定模式中去，而不是上升到一个超越欲望、工具性和政治的世俗世界的，没有私心杂念的高度。110

这些意向既有个人层面也有集体层面，它们在康德哲学中的推论也是如此。和选区一样，我们寻求将一种积极的精神特质融入工作、投资、教会、学习、消费、法团执业和国策等制度当中。[20]当你遭遇到这些而没有那些倾向时你该怎么做？这里的问题可以和它在康德主义中的推论进行比较，根据那个推论，他要么诉诸演绎的那些模式，要么诉诸惩罚。第一步是比你以往更加专注地聆听你此前从未注意到的别人的渴望和理解，聆听你可能已经错过的依恋的和弦；第二步是将这个存在依恋的种子戏剧化，让它继续生长；第三步是与别人合力抵制试图取消多样性或者牺牲地球的未来而满足当前需要的最残忍的企图。

一个关切的伦理不是推导出来的；它是从对已经存在的（如果你够幸运的话，从某种程度上说）世界的关切**生发**出来的。如果缺乏那种关切，逻辑的推导模式是不可能使它出现的。在一个变易的世界里，极为重要的是扩大最初的关切倾向，用感受性的种种模式使你能够以创造性的方式及时安于新的变化。

周期性犹豫：因此，培养是必要但非充分的。在一个变易的世界里，当以一种探索的方式在一个新的扰动与习惯、激情、信仰、认同、进步和政治优先权等较早的投入之间的缝隙之中踌躇是一种相关的做法时，战略时刻（包括持续时间相对较长的时期）有时会来临。在古希腊传统里，那些擅长这类活动的人被称为预言家；在以《圣经》为经典的诸宗教里，他们通常被叫作神秘主义者或先知。那些体验到世界之变易的人有时也试图成为预言家，不过基调略有不同。我们不会听从超出我们知识范围的诸神，尽管我们的知识有限。在多产的时刻，我们允许多种压力和关切在我们身上回荡，以期产生一种新的、不合时宜的思想、主题或策略，以为将来的进一步探索做准备。那个思想之所以是不合时宜的，是因为它尚未与那时被认为是理所当然的一组其他思想协调一致。

你该如何继续进行下去呢？正如一位往昔的朋友在一个延长了的、具有变形的潜力的当前所说的，“切记不要忽略来自无论何种情绪的任何一个信号”；你还要试图吸收“最轻微的煽动”，当你沉浸在一个**超感性**的情境中，在那里新的扰动被试探性地吸收，一些固定的判断开

111 始消解。[21]事先培养对世界（在这个世界里，这种加速变化的时刻周期性发生）的关切就是为这种踌躇练习做准备。

当情况相对稳定时，对既定判断的推定的信念通常是合理的。不过这样一个判断只是推定的，因为稳定的背景往往会遮掩危险的来源和需要纠正的受苦模式，或者使之合法化。然而，在这个或那个区域发生加速变化的时期，情况变得极不确定。现在的任务是以敏锐的感受性在一个新出现的情境里踌躇，允许潜伏的记忆、既定的编码、对生命的关切、存在焦虑和新出现的压力来回共振，几乎不用脑子。从那个过程中也许会产生一个新的思想、准则、指示或实践命令来供人思考。接下来的任务是将它置于实验性行动之下，以探索它在突生的环境中的后果。在这里，判断、创造性和实验性行动彼此融入，每一项都对处于最佳状态的另一项产生影响。

责任：任务是重新调整以下两者之间通常存在的平衡状态：一方面是把犯错的责任归于自身或他人，另一方面是培养对他人（他们的行为方式不能立刻为你所认识）的推定的同情心。普遍流行的优先顺序，也就是要被调整的顺序，代表着当今西方世界中奥古斯丁／康德传统的至高无上。在一个变易的世界里，以下情况不常发生：可以在经历过的邪恶与一组显然该为此负责的作用者之间简单画等号。另一方面，在一个变易的世界里，培养对新的选区和正在出现的需求的推定的责任感（批判性同情心），其重要性超出了以往的认识。责任的两个层面

都是必要的，但是目前这两者的优先顺序安排需要做大的调整。当欧美世界，以及别处，在更多的层面上并以比以往更快的速度在少数派化时，更显得如此。

战斗精神：在这个历史关头，可以说，革命热情或自由主义改革都是不够的。前者过于频繁地沦落为等待下一个彻底决裂的到来，或者因为走得太远而招致法西斯的回应。后者过于粗心，根本没注意到时代常常与其自身脱节；因此，它的伦理构想和政治行动构想的实验性不够。

我们追求的不是康德的世界道德联邦，而是富有战斗精神的民主集合体，它们可以积极应对如今正以更快的速度发生的世界的少数派化、全局性的地区不平等、气候变化的威胁，以及重要资源的消耗等问 112
题。这样一个集合体的形成并不系于任何一个单一的阶级、信仰或一代人，而是要靠在媒体生活和当地事务的微观政治、我们所属的信仰选区的内部通风、团体领导之间的对峙、对选举政治的投入，以及选择性地参与跨国公民运动之间来回移动。当然，在号召偶尔踌躇和号召战斗精神之间存在着巨大的张力。但是这个张力并没有以述行矛盾的形式出现。相反，为了让这两种形态今天能够正常运作，在它们之间游移不定是有必要的。在一个变化的世界里，踌躇有助于在新思想和新策略之中融入战斗精神。

意志作为生物文化的层创进化、培养的伦理、变易的世界、周期性的踌躇、推定的同情心、不合时宜的赌注、依恋此世界、适时的战斗精神。（这是一个什么样的世界啊！）这个问题群不是一种“相对主义”。如果我们认为关乎存在的怨恨是根植于人类状况自身之中的一个危险诱惑，并试图用多种方式对付它，那么我们就几乎不是相对主义者。认为目前的状况加剧了那种危险的人也不是。这不是相对主义：第一是因为它在好几个背景中识别出战胜关乎存在的怨恨的周期性力量；第二是因为它并没有自动接受在这个或那个地方已经起作用的规则和标准；第三是因为它提出对地球和对跨越各种传统的生命的基本多样性的广泛关切；第四是因为它常常鼓励向普遍流行的力量宣战。

它也不是“绝对主义”，因为号召在新的情境中创造性地踌躇可以导致一个洞见，它能够对事先存在的对上帝、原则、道德性、因果性、工具理性、神意、控制权或时间的诠释提出质疑，也因为它的支持者很少宣称他们已经**证实了**由他们带入公共世界的最基本的指令。相反，它是一组实践智慧的准则，面向一个变易的世界，在这个世界里，按照不同层次的计时时间而设定的多种力场周期性地碰撞或聚合，引起新的危险、风险或可能性。这样一个理解、设想和准则的集合体追踪和取代康德的工具理性、实践理性、世界主义、假定线性进步的道德责任，以及一个世界道德联邦必然会导致的各种运动。这是它最应该感谢康德的地方。

接下来的任务是在一切可能的地方继续与康德主义者、新康德主义者和其他人保持争辩而尊敬的关系，他们要么最终不带任何深仇大
113 恨地承认他们自己的哲学或信仰具有相对的可争论性，**要么**比以往出色得多地展示它们的必要性。在进行这项任务时，我们寻求在对此世界的精神依恋方面取得一致，尽管在信条方面有着许多差异。我们追求的是跨越多种信条差异的精神联结。

所以，此处提出的各种准则的最后一个层面就是附加在它们之上的自反性元素，因为我们已经认识到这个综合群的相对可争论性。我们混合运用休克疗法、论证、证据、戏剧化和对此世界的依恋模式来推进这个层面。我们邀请其他人参与到这些元素之中。我们周期性地往后退缩，以一种邀请的态度审视我们自己的运作假定和准则的潜在可争论性，包括我们对时间的看法。这就是在这样一组准则中加入的邀请性层面，这个层面在索福克勒斯悲剧中的次要人物身上已经明晰可辨，例如伊奥卡斯特、海蒙、伊斯墨涅、欧律狄斯和报信人，如果从主

要人物身上看不出的话。例如，在《安提戈涅》一剧的一个关键时刻，海蒙在危难之际请求父亲发发慈悲，松动一下治国原则。当俄狄浦斯抵达科洛诺斯的时候，他甚至用自己的生命来挑战关于大人物的泛泛之论。[22]这位老人是否最终体现了成熟期的索福克勒斯的某种实践
智慧？ 114

五

弗洛伊德的无助

亚当·菲利普斯

一

“我是孤家寡人”，理查，葛罗斯特公爵，未来的理查三世，在莎士比亚的《亨利六世》下篇临近结尾处吹嘘道。在现代人听来，这话有歧义，他既是孑然一身，同时又只是他自己而已。不过他还生活在一个我们称之为迷魅的世界里，一个充满精灵和恶灵，事实上还包括上帝的世界里。他到底在多大程度上是自称的孤家寡人，这是有一个限度的；事实上，他对自身独特性的了解有多深，这也是有限度的。“良心是胆小鬼的词语”（《理查三世》第五幕第三场第110行），他在这里透露了自己的怯懦，也透露了我们可以认为是他想予以否认的自身的一部分（他表达了一个词语，不过仅仅是一个词语，而且仅仅是别人使用的一个词语）。“我是孤家寡人”，作为自夸而不是悲叹，描述了理查认为自己有能力摆脱的东西。这是被一位评论家称为“好挖苦的自恋者”的人物的自我陈述。[1]对一个自恋者来说，他需要别人这一点是个伤脑筋的问题。根据《牛津英语词典》，好挖苦的人“充满怨恨、轻蔑、好嘲弄”。

我们可以说，理查含蓄而前后一致地切除了自己的无助；他用于自身的语言，尽管充满了迂曲而微妙的掩饰，坚持声称自己无懈可击。或者可以这么说，他是在试图变得无懈可击（这总是与施虐狂联系在一起）。所以我觉得，“无助”这个形容词莎士比亚一共用过三次，其中一次出现在《理查三世》里，这是很有意思的（另外两次出现在《错误的喜剧》里）；《牛津英语词典》引用的第一个把“无助”当名词用的例子出现在1731年，那么该词的第一次使用是在18世纪，我想这是有深意的。安妮夫人在第一幕第二场开头用了这个词，那时她的公公也就是亨利六世的遗体给抬到了她跟前。在这部剧里，后来成为理查三世的那个人杀了她的丈夫和她丈夫的父亲，到头来还要娶她为妻；不过在戏里的这个节骨眼上她面对的是国王的遗体，以及正在迫近的灾难。她 115
看着这具满是伤口的遗体哭诉道：“看吧，我可怜的双眼流出了无助的香膏，／我把它洒入这些让您的生命飞逝的伤口。”（第一幕第二场第13行）她在无助地哭泣，她的眼泪，即无助的香膏，帮不了死去的国王，也帮不了她自己。她忍不住要表达的东西，她流的眼泪，都于事无补；她的无助对她自己没有帮助。（当然，无助无法被帮助也无法帮上忙，这是文学的传统主题；试看贝克特的《看不清道不明》。“她笔挺地僵僵地待在那儿，在渐渐变得浓重的阴影中。穿着一身黑。她很难一直保持原先的姿势”[2]，而流泪之徒劳无益是一个永恒的主题。）在这种情况下，她的泪水既无法让他起死回生，也无法遏制理查这个恶人。

没有任何东西可以让她的眼泪变成有益的香膏；事实上，无助的香膏是一个矛盾的词组，因为如果它是无助的，它就不是香膏。在这场绝望的戏里什么都做不了；无助相当于无望。安妮夫人可以把国王的遗体称为一个“神圣的负担”，但是在我们那现代的，或者更准确地说，世俗的耳朵听来，它可能是一个缩影，一个我们忍不住想称为“灾难性幻灭”的场景，不过我们已经从韦伯那里学会把它称为祛魅，即承认没有（救赎的）魔法。

我们能否经验无助，我们是否能注意到可能确有所谓的“无助的香膏”，而不必让世界返魅，也就是说，不必谈论这种或那种宗教神意论，或者，对现代而言，就是不必谈论科学和技术（是否还有艺术？）的种种奇迹？我们能否承认我们的无助，而不必依靠莱奥·贝尔萨尼所谓的“救赎的文化”？[3]像无助这种对我们的生命如此至关重要的东西是怎样在我们眼中变得差不多和无望一样的？我们也许会想（弗洛伊德的确是这么想的），理查以他的行动为他自身的无助找到了一个恶性的解决办法。那么良性的解决办法是什么样的？为什么（让我们尽可能说得直白一点）我们的无助往往使我们成为我们所说的坏人？

在《心理分析工作中遇到的一些性格类型》（1916）一文中，弗洛伊德拿理查三世作为他称为例外的人的一个典型，根据弗洛伊德，例外的人的神经症“都与幼年时经历的痛苦相联系，他们认为自己是无辜的，却被不公正地对待。这种不公正导致了他们对特权的要求，产生了反叛的倾向，从而加剧了内心的冲突，而最终导致了神经症的发作”。[4]例
116 外之人遭受了某些事，他们对此无能为力，从而化必然为特权：他们被无助的一阵恶性发作所激发，可以这么说。

理查在他的开篇独白里说（经过弗洛伊德的意译）：“上天没有赋予我美丽的形貌来赢得世人的爱，这使我倍感痛苦和冤屈。生活要为此给我补偿，我要亲自看到我得到了补偿。我有权成为一个例外的人，无视那些常人约束自我的规矩。我既受到了冤屈，就要去冤屈别人。”[5]在弗洛伊德的例子里，例外之人并不是造成他们失败的作用者；他们的受害者身份成了应享权利的一种形式。对理查来说，这种身份在某种意义上成了他编造自己的道德观的机会，或者至少成了他使自己不受其他人的道德观约束的机会。“我既被卸除了一切匀称的身段模样”，他在那段著名的独白里说，弗洛伊德也引用了这段话：

> 欺人的造物者又骗去了我的仪容，
> 使得我残缺不全，不等我生长成形，
> 便把我抛进这喘息的人间，

加上我如此跛跛踬踬，满叫人看不入眼，

甚至路旁的狗儿见我停下，也要狂吠几声。（第一幕第一场第19—23行）[*]

我们将会看到，弗洛伊德重又回到这个直白的意象：不等我们生长成形便被抛入这喘息的人间，“残缺不全”（弗洛伊德说，理查“只是将存在于我们每个人心里的某种东西极端扩大化了”）。[6]这个意象反映了理查原初的无助；那是被施加的困境。正如安妮夫人的眼泪，那“无助的香膏”那样，理查无法制止这样的事发生在他身上，而通过自我治疗，那原初的无助并没有对他自己或对他人产生任何帮助。我们无法选择我们的“容貌”。弗洛伊德在评论理查的独白时说：“我们都认为，先天及幼年的不幸使我们有理由指责上天和命运；我们都要求对儿时的伤害有所补偿，这些创伤使我们无法自爱自恋。”[7]我们还会看到，弗洛伊德把这一个基本情形，即我们利用原初的无助所创造的东西，转变为对文化起源、道德起源、宗教起源，以及艺术起源的解释。如果我们都有一种幼年时受伤害而变得无助的感觉，那么我们必然会想象一幅假如没有受过这些伤害又会如何的画面（我们的牢骚中所体现的“要是如何如何就好了”的生活）。我们受到了某种伤害，或者，在理查的例子里，我们好像受到了某种伤害，所以我们是无助的。要么这种情况无法改变，要么没有现成的办法。无助意味着不受保护。在这个语境里，它意味着一种无能被强加到我们身上，我们要围绕着这个事实来安排生活。 117

在这个故事里，如此的无助显然不是我们的自恋、自爱的一部分，或者它是一种消极自恋，即由异乎寻常的受苦所赋予的特别之处的一部分。要不是有这种无助，我们就不会像那样受苦。这里唤起的是一

* 莎士比亚著，《莎士比亚全集（四）》，朱生豪等译，北京：人民文学出版社，1994年，第5—6页。

个无懈可击的对立形象，即无助的反面。在这个等式里，正是由于我们的无助才使得我们如此自恋而脆弱，才使得我们的自爱如此岌岌可危。泽格·维德曼曾说过，自恋者的地狱在于他绝对不需要他者。[8]换言之，有了无助状态，就有了诱惑人的自给自足，也就是制造自己就是一切的幻觉。当然，从某种意义上说，无助是我们的起点；或者用客体关系理论家的话来说，依赖是我们的起点。无论如何，我们无法绕过以下事实，用温尼科特的话来说，每一个哲学家都曾是婴儿。

在这篇论文里，我希望用弗洛伊德关于无助的故事来提出有利于它的理由；我试图证明，我们不应该希望随着自己年龄增长而变得不再无助。我们可能变得更强，但是我们不应该想象我们变得不再那么无助，有一个很精彩的词组叫“习得的无助”，它显然在提醒我们，既然无助可以习得，那么它也一定能够被抛弃掉。

查尔斯·泰勒在《自我的根源》一书中写道：“道德哲学倾向于把注意力集中到怎么样做是正确的，而不是怎么样生存是善的，集中到界定责任的内容而不是善良生活的本性上；它没有为作为我们所爱或忠诚的对象，或像艾丽丝·默多克在其著作中所描绘的，作为注意力和意志特别关注的善的术语留有概念上的空间。”[9]心理分析里面对的问题，我想，一直是关于应该如何正确对待无助，而不是把无助视为对善良生活的本性不可或缺的东西，也不是把它视为我们的爱或者我们的忠诚的对象。我认为它应该成为我们的特别关注点，尽管可能不是我们意志的焦点。在接下来我要讲述的故事里（弗洛伊德只讲述了一部分），承认依赖性并不能成为无助的解决办法，正如它也不能成为鞭策你加紧努力的勒令。这部分地是因为人们往往认为无助是问题所在或者是我们正在遭受的痛苦，他们不认为无助是一种乐趣、一种力量或者一种德行。可以说，它不是我们要培养的东西。我们不会认为成长就是一
118 个希望自己变得越来越无助的工程，或者是一个把我们无助的能力变得越来越复杂的工程。

以下是由心理分析导出的一个道德问题：免不了要说、要做、要感觉、要思考、想要的事物是何种善？我想补充一个问题，无助有什么好处，这个问题恐怕不可避免地占据了弗洛伊德的注意力；事实上，弗洛伊德的几乎所有著作不仅关于什么是免不了的、什么是免得了的，还关于我们的无助的道德后果，这是更为有趣的问题。因此，什么叫无助？无助到底有什么好处？

弗洛伊德的早期著作《科学心理学的规划》有一节的标题叫作“满足体验”，在这里，弗洛伊德试图用神经元来解释婴儿（发育未完全的人）是如何做到食欲刺激的。这个段落非常有趣，尤其是因为它展示了弗洛伊德是怎样运用科学语言导入道德语言的；考查《规划》一书的术语，我们发现当满足体验成为讨论的主题时，神经学的语言立刻开始渗透进道德关注；弗洛伊德所谓的“张力的缓解”、“排放”不可避免地转变为关于善、关于恰当伦理对象和“道德动机”的问题。[10]尽管弗洛伊德不会那样措辞，但实际上他正在得出哲学家阿拉斯戴尔·麦金太尔对此的解释，即“依赖他人的理性动物的突出德行，他们的依赖性、理性和动物性必须放在相互关系当中才能够理解”。[11]弗洛伊德在讨论满足体验的时候，首先谈到的是什么有助于生存，其次是（用更加雄心勃勃的话来说）什么有可能帮助人类繁荣昌盛。满足是把我们已经懂得称为我们的欲望和我们的责任联系在一起的那个词、那个体验。毫无疑问，弗洛伊德不可能只谈这些而不引出无助的观念，不可能不把婴儿的无助置于问题的核心。“经验表明”，弗洛伊德写道（一切尽可能以经验为依据），食欲一旦出现，

> 沿着走的第一条路径是通往内部变化（例如情绪表达、尖叫或者血管神经兴奋）的路径。但是任何一种这类排放都无法引起张力的缓解，因为虽有这类排放，却不断接收到内源刺激……这时，去除刺激只能靠一个会暂时阻止身体内部量的排放的干涉来实现， 119

> 这种干涉需要外部世界的一个改变(例如供食或者性对象的临近),而这作为一个"具体行动",只能以某些特定的方式引起。在早期阶段,人体无法完成这个具体行动。它是通过外来帮助实现的:一个有经验的人的注意力被沿着内部变化的路径发生的一个排放[例如孩子的尖叫声]吸引,于是注意到了孩子的情况。这条排放的路径于是获得了一项极为重要的次要功能,即引起与其他人的一种互相理解;因此,人类原初的无助是所有道德动机的源头。
>
> 那个外来帮手代表无助的主体在外部世界实现了具体行动以后,后者借助反射装置能够立即执行他身体内部的必要措施,以去除内源刺激。这整个事件构成了一个"满足体验",它对于个人的功能发育具有极为重要的影响。[12]

情况是这样的:产生欲望的"无助的主体"从内部被刺激"充满",首先试图通过身体表达得到缓解;这个反射魔法不奏效,因为欲望的刺激不断袭来。弗洛伊德称之为量的排放的东西只能通过其他人,即一个外部的人的干涉来阻止。这些具体行动(弗洛伊德打了引号)只能以"某些特定的方式"(取决于关注程度的供食或性对象的来到、帮手的关注质量,以及此人的慷慨程度)引起。必不可少的东西(离开了它孩子就无法存活)是由其他人提供的。欲望由于它的接受者而变得可以实施。值得注意的是,在这里供食和性对象的临近以这种方式画上等号,这说明弗洛伊德认为它们是同等紧迫的需求;这让我们想知道,如果性需求没有得到照料,那个产生性欲望的主体(弗洛伊德称其为"无助的主体")会发生什么事,鉴于我们了解没得到照料的婴儿会发生什么事。

不过在某些方面这是一个显而易见的观点:无助的主体需要帮助。帮助不是后来添加上去的东西;它是构成整体所必需的。在无助之前没有位置、没有阶段,也没有状态;在需要我们所谓的帮助之前也没有阶段。不过弗洛伊德接着说出了一番引人注目的话，几乎像是后来才添加上去的："这条排放的路径"，亦即尖叫、情绪表达，"于是获得了一项极为重要的次要功能，即引起与其他人的一种互相理解；人类原初的无助因此是所有道德动机的源头"。尖叫的首要功能是企图排空、排放刺激，但是不奏效；不过它的次要功能是作为"无助的主体"和照看他的人之间的一种吸引，一种交流或接触的媒介。它之所以引起与其他人的一种互相理解，大概是因为它刺激另外那个人去弄明白、去想象无助的主体可能有什么样的需求。它让另外那个人思考什么东西会对无助的主体有好处；可能还会让那个人思考，由他/她本人来提供对方所需是否合适。 120

"原初的无助，"弗洛伊德写道，"因此是所有道德动机的源头。"可以把道德动机理解为追求善的倾向、原因或理由。这句话翻译过来之后产生了歧义，不过这反倒是好事；是人类原初的无助充当作为无助主体的婴儿内在的所有道德动机的源头呢，还是婴儿的无助，以及有性观念的成年人的无助，唤起了接受者的道德动机？是我们原初的无助使我们有道德，还是我们通过回应依赖我们的其他人而唤起了我们自身的道德观？弗洛伊德试图把我们原初的无助与所有道德动机的源头联系起来；仿佛他要说的是，如果没有原初的无助的话，就不会有道德动机。就好像道德是我们已经发明的东西，由于无助而在我们体内被唤起，无论其工作原理是什么样的。因为我们是原初的无助主体（尽管把饥饿的婴儿与产生性欲的成年人联系在一起说明弗洛伊德暗示的不仅是原初的无助，还是持久的或者本构的无助），我们无法把我们的责任和需求分开；我们免不了要考虑我们需要对我们依赖的人做什么、为他们做什么，以及和他们一起做什么。成为一个无助的、产生欲望的主体就意味着被牵连进和陷入一个充满道德考虑的世界而无法从其中逃脱。

这将导致一系列事情，其中当然包括希望把我们的欲望与责任分离的企图，无论这种企图多么无望、急切或者断断续续。我们采取的手段往往是不承认无助。一旦我们把无助放在图景里，像弗洛伊德那样把它放在图景的中央，我们就无法把欲望和道德分开。你可以像理查那样，把"我是孤家寡人"当作引以为荣的事而不是对绝望的一种表达，前提是你找到了制造幻觉的方法，可以让你以为你根本不是弗洛伊
121 德所谓的"无助的主体"，一个需要帮助的主体，一个正因为受过帮助才成为主体的人。正是原初的无助引导我们到达善的观念，是它使得善的观念成为必要。

不过弗洛伊德当然没有说，人类原初的无助是所有善的道德动机的源头；他只是说道德和无助是紧密相连的。此处有必要回顾一下先前引用过的查尔斯·泰勒的话："道德哲学倾向于把注意力集中到怎么样做是正确的，而不是怎么样生存是善的，集中到界定责任的内容而不是善良生活的本性上。"也许我们现在可以说，道德是我们惯常应对原初的无助的东西。道德是我们从原初的无助里面创造出来的。它是我们对我们是无助的主体这一事实的自我治疗，不论结果是好是坏——至少这是弗洛伊德的观点，不过此处的说法是我的，不是他的。我们可以说，问题在于我们往往变得越来越像理查，或者是受到吸引而变得那样，或者倾向于变得那样，原因将在下文探讨；我的意思是我们逐渐可以看出，我们对道德感到不满，我们觉得道德是外来的，不是我们的一部分，它是强加给我们的一个异物，剥夺了我们真正的满足感，这种态度在很大程度上是由于我们可以用道德来否定、废除、拒绝、贬低、轻视和惩罚我们原初的无助。或者换种方式说，或者反过来说，凡是不肯定、不想要、不看重无助的道德都是惩罚性的。凡是不站在无助这一边的道德，也就是不愿意看到它的乐趣和力量的道德，都将感觉很疏远。因此我们要考虑，对原初的无助做什么才能让它成为一种恶而不是一种善，成为一种困扰而不是一种恩惠。是什么使得我们对我们如此独特的一方面如此反感？

弗洛伊德至少在《规划》一书的一段话里给出了一个比较明显的答案：由于对无助的回应不够，所以它成了困扰，变成了一个难题。如果都没有认识到饥饿的婴儿的需求（实际上这样的需求并不是总能得到满足的），如果产生性欲望的成年人找不到留意他的欲望的对象，无助将变得难以忍受；必须得想点办法出来（无助可能被转化为，比如说，全能，或者更好一点，转化为轻蔑、嘲弄的行为，其实这两者可能是一回事）。不过这是人人都懂的安慰人的解释，客体关系理论的好几个派别都论述过它。问题不是出在我们的本性，但是我们养育孩子的方式会让它成为问题。在这种解释里你会注意到，无助是得到帮助的先决条件；作为一个经验本身，例如根据心理分析的发展理论，这不是一个好的经验；它导致的结果才是重中之重，也就是得到理解的可能性以 122
及所有道德动机的产生或唤起。无助是人类纽带和交换的先决条件；你必须成为一个无助的主体才可以得到帮助、得到理解，成为一个道德生物。无助可以让我们变好。因此，如果你无法体验无助，你就从这些根本的人类经验中给排除出去了。重新回到或者重新被带到无助之中就意味着重新被带到这些经验之中。因此，从这个观点出发，我们不应该低估对无助有意识或无意识的欲望，它必然与希望拒绝它的想法并存。事实上我们可以这样想：我们之所以对无助状态无能为力或者因为拒绝它而受苦，恰恰是因为无助状态把我们与因无助而产生的那些经验重新联系在一起。从逻辑上讲，无助状态是要避免的；弗洛伊德给我们描绘了一幅图景，它不仅告诉我们为什么人们希望得到它，还告诉我们希望得到它有什么危险。在弗洛伊德看来，只有无助的主体才能够体验满足感，他把这种体验描述为“对个人的功能发育具有极为重要的影响”。

没有无助，就没有满足感。无助是满足感的先决条件（要为成年人找到一个不那么可怖的无助图景是非常困难的）。如果我们失去、遗忘、压抑、投射或攻击这个原初的无助，我们就将完全失去，用弗洛伊德的话来说，获得满足感的真正可能性。我们将成为理查那样的例外的人。没有无助就不可能获得满足感，而不能获得满足感就不可能有活力和目的。弗洛伊德暗示，无助是与我们有关的最重要的东西。不过他还说，无助往往正是我们希望像变魔术一样变走的东西，主要借助宗教，此外还借助艺术和道德（因此可以理解为通过理论）来实现。如果我们无法忍受无助，我们就无法忍受满足感；有一个针对无助的阴谋，这个阴谋结果是针对满足感的。弗洛伊德暗示，真正的满足取决于舍弃幻觉，舍弃宗教信仰那希望有所得的魔法。简单来说，要体验满足感，就必须生活在韦伯的祛魅的世界里，一个不存在万能的世界。弗洛伊德在《一个幻觉的未来》里写道：

> 作为教义公之于众的宗教观念的心理起源并不是经验的凝结物或思考的最终结果：它们是幻觉，是人类最古老、最坚固和最紧迫的愿望的实现。其威力的奥秘就存在于那些愿望的力量之中。我们已经知道，童年留下的无助的可怕印象使人产生寻求得到保
> 123 护的需要——这是通过爱而得到的保护——这种保护是由父亲提供的；由于认识到这种无助终生存在，这就使人必须紧紧依附于一位父亲，不过此时所依赖的已是一个更强大的父亲了。于是，一位神明的仁政减轻了我们对人生中各种危难的恐惧感；符合道德的世界秩序的建立保证了正义要求的实现，而它在人类文明中通常是未能实现的；而通过来生来延长现世生命则为这些愿望实现的发生提供了一个局部的、暂时的框架。[13]

很多人已经注意到，这样解释宗教过于笼统了。不过在《规划》问世三十多年后，弗洛伊德再一次用童年的无助解释一切。尽管某些东西发生了变化。首先，“人类原初的无助”变成了“童年留下的无助的可怕印象”，而且这种无助制造的不是满足体验，而是宗教的幻觉，包括其

貌似有理的道德观，其实它只不过是我们在面对现实的危险时掩饰真正的无助的一厢情愿。现在，无助促使我们只是去掩饰它的存在；它不是获得满足的途径，而是自知的自我欺骗的根源。而这种欺骗只有通过弗洛伊德所说的假造的父亲形象才得以完成。《规划》一书至少暗示，婴儿的无助可由母亲来满足，成年人的性欲望可由一个没有指明性别的真实的对象来满足；在这里，无助的解决办法（事实上是一种回避）是一个伪造的父亲。我们可以推论，弗洛伊德现在相信绝大多数现代人只能背弃无助、满足和真理；他们在宗教及其道德观里寻求庇护，因为与《规划》里的“无助的主体”不同，他们受不了或者不愿意忍受他们的无助。这使得人们编造出一个卡通人物、一个戏仿、一个没有缺陷的人、一个不需要帮助的人。

二

有另外一个世界，不过它在这个世界之内。

——保罗·艾吕雅

我们可以说，弗洛伊德提出了人类原初的无助的两个出路，一个是好的，一个是坏的。好的出路中，无助是满足感的先决条件，是获得满足体验的唯一途径；也是通往道德的唯一途径。坏的出路中，满足感 124
为受到保护的感觉所取代。无助因希望避免无助感，希望不要太强烈地感受到它而产生。也就是说，无助不是被理解为对感官满足的一种禀好；这就好像一个人说，“我需要喝杯饮料”，而另一个人回答道，“你真正需要的不是一杯饮料”；或者一个人说，“我饿了”，而对方回答道，“不，你恐惧了”。因此，无助导致满足或者自欺；它造成人与人之间的理解或误解；在这两个版本里，它都导致道德，即弗洛伊德在《规划》里所说的未公开的道德，“所有道德动机的源头”，或者是弗洛伊德显然鄙视的宗教慰藉的道德。也许可以说，这是受得了当儿童和受不了当儿童的人之间的区别。信仰宗教如同相信成人期是儿童期的出路。在弗洛伊德看来，宗教是人类无助（弗洛伊德极力强调，这种无助贯穿人的一生；它只是始于童年而已）的虚假出路，满足是它的合理出路，或者应该说是它的合理结果。但是无论哪一条出路，我们所认为的我们的道德问题全都来自我们是无助的主体这个事实。弗洛伊德认为我们必须弄清楚无助或者我们与无助的关系；如果我们弄不清楚就会做出极其糟糕的事情；我们开始信仰神、听从宗教教义、采纳荒谬的道德观，或者相信我们并不仅仅是一种动物，而是特别的受造物。显然，如果挫败感让我们变得有攻击性，如果我们背离我们自身的满足感，我们就是在不知不觉中否认我们的无助而培养我们的暴力。

我们对自身的无助做出的主要反应是创造出一个被施了魅的世界，我们在其中寻求保护，免受无助的危害，而不是寻求应对之法。弗洛伊德在论列奥纳多·达·芬奇的论文（1910）里写道："从生物学的意义上说，宗教虔信可以追溯到小孩子长期的无助和对帮助的需要；在以后的某一天，当他察觉到在面对人生的强大力量时他是多么孤立无援和无能为力时，他感到自己的境况与童年的情形一样，于是试图通过恢复曾经保护了他的婴儿期的力量来否认自己的沮丧。"[14]这就仿佛孩子低估了他的无助似的；或者，成年期让我们了解我们是多么地无助。
125 我认为有一点是很重要的，弗洛伊德从来没有建议我们摆脱无助，事实上，他在这里建议我们培养无助，也没有说无助是我们实际可以克服的东西。在弗洛伊德看来，宗教不是解决地方性和生物学问题的好办法；正因为我们在面对他所说的"人生的强大力量"时是无助的，所以我们才从事那种被称为宗教信仰的想象活动。根据弗洛伊德的观点，我们的无助不会因时间而消减，而是会愈益受其干扰。我们如此害怕无助，以至于我们寻求安全而不是满足，寻求魔法而不是食物：按照弗洛伊德的看法，我们如同受无助折磨的动物，无助是（或者已经成为）它们的执念。弗洛伊德在《压抑、症状与焦虑》(1926)一文中解释这个问题时求助于，或者更准确地说，影射了他在论“例外的人”的文章里引用过的理查三世的独白。他写道，使人类容易患神经症的“生物学因素”

> 是人类的幼崽处于无助和依赖状态的很长一段时间。与大多数动物相比，它在子宫内的存在时间不算久，被送入世界时的状态更不成形。因此，真实的外部世界对它的影响得以强化，自我与本我之间的早期区分得以增进。此外，外部世界的危险对它更为重要，因此唯一能保护它免受危险并取代它早先的子宫内生命的那个对象的价值得以大大增强。于是，生物学因素确定了最初的危险情况，创造了对爱的需求，这种需求将伴随那个孩子一生。[15]

理查称自己“残缺不全，不等我生长成形，／便把我抛进这喘息的人间”；弗洛伊德文中的人类在子宫里停留非常短暂的时间，“被送入世界时的状态更不成形”。弗洛伊德显然是在暗示，也许我们都被延长的无助和依赖弄得残缺不全。这让理查心怀怨恨，认为自己有报复的权利，至少在弗洛伊德看来如此。怨恨什么？人类复仇时采取何种方式？能够保护它的那个对象的价值“得以大大增强”，对爱的需求将伴随那个孩子一生。有什么理由让我们认为我们被依赖弄得残缺不全？如果我们并不是这等残缺不全，我们会如何看待自己？人类“处于无助和依赖状态”既久，导致对给予保护的对象的一种理想化（亦即对其不 126
现实的理解），一种渴求，一种为得到爱所奴役的状态（我们可以认为，理查把自己给理想化了，为遭人讨厌所奴役）。这种伴随我们一生的无助在我们内心里唤起一种渴望，希望出现一个扭曲感知的、能给予保护的对象，以及一种对失去爱的恐惧。换一种最为乐观的说法，无助让我们与其他人发生关联，使我们融入人类共同体；不过再换一种最为悲观的说法，无助使我们成为不幸的、永远被人利用的生物（为了得到爱和保护，我们可以不择手段）。这似乎意味着，最糟糕的情况是，我们原初的无助（贯穿我们一生的决定性特征）使我们堕落，而最好的情况是，它让我们在道德上注重实效而不是让我们有节操。如果我们生活在依赖和无助的状态中，如果这种状态让我们陷入虚假的、自欺欺人的宗教慰藉或其世俗对等物，那么到头来我们怎能不憎恨自己（和其他人）的无助呢？我们怎能不产生荒唐的、自相矛盾的念头，认为正是使我们成为现在这个样子的那个东西毁了我们的生命？在这一点上至少弗洛伊德没有给我们提供答案。人之为人的大灾难在于我们是不可救药的无助生物。这意味着，我们对自身的无助无能为力。我们从本质上就是无助的，而正是这一点使我们的生命难以为继。我们抵制无助的举动在我们看来必将导致灾难，就好像但凡不是为我们自己而做的事情都对我们不利。

三

……那先天的无能，胡克
称之为“我们的愚蠢”……
——杰弗里·希尔，《客观事实之雄辩》

弗洛伊德做了一种区分（虽然随着时间的流逝这种区分烟消云散），它乍一看似乎相当粗略；我们原初的无助在理想状态下要么导致满足体验，要么导致宗教信仰的体验；要么导致基本欲望的满足，要么导致魔法。但是在做这种区分时，在树立“对立面”（布莱克语）时，弗洛伊德把保护和满足对立起来。我们的无助，即食色之欲的无助，可以将我们导向由留意我们需求的他人提供的满足体验；或者，我们的无
127 助，我们面临来自外部世界的危险和人生的强大力量（欲望是其中之一）时的无助，可以将我们导向躲避非真实人物的伤害和神奇的信仰。

不过这并不简单地等同于我们对安全的需求和对兴奋的需求之间的竞争。弗洛伊德是说，无助可以迫使我们用置换的方式牺牲满足体验；这本身，根据弗洛伊德早年在《规划》中的表述，就是心理和肉体存活的一个基本前提。换言之，无助感可以让我们牺牲生命，可以引诱我们签订虚无主义契约；只要你放弃满足体验就可以得到保护。当然，我们不希望情况如此绝对；正如我们所说的那样，我们可以两者兼得；不过我觉得弗洛伊德展现给我们的是更为严酷的画面：我们的无助体验，目前无助在我们的文化中的描述方式、呈现方式，使我们打算放弃欲望，去追求据说能让我们安心但从根本上无法满足我们的东西。就好像追求满足体验让我们得不到保护；为了避免这种情况，我们宁愿放弃追求满足。

我们的无助或者对它的种种描述使我们突然陷入一种谵妄，使得我们不由自主地寻求保护，仿佛我们相信自己可以免受人生强大力量的侵害。根据弗洛伊德的观点，人类这种动物极易受到生存所带来的一切的伤害，可以说对其过度敏感；我们被送入世界时的状态比其他动物“更不成形”，外部世界的危险对我们更为重要，我们需要在我们自身和我们的欲望之间设置屏障。正如弗洛伊德所说，“自我与本我之间的早期区分得以增进”。这是不是特殊辩解？根据这种说法，我们是不是像理查那样的例外的人，不过在这种情况下是整个自然界的例外？当然，不难看出弗洛伊德为什么在他写作的那个时间和地点感到自己和其他人在他们身处的世界里格格不入。在20世纪20年代和30年代的欧洲，对犹太人和其他许多人而言，优先考虑的是得到保护而不是得到满足；基本的人类满足感觉越来越遥远。简言之，那里会出现无助的新形式，无助的新图景和新经验，政治的、经济的，以及用弗洛伊德的术语来说，心灵的。这些经验可以导致对婴儿期的无助，对无助的可能后果的彻底重新描述。无助只会变得可怕；要找到关于无助的令人振奋的图景，或者让关于无助的解释接近查尔斯·泰勒所说的善的生存，我 128

们所“爱”或“忠诚”的对象，似乎越来越困难了，也许这从来就是很困难的事。现在没有人会说，“他是一个非常棒的无助的人”，或者“她处理那件事的方式带有某种令人印象深刻的无助感”。

不过我认为弗洛伊德在《规划》里已经开始提出有利于无助的理由，如果没有无助感就不可能有满足感。如果没有满足感，生命将是徒劳的。事实上，我们可以这样理解弗洛伊德所认为的宗教信仰的魔力，在宗教信仰中蕴含着一个长期的愿望：有朝一日我将感觉到足够的安全感，可以让我重新追求满足感。我将有能力解决无助的问题，使自己免受其影响，从而再次开始欲望的生活。不过与此同时我将不得不相信上帝。获得最终救赎的幻想，至少从心理分析的角度来看，也许意味着其背后的真实画面是我终将让自己的欲望重新开始，我相信我的欲望能够得到满足。我相信我的欲望不会导致自我毁灭，不会危及自身（我们应该记住的危及自身的经验只有在回忆时才具有毁灭自我的力量）。根据弗洛伊德在《规划》中所描绘的欲望图景（无论是色欲还是其他欲望），产生欲望，产生饥饿感，或者产生性冲动就是让自己的生命面临危险。接受关于无助的教育，假如这种教育有可能实现的话（你也许会说，我们在无助方面早已教育过头了），就是接受关于极大风险的教育。显然，结果如何在很大程度上取决于我们对无助的态度，取决于（用尽可能令人沮丧的话来说）我们该拿它怎么办。比如说，我们能否以实用主义的方法（它通常不是心理分析的方法）借助它从A到达B，而不必考虑借助它会使之成为对它的本质的一种否认？用威廉·詹姆斯的语言来说，无助有什么好处？弗洛伊德在《规划》里告诉我们，无助对于满足感有好处。他告诉我们，这就是它的好处，这就是它本来的意义所在。

将无助工具化显然是有点奇怪的；不过这也许是我们免不了要走的一步，而这本身就是有益的。弗洛伊德在我所举的那些例子里说，无助对于满足感有好处，对于让我们有魔法（即有宗教信仰）有好处；它使得我们用超自然作用者和力量为世界施魅。不过弗洛伊德还说过，无助不会停止；事实上我们变得越来越无助。因此我们也许可以说，无助只是暂时为满足所转化，而宗教信仰制造出一种它已经彻底转化的 129
幻觉（我们是无助的，但是我们的无助由于帮助，由于上帝无尽的帮助而终止）。成长理论哄骗我们，搪塞说无助是可以逐渐转化的。弗洛伊德敦促我们想象，假如我们在某个层面上、以某种方式始终是无助地活着，我们的生活将会是什么样的；而这种无助正是我们试图隐藏、遮掩或否认的东西；我们的无助没有解决的办法，我们无法阻止它逼近，也无法随着年龄增长而让它消失；在性欲、敌对情绪或依赖出现之前，无助已然是一种生活方式和一种存在方式；我们是无可救药的有欲求的动物。我们原初的、独有的和根本的无助可以被认识到、被承认，甚至在某种程度上可以被触及（事实上，客体关系理论、眷恋、关系心理分析和其他关于依赖的故事就是从这里介入的），不过在所有这些图景中，我们的无助并没有得到片刻的减轻、缓解或消除；所谓的关系只是我们应对我们那持久的、起主导作用的无助的手段之一。如果无助就是我们现在的样子，我们没有其他的存在方式，也不可能成为其他事物，那么我们是如何以及为何使它成为这样一个问题的呢？或者反过来说，我们为什么没有把它看作是，用泰勒的话说，善的生存，而不仅仅是恶的生存呢？

事实上，在某种意义上我们已经把善定义为减轻我们的无助或者使之能够忍受的东西。因此，当查尔斯·泰勒在《自我的根源》中发问："[人类]主体的什么方面使他认识到善并热爱善？"[16]答案可以是：是主体的原初的无助；我们的无助造就了善，造就了善的观念，它与我们的生存和福祉休戚相关，无论善指的是上帝、母亲、意识形态的信奉、道德信念，还是我们所说的需求的满足。这里显然包含着意味深长的宗教观点。"堕落的人类是彻底无助的，"泰勒写道，"而且凭自身什么都做不了。反复诉说人类的无助和堕落，其用意是为了凸显上帝的力量和仁慈，上帝可以成就人力无法企及的拯救，此外，他仍想解救他那不堪的造物，其想法不可用是否公正来思议。”[17]根据这个行之有效、可以一般化的描述（我们可以用母亲、父母、拯救的意识形态等来取代这里的上帝），我们的无助于是成了我们形成善的观念的先决条件；我们
130 几乎可以说，它使善的观念成为可能，甚至变得可信。要是没有原初的无助，我们永远也不可能形成这种观念。

不过这里有一个熟悉的道德举动值得一提：无助非得打上“堕落”（泰勒语）、贫乏或虚弱的印记才能使善看起来不错。这让人想到了尼采在《论道德的谱系》中提出的惊人观点，他写道，我们的“意志想要建立一个理想——‘神圣上帝’的理想——并确切而肯定地感到［我们］与那个理想不相称”。[18]假如由于我们把无助塑造成弱点和一种堕落而造成作为长处的善的种种虚假形式，例如让我们解除甚至隐藏无助状态的那种善，那该怎么办？弗洛伊德在《规划》中暗示，我们可以互相满足但无法互相拯救，我们可以把这话理解为：日积月累的满足感，甚或有丧失之虞的满足，可以使无助成为一个长处。事实上，如果你像弗洛伊德那样把满足体验，以及导致这种体验的挫折感，融入本构的人类经验之中，那么无助，即嗜欲、欲望的无助，就成了我们的根本强项。如果没有无助，就没有挫折感，也就不可能出现满足感。是否只有当我们得到帮助的时候无助才是一种善呢？

因此，假如善不是被表述为对无助的一种克服、一种补偿或者一种否定；假如，换一种说法，人们不相信善本身不含有无助（像上帝那样），那么善会是什么样的？我援引尼采的《论道德的谱系》显然是一种背景警告，因为把无助宣传为一种美德、一种原初的长处存在着风险，我们也许只是在阐述尼采以其既令人不快又令人兴奋的方式所说的“道德上的奴隶起义”，弱者对强者的专制，他所认为的腐败的和造成腐败的“从无权力者中产生的智力”。我们能否，用尼采的话来说（我觉得用在这里恰到好处），通过支持无助来“以高昂的情绪着手处理各种道

德问题”？或者，是否仅仅思考一下无助的程度就会让我们感到变弱，就好像一谈到无助就会把我们逼向绝望、感伤、客体关系或者酗酒？[19]简言之，为什么无助让我们想到慰藉而不是激励？为什么它在我们的头脑中与受折磨而不是与情绪高昂联系在一起，与孤注一掷而不是与有余地联系在一起，与施虐受虐而不是与纵情联系在一起？

“对于命中注定的生命，你可以选择憎恶它或者为它所吸引”，批评家丹尼斯·多诺霍写道。[20]我觉得我们倾向于，甚至被鼓励、被教导着憎恶我们的无助，害怕它而不是对它感兴趣。当然还有一种看法，认为 131
我们的无助不是命中注定的：我们并非生来就是无助的，我们变得无助。在生命的最初几年里，我们从没有意识到我们是无助的。我们是逐渐了解自身的无助的；它成了我们可以用来描述某些经验的词。然后，似乎我们一旦有了这个念头，无助就成了我们总是试图着手应对的现实和状态。因为我们企图消除无助，所以我们把它当作遭受到的痛苦。但是如果我们认为自己随着年龄的增长而变得越来越无助，认为无助是我们逐渐养成的（一部分原因是我们意识到了它），那又会怎么样？为此我们也许得拓宽类比的范围。毕竟我们不会认为我们通过呼吸来消除对氧气的需求，而我们倒的确认为我们通过进食来消除饥饿。我们无法满足我们不希望无助这个需求。

因此，我想提出两点建议作为结论，我希望这两点与弗洛伊德的《作家与白日梦》在精神上保持一致。弗洛伊德在这篇论文里写道：“诗歌艺术最根本的诀窍在于［艺术家］克服我们内心反感的技巧，而这种反感无疑跟单一自我与其他自我之间产生的隔阂有关。”[21]我的理解是，我们的无助，我们对自身无助的认识，有让我们感到反感的地方；每一个自我与其他自我之间产生的障碍至少在某种程度上是由于我们否认我们原初的无助（这是我们彼此之间最为独特的共同之处）而造成的，承认这种共同的无助使我们彼此之间的一切障碍显得极为不真实。我的两点建议如下：第一，任何一种心理分析，如果它重认知轻存在、重领悟轻经验、重叙事轻条理，就减弱了（即使还不至于阻止）我们对无助的真正承认。假如我们把无助看作是我们体内的一个人物，用希拉里·帕特南在另一个语境里的话来说，看作"一个打破我种种范畴的存在者"（我们甘冒这样的风险）[22]，则我们不仅在试图克服它，而且还像弗洛伊德在《规划》中暗示的那样试图维持它。我们会认为是我们的无助在维持我们，因为从终极意义上说没有其他东西能做到这一点。它将不仅仅是我们最好的东西之一，它还是我们成为现在的样子不可或缺的那个东西、那个条件。在这幅图景中，我们自身的每一个版本都是无助的，即使在我们生命的不同领域里无助有着不同的种类；我们无助
132 的方式不尽相同。

由此得出我的第二点建议，无助不知不觉地把我们导向对依赖（现在当然是依恋）的讨论。我在病房看护濒死的儿童期间，有一位母亲曾经指着她女儿对我说："我们现在就指望她了。"在经过医生救护之后，在一切现有的帮助都用上之后，我们最终不得不依赖我们自己的身体，依赖它或持续或短暂的生命力。除了我们自己偶然获得的身体之外，其他的身体都靠不上。美德可以存在于必然性之中，存在于有必然事物这个事实之中。

无助也许是祛魅的代名词。或许无助是在世界祛了魅之后我们所剩下的东西。弗洛伊德当然从来没有说过（像他的一些最拙劣的评论者所暗示的那样）我们必须在宗教和性之间做出选择；或者在宗教信仰和性满足之间做出选择（弗洛伊德对性满足不感兴趣；他只对它的可能性和欲望的维持感兴趣）。他说的是，人们可以用宗教来逃避性，这是弗洛伊德之前的许多人都以各种方式表达过的观点。不过更为有趣的是，弗洛伊德说过，韦伯所说的世界的祛魅，全心全意的世俗化，一个没有全能、全知或无懈可击的世界，是本能的满足成为可能的先决条件，也是随之而来的道德的先决条件。仿佛世界的迷魅看来似乎连考虑一下这些事情都不愿意；道德和满足的可能性只可能用一种没有上

帝(或者诸神)的语言来讨论。仿佛我们是在最近才开始有能力思考性和道德。我们的道德生命,即弗洛伊德所说的我们的性欲生命(社会性作为欲望而不是神意的安排)始于我们的无助。一切分散我们的注意力,让我们忘记我们原初的无助的东西,各种各样的魔法,都令我们无法专注于我们的存在本身。它阻止我们开始。 133

六

世俗奇迹

保罗·科斯塔

在这个世界上感到自在吗？

做一个尘世的、世间的、“世俗的”生物是什么感觉？它是福还是祸？正如休谟早在《论人性的高贵或卑劣》一文中所说的那样，争论是持久的。

在《悲剧的诞生》的一个著名段落中，尼采提到古希腊大众智慧里的悲观主义，他引用了一个传说中的答案（除了其他人以外，亚里士多德在已佚失的对话《欧德谟篇》的一个残篇中讲述了这个传说），弥达斯国王迫切地想知道“对人来说，什么是最好最妙的东西”，在他的一再催逼之下，“聪慧”的西勒尼给出了以下答案：

> 可怜的浮生啊，命运多舛的孩子啊，你为什么要逼我说出你最好**不**要听到的话呢？那最好的东西是你根本无法得到的，那就是不要降生，不要**存在**，归于**乌有**。不过，对你来说，等而次之的东西是——立刻就死。[1]

“最好不要降生”，这个对存在之不幸所下的断语在古代文学里常常出现，从荷马（《伊利亚特》第17卷第445—457行）到索福克勒斯（《俄狄浦斯在科洛诺斯》第1224—1227行）：人生是一个伪装了的死刑，是诸神对人类耍的讨厌的花招。

几百年后，同一种阴郁的智慧在一位尼采大为欣赏的意大利诗人贾科莫·莱奥帕尔迪的沉思中重新浮现，后者恶作剧般地颠覆了蒲柏的“凡是存在的，都是合理的”。莱奥帕尔迪的激烈言论出自经典的一连串斩钉截铁的句子：

> 一切都是恶。亦即，凡是存在的，都是恶的；万物之存在本身
> 就是恶；万物为了恶而存在；存在是一种恶，它为恶而安排，宇宙 134
> 的目的是恶；秩序和国家、法律、宇宙的自然进程唯恶而已，它们所指向的亦唯恶而已。[2]

可是我们该如何面对如此悲观的人生观？我们作为道德生物，该如何得体地回应这幅人类境况的图景（它让我们想起诺斯替主义之排斥世界）？

一个可能的答案是：抵制、努力、控制。我们应该注意，20世纪早期，尤其是在德国语境中，是斯多葛哲学的一个现代变体的摇篮，它是对一种沮丧情绪的反应，这种沮丧情绪来源于对现实的一种新的令人灰心丧气的想象（现代科学助长了这种想象），以及以理性和凄凉的洞察高于一切为由拒绝任何一种宽慰。这种立场的杰出代言人是西格蒙德·弗洛伊德和马克斯·韦伯，他们充当了整整一代严峻的德国知识分子的导师。这种态度在韦伯传记（由韦伯的遗孀玛丽安娜撰写）的一段话里得到了完美传达：

> 有一天，韦伯被问及他的学术研究对他意味着什么，他回答说：“我想看一看我能够忍受到何种程度。”他说这话是什么意思？

> 也许他认为他的任务是忍受存在的**二律背反**，以及，更进一步，在最大限度上摆脱幻象，但同时保持他的理想不受侵犯并保存他致力于这些理想的能力。[3]

但是，除了这些著名的相关思想（它们将早期现代对摆脱幻象的激情与对现实的几近无实体的漠不关心和感觉迟钝的僵硬态度结合在一起）之外就真的别无出路了吗？现代“缓冲”的自我（借用查尔斯·泰勒的精当措辞[4]）在何种程度上只是相对于一个客体化的世界而**立**（Gegen-stand），而从不在它**之中**或对它**开放**？除了在沮丧和忍受之间犹豫不决之外，唯一的出路是否真的是一种自欺，亦即放弃成熟的智识和情感以便重新落入无稽之谈和谎言的世界里？

在西方文化史上，存在的世俗层面常常被描述为一个能赋予能力的“在场和显现的空间”（借用阿伦特的现象学术语）[5]而不是一片荒原，尽管这是少数人的看法。在古典世界里，这种积极的姿态的神话表达是奥德修斯拒绝迎娶卡鲁普索，这位女神提出用他的爱来换取永恒
135 的生命。根据玛莎·纳斯鲍姆的解释，奥德修斯拒绝她的提议是因为“卡鲁普索提供的那种生活不成样子”。最终，

> 他选择的是全套的人类装备：必朽的生命，危险的航行，不完美的、必朽的、变老的女人。他选择的就是他自己本有的东西：他的个人历史，人类生命的形式，以及占据这个形式的杰出、爱和成就的可能性。[6]

然而事实上，当我们竭力评定一个纯粹“世俗”的、内在的人生观时，我们并没有局限于对泰勒那有着有趣名称的“佩姬·李问题”（“那就是一切吗？”）做出肯定回答。[7]相反，我们表述或选择一幅有关我们与世界或与存在之全体的关系的特定图景。在这图景之中，形象的总数是

大的，但并非无限。因此我们必须澄清这种联系是什么样的：我们是否与周围的世界“处于平衡状态”；是否与之“协调”；在其中“生根”；与之“和解”；还是相反，被世界“压弯了腰”或弄得“不堪重负”；“厌烦”了它或感到“恶心”；对它“无动于衷”，被它“吓坏”、被“抛入”其中或被“禁锢”于其中。不过最意味深长的形象恐怕要数在亲昵和无家可归这两极之间摇摆不定：我在这个世界上感到“自在”吗？

在最近两百年内，对这个问题的回答通常都诉诸疏离感和客观性，亦即对“现实”整体的毫无争议的“科学”呈现。如此一来，世界似乎通过“物质的事实”充当起证明乐观主义更好或悲观主义更好的理由。与此相反，我在这篇文章里想要说明的是，为了对我们对世界的基本态度以及赞成或反对这些态度的理由（如果我们还有任何理由的话）做出有说服力的论证，我们不必坚持不偏不倚的态度；相反，我们需要考虑初始的、似乎尚不存在客体的情感，那种在德语里被称为Stimmungen的情感。换言之，我们需要一种基本的存在情绪的认识论。[8]

虽然有很多种态度，但是我打算特别加以探究的是对世界的一种基本态度，即毫不勉强地对事物和事件感到惊奇或惊异，我的假设是，在这个世界上感到自在的一个先决条件必须从这个世界找。

但是这种感到惊奇的倾向依赖于什么？它是有着某种正当理由，还是非理性活力的副作用，即那种尼采／查拉图斯特拉式的“肯定回答”（Ja sagen）的副产品，假如不单纯是自我欺骗的话？换言之：我们会因为正确的理由被“施魅”吗？感到惊奇的倾向或意愿、放心地将自己 136
置于世界的富有感情的力量及其过盛的意义之中，是否与自信的人生态度有着某种特殊联系？“世俗施魅”观念的终极意义是否就在于此？

感觉整体

“感觉（或知觉）世界”、“感觉整体”、“全面感觉”：我们不清楚这类表述是否有任何意义，或者它们仅仅只是“感觉 / 知觉”的冗赘的同义词，结果把事情变得更加复杂而不是更加简单。

总的来说，与事物整体的情感联系这个观念往往在两个不同但并非没有联系的经验领域发生：宗教和艺术。说得明确一些，关于这类极限体验（limit-experience）的讨论在浪漫主义美学和神秘主义文学中很常见。为了看清这一点，我们只需要想一想弗洛伊德在《文明及其缺憾》的第一章里讨论的“海洋般浩渺的感觉”。他首先总结了罗曼·罗兰在出版此书的前几年所写的一封私人信件里概述的一些想法：

> 宗教情感的真正根源［根据罗兰］存在于一种独特的感觉中，他本人一直具有这种感觉，他发现其他许多人也如此。于是，他就认为上百万的人也如此。他把它称为对“永恒”的感觉，这种感觉是无边无际的，就如同“海洋般浩渺”。这种感觉……完全是主观的事实，不是信条；它不能使人长命百岁，却是宗教力量的源泉，各个宗教派别和宗教体系都利用它，把它引入特定的渠道，然后毫无疑问地将它消耗殆尽。他认为，只要具有这种海洋般浩渺的感觉，就可以说是信教的，即使他反对一切信仰和一切幻想。[9]

不用说，弗洛伊德对这种“牢固结合的感觉，与外部世界联结为一体的感觉”[10]的实质，尤其是对它对外部世界的实际“控制力”，感到极度怀疑。罗兰本人也非常愿意承认它的“主观性”，不过弗洛伊德急切地在这种主观性周围添加了一个认识论框架，它具有鲜明的“内外之别”特征。[11]根据这种观点，“通常，我们没有比对我们自己或我们的自我更确
137 定的感觉了”，而“对于外部世界，自我似乎总是保持着泾渭分明的界限”。[12]反之，在“海洋般浩渺”或“整体”的感觉中，一切仿佛都在前景里，背景里什么都没有；一切界限在空中消融，包括将自我与外部世界分开的非物质边界，我们完全暴露在无限和过量的经验之中。（这显

然与美学上的崇高体验有相近之处:“头脑完全被它的对象充满,以至于无法再考虑任何其他对象。”)[13]在弗洛伊德看来,这就是为什么这类“奇怪”的感觉需要“心理分析的,亦即发生学的解释”。[14]但是,真是这样吗?

从哲学的角度来说,这类感觉引人注目的地方在于它们似乎拥有一种意向性,但它的内容是不确定的:那就是事物的整体性。因此,它们一方面把注意力引到“感觉”这一事实本身,另一方面让我们意识到我们存在的基本意义,例如当我们提出诸如有关自然或生命本身的价值或无价值等“合乎语法的”复杂哲学问题时。并不存在没有意义的问题(毕竟,我们可以轻松地理解它们),但是针对这些问题的回答不可能是一个脱离实体的“论点”;相反,它们多少都包含一些模糊的情感。

这样看待问题似乎有些前后不一致。乍一看,海洋般浩渺的感觉貌似一种极限体验,一个非同寻常的事件。但是在哲学的更深层次上,这类事件,尽管它们将我们推到了生命经验的边缘,似乎一点都不特别:相反,它们是微不足道的而不是普通的。事实上,我们有一个词用来暗示这些“包揽一切的”或具有意向性的不确定感觉:情绪。我所说的“情绪”指的是一种基本的情感调和,一种Stimmung,一种以这种或那种方式为我们周围的世界所影响的基本倾向。当然,我此处所说的是人类存在方式的接受的一面,也就是以下这个非常普通的事实,即对我们而言,事物总是这样或那样地关系重大,我们免不了要受到事物的影响,就好像我们陷在一个充满意义的气泡里,或者换一种更好的表述,沉浸在一个意义和重要性的氛围之中,我们并没有从零开始创造这种氛围,而是为它所吞并。这个氛围的隐喻应该不仅会让人想到一个球形容器的形象,还让人想到一个生命体必须适应的呼吸和光线折射的节奏。

不过“接受性”并不意味着被动性。运用一点反讽、感受性或敏感
性,我们可以把它描述成一种“边界”现象,这种现象跨越主动性和被 138

动性的分界线。因为几乎无法否认的是，虽然感觉有着种种显现，但是它们是一种探索形式，一种确定自己方位的方式，一种在内部环境和外部环境中通过挑选多少有点用处但无论如何都有重要意义的信息（用J. J. 吉布森的术语来说就是“能供性”）以便采取可能的行动来找到自己的方向的方式。另一方面，以下情况也同样是真实的：许多感觉的一个共同特点是，它们是通过感受器发生的，事实上，这些感受器通过将自己暴露在世界及其变易的影响或者（用另外一个陈腐的比喻）猛攻之下，而让自己对世界及其变易保持开放的状态；就此而言，感觉活动是情感性的一种形式。但是，拥有一些“易怒的感受器”这个简单事实并没有使我们成为物质那“令人愤怒的”力量的惰性宝库。毕竟，有情众生也是能动的有机体和（总的来说）作用者，这并不是巧合。感官经验的双重倾向，扩张和保持，可以借助一个意料之中的形象来描述：它是经过一系列巧妙的折射而照到现实上的一束光线。因此，为了理解在一个感官经验里发生了什么，从哲学的角度来说，我们没有必要假定一个内在的、独立的光源（绝对的“自发性”）的存在，反之，也没有必要把整个推动力归因于外部现实的因果力量。[15]

按照这种看法，感觉或知觉本质上就相当于透露，而敏感性似乎是拥有一个世界（Welt）或者至少是一个相对稳定的生命世界或环境（Umwelt或Lebenswelt）的必要条件，这个世界不仅仅在我们面前，它围绕着我们，弥漫着对我们的生命来说极为重要的意义。

根据这些假定可以合理地断言，拥有一个世界的体验，其根源并非存在于与一个明确对象的面对面的集中关系之中，而是存在于一个充满意义的气泡的浮现之中，意义气泡对有情众生所扮演的角色与大气层对地球所扮演的角色是一样的：也就是说，它创造了特殊的生命条件，内部与外部在这里被区分开来，这对存在起着关键性作用。伴随这种对世界的透露（world-disclosure）而来的还有一个中间立场，即有生命的肉体（the lived body），它使得“感觉”的经验（很好、糟糕、愤怒、平静、兴奋等）成为可能。我们很好，我们感觉很好；我们平静，我们感到平静；我们兴奋，我们感到兴奋。所有这些熟悉的表达也可以转变为更加深奥的形式，例如："我拥有（或者我发现自己处于）一个祥和的世界"；"我拥有（或者我发现自己处于）一个令人兴奋的世界"。[16]易感性（affectedness）、情境性（situatedness），或者现身情态（Befindlichkeit，用海德格尔的原始术语）不仅给我们居住的世界"上色"，在很强的意义 139
上它**就是**我们居住的世界。它并不是我们面前的可以为我们所操纵或处置的东西，它在我们周围：我们沉浸在情绪中，正如我们暴露在天气之中，与天气"协调一致"。[17]

至此，我只不过是转述了海德格尔在《存在与时间》的第29节里对这个主题的著名讨论。[18]然而，即使是如此粗略笼统的概述也有助于勾勒出悬而未决的问题，我们可以沿着以下思路对这个问题进行概括：一些难以捉摸的情感状态（它们的本质乍一看是相当神秘的），为我们与世界的日常交流打下了基础。情绪与具体的对象或意向性指涉没有关联，它可以被看作是一个彻底的主观性现象，因此经过最后分析，它不受动机的影响，如果"动机"指的是有着是非（在某些情况下甚至有善恶）倾向的标准化联结。但是假如情况是这样的话，就无法对情绪的世界关联性进行有价值的讨论。关于存在的情感调适（existential affective attunement）将只是有机体的化学—物理状态在意识方面的呈现，它是由内部因素产生的；它将不再是感觉世界的方式，而只是一个空洞的自我感觉，一个神秘的附带现象，没有任何认识论的关联性：我们的存在方式或进化方式的偶然的副作用。

但是如果我们想要继续忠实于海德格尔的洞见，就必须抛弃这种推理方式，它捏造出一种本体论图景，在其中，一切似乎都依赖于跨越界限或阈限，从内部世界走向外部世界（或者相反），构想解决（主要是想象出来的）二元论的办法，诸如此类。与此相反，我们必须认识到，对一个生命体而言，情绪（即原初的易感性）是拥有世界的先决条件。它们是现实的基本等级(经验主义的“无情的事实”在现象学上的相似物)。换一种说法，一个纯粹客观的、彻底麻醉的现实只不过是现代认识论上的“所与的神话”的另一个化身，一个充分去现实化的、一瞬即逝的、失重的化身。因为现实的重力，即它的“耐抗性”，主要通过身体警觉的唤起和一个定向的意义域的同时出现，而不是通过对世界的一个超然的观点，来显露自身。

回到开头，我们可以提出，从某种意义上说，情绪也是“**海洋般浩渺的**感觉”，因为它们在一定程度上是溢于言表的，它们对现实的“控制力”总是初步的、模糊的和全局性的。(我们也可以把它们归为**普通**
140 **的**海洋般浩渺的感觉。)从这个意义上说，它们也是“狂喜”的感觉，因为它们超越了主体和客体之间的区别(和对峙)，或者深入其根源。因此，考虑到它们是摆正事物的位置以及把事物作为意义和关联性的载体加以体验的主要方式，它们绝不是自我封闭的心理状态，而是作为感情的起点发生作用，它们是透露的根源。但是那种关联性是神秘的。事实上，情绪是以非特有的“信号”或“向导”的形式运作的，[19]因为它们“以直接的方式”指示，而没有将审问的框架和终点固定下来，[20]因此它们唤醒和吸引我们的注意力，让我们得以给它调整焦距，给感官定向，时而给予它们能量(时而剥夺它们的能量)。这就是为什么情绪也可以被描述为没有对象的情绪，因为它们指向一个不确定的方向，而且它们对反应(respondent)而言是以开放的信号的形式运作的。结果，它们协助推动了反射和“感情升级”(affective escalation)的过程，如果没有这个过程，任何对世界的探索性态度都将成为不可能。事实上，它们必须被理解为思想情感表达的条件，因为它们是所有框架的框架：总体框架。

尤其是，它们为作为前景的具体情感提供了背景。或者用另一种比喻，情绪就像情感的光晕，这就解释了，比如说，为什么我们会遇到同一种感情现象的两个不同的伪装：作为情绪和作为情感。这常常伴随着恐惧、喜悦、惊奇、悲伤、厌倦出现。我们可能对某事物感到恐惧,也可能只是单纯感到恐惧,其间的区别就相当于努力思考和让你的头脑思绪联翩之间的区别,或者到某个地方去和四处闲逛之间的区别。

理解这个简单的事实应该可以促进对情感、激情、知觉、感觉的世界采取(在分类学的意义上)更加放松的态度。在不同的感情现象之间,从精确的、类似反射的反应到具有提供框架的力量的情绪,事实上存在着一个连续统一体。正是由于这个连续统一体的存在才使得感情升级成为我们日常经验中的一个普遍特征。我们可以先被雷声吓一跳而最终陷入惊愕的情绪。我们也可以先有一种恐惧的情绪而最终被周围环境中的任何声音吓一跳。当然,这里并没有任何神秘的成分:只不过是我们的生命世界的本质使得客体和世界之间持久的辩证关系不仅成为可能也成为平常之事。正如斯坦利·卡维尔曾经说过的,“感官经验与客体的关系就如同情绪与世界的关系”。[21] 141

综上所述,尽管情绪(包括其所有变体)无法被阐释为对于世界整体(被理解为一个明确的对象)的互相竞争的判断,但是每一种情绪都有助于通过让我们与之协调以及使之与我们的感受性产生共振来揭露世界诸多面目中的一个。它们不断变化的本质是有关这个世界的基本知识的一个关键根源,尤其是关于它那“惊人的多样性”。[22]我们只是通过把情绪当回事以及(在情绪的协助下)一窥普通生活的可塑性和模糊性(Doppelbödigkeit)[23],就了解了关于这个世界万花筒的许多情况。事实上,情绪的动力作用为消除令事物失去光泽的凝视的遮盖以及为构造一个多维的世界图景(关注着它的一切情感激变)提供了一个极佳的基础。这是一个值得研究和探索的领域。

关于惊奇的现象学简述

在世界的错综复杂和密度中(情绪的交替出现让我们习惯于这样

的世界），有一片空间是自然而然为惊奇（亦即一种看待事物的态度，它有意向性但并不占为己有，弗朗西斯·培根以非凡的语言直觉将这种态度定义为“破碎的知识”，[24]一种为纯粹在场的经验留出空间的悬而未决的姿态）留出来的。

尽管很容易就能辨认出惊奇（由于它的世界开放性和世界相关性）是一种极为重要的情绪，但是它还不是不证自明的经验。因此我们该如何理解它呢？“惊奇”的各种定义全都围绕着一组相关的观念。例如，根据约翰·奥奈恩斯，“感觉‘惊奇’就是承认一个不同寻常的感官经验的冲击”。[25]类似地，凯利·巴尔克利把惊奇称为“与某种新奇、出乎意料的东西，某种令人感到极其真实、正确和（或）美丽的东西相遇而激起的感觉”。[26]这两种表述都让我们想起笛卡尔的那个有影响力的定义：“惊奇是灵魂的一种突然的惊讶，它使灵魂处于一种专心地思考一些似乎对它来说罕见和特别的事物的状态中。”[27]

因此，惊奇就是感到由感官（或者是想象力、记忆）与我们世界里的某种新的、无法预测的东西的相遇（或者是失败了的但仍在期待的相遇）而造成的身心震颤。通过引起一种增益生命的身体和心智的激
142 发，惊奇有助于吸引主体的注意力并使之聚焦。因此，在产生惊奇感时，一个人经历了一系列相互关联的事件：（甲）一个引人注目的经验；（乙）一个身体和心理的反应；（丙）一种增强力量的形式，它可以导致新的行动或者看待事物的新视角。因此，惊奇的态度有一个关键的特征，那就是“关注的特质”。[28]惊奇发生时，世界占据和完全吸引了个人的注意力，以至于世界在某种程度上被吸进并“嵌入”个人的注意力。这一切发生时伴随着敬畏或恐惧的一声叹息，至于是敬畏还是恐惧，这要取决于这个惊奇的根源是让人觉得会赋予生命以力量还是会对它构成威胁。从这个意义上说，惊奇总是具有“悬而未决”或者（借用大阿尔伯图斯那充满诗意的意象）“心脏的收缩”的特征。[29]它是一种开放的、指向外部的、透露的和（用罗纳德·赫伯恩的话说）“承认他者”的感

觉。[30]此外，惊奇的经验似乎与新颖性（人类所具备的**开始**的能力）和随之而来的不确定性有着非同寻常的联系，这一事实驱使笛卡尔把惊奇（l'admiration）说成是“所有的激情当中最基本的一种”：

> 当我们与某个事物第一次突然邂逅的时候，我们判断它是一种新的东西，或者是与我们之前认识的东西非常不同，抑或是与我们所设想的它应该是的样子完全相异，由此，这个事物就使我们感到惊奇、惊愕。而且由于在该事物到来之前，我们根本不知道它对我们是合适还是不合适，于是，惊奇似乎就是所有的激情当中最基本的一种了。并且，对于惊奇这种激情来说，根本不存在与之相对立的某种激情，原因在于，如果一个呈现出来的事物在它身上根本没有任何可令我们感到惊讶的因素的话，我们就完全不会被它打动，也不会带着什么激情去认识它。[31]

我们当然是在讨论惊奇，不过我们本来也可以用另外一个词：惊讶、诧异、吃惊、敬畏、神志不清、入迷、好奇，甚至“惊吓”（我一直在寻找一个能够表达“受惊吓的状态”这个概念的英语单词，因为“惊吓”一词强烈地传达出这种经验所具有的几乎是身体的冲击，但是我一直没找到这样的英文词）。事实上，任何试图把包含这类边缘概念的变动不居的语义场毫不含糊地固定下来的努力注定是要失败的。真实情况是，它们都属于一系列动态的概念组合，它们时常互相交换位置，从而改变它们的语义光晕。因此，根据占支配地位的语义力场的不同，好奇可以被视为一种清醒的激情，而惊奇被视为一种短暂的激情，或者反之亦然；敬畏可以排在第一位，好奇排在最后一位，或者反之亦然；惊讶可以显得庸俗，惊奇显得有格调，或者反之亦然，如此等等。[32]因为问题不在于 143
惊奇（或者好奇、敬畏）本身，而在于我们在对世界的引力积极做出回应并完全投入其中时我们对世界的态度的本质和意义。

从现象学角度看，惊奇的经验可以分为几种不同的、范围逐渐扩大的情感反应的层次或类型。首先是惊吓反应。其次是查尔斯·达尔文在《人与动物的情感表达》(第十二章)里详细讨论的说不出话的惊讶或目瞪口呆的诧异。再次是有目的性的好奇和探索行为的各种形式。最后一类是严格意义上的惊奇态度，它可以通过敬畏顺利地过渡到非占有性质的爱、疑惑、困惑或者纯粹的恐惧。

让我们从惊吓反应开始说起。我接受杰内弗·鲁滨逊具有说服力的分析，[33]我认为不应该把惊吓反应理解为纯粹的、"盲目"的反射(例如众所周知的膝反射)，而是应该把它理解为一种有方向的、富含意义的、针对我们的有意向性的环境的基本反应。就其本身而论，它可以被放置在光谱的原初端，与它相对的那一端是惊奇的情绪。[34]两者的相似之处显而易见。两种感觉都提醒我们注意或者让我们适应某种情况，前者以自动、精确和恒定的方式，后者以整体的、表述更加清晰的方式。根据鲁滨逊，"惊吓""是有机体把注意力集中到一个突然的响声上并将它记作一个重要信息的方式：反应'告诉'有机体，这个事件是一个重大事件，具有潜在的危险，需要进一步调查研究"。[35]因此我们可以把它想象为身体对引导和表述(虽然是以非语言的方式)一个动物的活动范围的重要意义的记录，它与其他的情感反应的运作方式没有区别，因为

> 情感反应[是]一种将我们的注意力集中到觉察到的(记忆中的、想象中的)环境中的某样东西上(使之更加显著)并将这种东西记录为对该有机体的目标(需求、动机)具有重大意义的反应；这种反应典型地存在于运动和自主神经系统的变化之中，包括面部肌肉组织的变化，这些变化可以是有动机的一系列活动(例如打斗或逃走)的一部分，或者它们的主要功能是有机体对自己或他者传达自身的状态。在人类(或许还有其他物种)中，反应有时是以可辨认的"感觉"的形式加以主观体验的。[36]

尽管我无法认同鲁滨逊的本质上偏向二元论和还原论的观点，但是值得注意的是，人类的身体（以及几种其他动物的身体）会自动起到类似 144
预警雷达或传感器的作用，它能够探测环境中令人惊异的方面和特征。这似乎证实了以下看法，即作为生物，惊奇的态度（从身体的角度和进化的角度）深深地"根植"于我们体内。我们有时会情不自禁地被世界上出乎意料、无法预见的事情吓一跳，这一事实为表述更清晰和更复杂的惊奇反应打下了基础。这可能就是为什么查尔斯·达尔文特地在他未发表的一本笔记里写道，他"不禁认为马**羡慕**宽广的视野"。[37]事实上，似乎恰恰是它们的注意力所具有的变化的**特质**在为这种令人困惑（至少乍一看如此）的假设做证明。如果一个动物可以被一个出人意料的事件"惊吓"到，它需要花多久才能惊异地对一个感官刺激做出反应？

但是惊吓反应只是最广义的惊奇态度的一个方面，而且是最少得到表述的一个方面。与"惊吓"类似但比它略微复杂一点的是达尔文在《人与动物的情感表达》（第十二章）中描述为注意力突增的那种吃惊反应：

> 关注（如果是突然而密切的话）逐渐变为吃惊，然后吃惊逐渐变为目瞪口呆的诧异。后一种精神状态与恐惧极为相似。眉毛略微扬起表明此刻正在关注；随着这种状态增进为吃惊，眉毛扬起的程度大大增加，而且眼睛和嘴张得很大……随着吃惊被某种出乎意料或未知的东西所激发，我们自然希望当受到惊吓时尽快察觉其原因；结果我们眼睛圆睁，以便让视野变得更加开阔，让眼球可以轻松地向任意一个方向转动。[38]

如果我们可以把"惊吓"和惊异之间的差别描述为一种不同的"偏颇的风格"，[39]即在世界开放性方面的一种具体化的发展（惊吓更加具有防御性，目瞪口呆的诧异更喜欢追根究底），那么在等级表的下一个位置就可以放上好奇，因为好奇具有无目的和贪婪的本性。好奇传统上被认为是一种可疑的精神状态，它在善与恶之间摇摆不定。[40]奥古斯丁在《忏悔录》里将它出色地描述为“色欲的变体”，“类似于身体的不能自制”，它是由傲慢引起的。[41]几个世纪之后，马丁·海德格尔复兴了这个传统主题，将它置于他对真实的和不真实的存在方式所做的具有争议的区分这一背景之下，他写道：好奇“寻求新颖，只是为了从这个新颖
145 再一次跃向另一个新颖……任由自身为这个世界所摆布……好奇从不逗留，它只关心不断分心的可能性。好奇与观察实体和对实体感到惊讶无关”。[42]但是，由于真实与不真实的区分众所周知是不可靠的，也许更有效的做法是把规范性判断放在一边，而强调无端的好奇在一般动物生活中所起到的关键作用。

几个世纪以来，好奇一直被描述为一种不重要的、不严肃的、冒失的、不安定的心理状态，以及一种往往不加区别的探险行为的根源（在伯克看来，好奇仍旧是“我们在人类心理中发现的第一个和最简单的情感”和“所有感情中最肤浅的一种”），[43]它在早期现代时期经历了一个典型的（尽管有争议的）重新评价，首先是霍布斯在《利维坦》（第六章）里认为好奇是最能区分人与野兽的品质，而且它是快乐的无尽源泉。传统上认为好奇的主要过错是反复无常、前后矛盾和旋涡般的活力。正如奥古斯丁所说，好奇是一种“目欲”，它总是容易分心，而且具有“不逗留于任何一处”的糟糕倾向。[44]（当代的精神病医生很可能把它诊断为一种注意力缺陷障碍！）有趣的是，正如洛兰·达斯顿和凯瑟琳·帕克在他们那具有开拓性的《惊奇与自然秩序》一书中一针见血地指出的，在一个现代人看来，这种贪婪的、强迫性的感官欲望必然显得更接近贪欲而非色欲，因为“与旨在寻求满足的色欲不同，贪欲旨在使欲望永远存在，它从一个对象跳跃到另一个对象，在任何一个对象上都不怎么停留而享受之”。[45]从这个角度来看，人类的好奇似乎以一种

特殊的方式屈服于世界的吸引力：它渴求整体性，但是由于它容纳不下超越时间的当下（nunc stans）的丰足，便固守着一个动态而相续的情势。因此，好奇以其独特的方式体现了一种渴望整体性的激情，不过仅限于它在作为一种纯粹的自然倾向、一种难以抑制的欲望或者“一种高度提纯的消费主义”的情况下。[46]

因此，相信古人的鄙视态度（好奇是“一切罪的缘起”）与现代人的赞赏态度（“持续而不知疲倦地产生知识”——再次引用霍布斯）之间的简单对比距离讲述真实的故事还有很大的差距。无所事事的好奇，正如谚语所说，很可能会杀死猫，不过在理论的装扮下，它也为科学革命铺平了道路。[47]好奇有着一张典型的罗马门神雅努斯的脸，当年轻的达尔文在智利圣佩德罗岛上饶有兴致地思索谚语中那只猫的狡猾化身的“科学”本质时，他脑海中浮现的也许就是类似雅努斯的形象： 146

> 傍晚，我们抵达圣佩德罗岛，让比格尔号停泊在那里。为了绕过这个尖岬，两名军官带上经纬仪上岸测定周围各处的方位角。一只狐狸（Canis fulvipes，据说是这座岛上特有的，非常稀少，是一个新种）正蹲在岩石上。它聚精会神地瞧着工作中的军官，我便趁机偷偷绕到它身后，用地质锤重击它的脑袋。这只狐狸比它同类的大多数狐狸**更有好奇心或更有科学精神**，但是缺乏智慧。现在它已成了标本，陈列在英国动物学会的博物馆里。[48]

好奇与惊奇的主要区别就在于，后者有着更加安静和更加沉思默想的态度。惊奇以一种极其强烈的方式带有感情地意识到我们周围的事物。从这种意义上说，它导致一种强大的在场感：客体的在场（以及它的意义范围）与主体对其自身的在场（作为一种自我统一而不是自我意识的形式），它们由于一种非消散性的时间，即膨胀的现在的突然出现而成为可能。其结果是主动与被动的结合，它不仅反映了以下似非而是的事实，即用加图的话说（阿伦特喜欢引用这句话），“我们什么也不做的时候比任何时候都要活跃”（numquam se plus agere quam nihil cum ageret），而且它取决于以下事实，即世界可以说是惊奇回应的动机（或诱因）而不是直接原因。换言之，惊奇发生时，主体全神贯注于现实，然而并不是它的人质或傀儡。从这种意义上说，惊奇反应总是包含一种赞成，一种“应声”，惊奇反应没有任何实用性，但是它在主体心中培养了一种模糊的喜悦感，对活着这个事实感到高兴，此外还培养了一种表露出来的没有对象的感激之情。惊奇是对世界的诱惑做出的全面反应，世界的诱惑助长了尊敬、怜悯、和善、谦卑、大度。杰夫·马尔帕的话非常精当：“惊奇感是一种我们业已把自己**交给**世界和世界上的事物的体验。”[49]

前面提到的主动和被动的结合也是惊奇感另一个有趣方面的结果：它的递归性。一方面，惊奇反应总是源自并聚焦于一个具体的对象；另一方面，它迅速地引发变化无尽的共振。事实上，我们惊异地对暗示着世界的意义过盛的相似和差异的整个关系网做出反应。可以说
147 这就是背景的或共振的惊奇，它以围绕在任何一个具体的惊异来源周围的不断扩张的光晕的形式发生作用。[50]这就是前面讨论情绪时提及的一种“海洋般浩渺的”感觉。

正如前文所暗示的，这种全面感知必须被视为一种非常普通的经验，因为它通常是由某种极为平常的东西引起的。切斯瓦夫·米沃什在他的一本最为个人化的书里开头部分精彩地表达了这个观点：

> 我在这里。这三个词包含了要说的一切——你从这三个词开始，又回到这三个词。这里指的是在这个世界上，在这块大陆上，在这个城市里，而不是别处，以及在这个我称之为属于我的纪元、世纪和年份里。我没有被给予其他的地点和时间，我碰了碰书桌，以防我感到我自己的肉体是转瞬即逝的。这一切都是非常基本

的，不过，生命科学毕竟有赖于基本真理的逐渐发现。

我写过各种不同的主题，但是在大多数情况下并没有如我所愿。这一回我也不会意识到我长久以来的意图。不过我始终知道，我想要的东西是无法达到的。我需要能够用一句话把我对“在这里”的所有惊奇感充分传达出来的能力，这样的一句话是写不出来的，因为它必须同时传达我皮肤的气味和质地，存储在我记忆中的所有内容，以及现在我赞成和反对的一切。[51]

当然，当我们惊异于“在这里”这个简单事实时，我们所回应的是接近于无限的联想的全部范围。我们也可以说，在这些经验中我们面对的是现实对思想的一种特殊的抵制，它迫使我们运用一种新的和令人不安的关注力的节省。科拉·戴蒙德在最近的一篇文章里把这种与哲学话语界限的冲突称为“现实的困难”。[52]这种经验最令人不安的一点是寻常与不寻常的同时发生。有的人会被其他动物的存在和灭亡这个简单事实（“与我们如此相似而又如此不同的生命，它们能够令人吃惊地成为我们的伴侣，而同时疏远得莫测高深”）[53]或者被我们普通生活中生与死的同时存在震惊得目瞪口呆，而对其他人来说，这些事物不会让他们有丝毫的触动。谁对谁错？我们生命中的寻常与不寻常的界限该如何划分？惊奇感是我们应付这种令人痛苦的局势的主要方式。我们屈从于惊奇的时候停止活动，让自己暂时被世界的复杂性所占据。这种投降是一种支离破碎的知识的来源：对现实的拙劣拼凑的理解，它仍 148
然尊重现实的相互矛盾的丰富性，虽然我们如果想要“把不能思考的东西凑到一块儿”的话可能会发疯。[54]

关键是不能忽视不稳定性和惊奇反应整体所具有的破坏稳定的效果。惊吓反应当然是身体上破坏稳定的经验（这其实就是它的主要生物学功能）。目瞪口呆的诧异也是如此，眼睛和嘴大张，吸气深而满，两手高举，等等。好奇的令人不安是黑格尔的“坏的无限”那种意义上的令人不安：它造成了从一个事物转向另一个事物的无止境的过程，就像一条没有终点的直线。惊奇是一种不稳定的情感，因为它总是处于向其他基本情绪，例如喜悦（陶醉或安详）、焦虑（无对象的恐惧）、忧郁和厌倦（冷淡）转化的边缘。[55]事实上，现实的意义过盛（它可能会引起惊叹或惊讶），也很容易导致一种欣快感、心神不安（虽然不是单纯的恐惧）、平静的悲伤或恶心。[56]惊奇无法持久，这一点应该透露出人类境况的某些实情。那么，是什么实情呢？

喜剧性的施魅

通常，当我们想到世界的祛魅或返魅时，我们脑海中浮现的是全局性的形象，仿佛韦伯的“时代诊断”（Zeitdiagnose）要么全都包括在内要么什么都不是：非魔法即科学，非信仰即无信仰，非诗歌即散文，非勇气即胆怯，非“智识的牺牲”即“智识的完整”。然而，毋庸置疑，我们的生命要丰富得多，无法用对现实如此狭隘的认识来涵盖。

韦伯的历史诊断当然含有某种合理的成分（尽管我们仍不清楚其正确解释为何），不过现在我们也可以明显看到，即使是在高度理性化的现代社会里，施魅也以种种形式在种种场合下幸存（有时甚至蓬勃发展）于意义的有限领域中（借用阿尔弗雷德·舒茨那令人难忘的短语）。[57]在接下来的结论中，我不打算讨论现代施魅最为明显的候选人，即艺术与技术，我只想详细论述一番一种非常普通和普遍的惊奇经验：幽默。[58]

即使抛开作为心理倾向（或者精神状态）的幽默和作为觉察事物中的滑稽或有趣成分之能力的幽默之间的重大语义联系，我们也应该很容易看出机智幽默的“心情多变”的特质（被理解为对待现实的一种独
149 特态度）以及它与惊奇的密切联系。毕竟，每个人都知道兴高采烈的情绪是什么样的感觉，也知道它如何改变我们对现实的看法。幽默感揭

示了一个隐蔽的世界；它寻求的是显相世界以外的东西，于是便短暂地改变了我们对事物的寻常感知。笑是回应世界的一种特殊方式，是把世界视**为**某种新的、不同于我们日常生活的东西的特殊方式：滑稽、古怪、不协调。[59]某种有可能“将自己的身体抽离开来”甚或使我们和缓地向自己的身体内部垮塌的东西（借用赫尔穆特·普勒斯纳最常用的意象）。

这种不协调的效果实际上是画面重叠的产物，或者用阿瑟·凯斯特勒的话说就是“双重情境”，亦即“将两个（或多个）此前并无联系的现实情况联系在一起”。[60]不协调产生了双重视角，带有偏爱的超然或饶有兴趣的沉思，它导致围绕着我们自身的存在这个中心的摇摆不定，于是导致眩晕的感觉。根据康德，

> 笑是一种从紧张的期待突然转化为虚无的激情……当幻象消失为虚无的时候，心灵就再度回顾，以便把这幻象再次品味一番，这样，心灵就由于快速接踵而至的紧张和松弛而跳来跳去和震荡不安……那么，我们就相当能够理解，何以那样把心灵时而置于这一立场、时而置于另一立场以观察其对象，会有我们内脏的弹性部分的一种传达到横膈膜的交替紧张和松弛与之相对应了。[61]

康德对笑的有趣而令人愉快的解释很好地捕捉到了喜剧性净化的特殊本质以及它与“现实的困难”的相似之处。受某个快速转动的、双向稳定（bi-stable）的形象影响而引起的笑的身体反应，是应对我们多维度的世界经验的最有效方法之一。它是一种试图突破我们有限的动物境况的（情感的和认知的）局限进行思考的努力，不过它导致“无物”（指实在而言）甚或一种“支离破碎的知识”，一种二次理解，它相当于在自反性方面的纯收益。因为根据喜剧性洞察力，改变的不是一个单个的心理表象，而是我们整个的认知背景，我们对于世界的态度，甚或与世

界的协调一致。我们还可以顺便提一提一种现实的普通变形，现实还是原来的样子，虽然看起来不同并且在某种意义上显得更加神秘。大笑一场之后，我们感觉活在世界上更加自在而不一定非要顺从于这个
150 世界。[62]事实上，喜剧性净化并不能解决我们的任何一个存在谜团，但是它帮助我们安于我们不自然、前中心（ex-centrical）的本性，尽管我们的幽默感只为我们提供了模棱两可的答案，并且让我们感到不确定和脆弱。

当然，一个只有缓冲的自我（即具有稳定、坚固和不能渗透的身份的个人）栖居的世界基本上是一个去除了幽默和惊奇的世界。然而事实是，就连我们这个祛了魅的现代世界也仍然是一个充满了幽默和惊奇的世界，这主要是由其断裂的（而且往往是不协调的）视域造成的。正如彼得·贝格尔指出的："现代性使得世界变得**多元化**。它将价值观和世界观不同的人聚集在一处；它削弱了习焉不察的传统；它加快了一切变化的进程。这导致了不一致的多样性——处于喜剧性经验核心地位的正是对不一致的觉察。"[63]

简而言之，我们可以在两种不同的意义上把喜剧性施魅理解为惊奇的一种"世俗"和粗鲁的奇怪变体（敬畏的对立面）。首先，因为它体现了沉思性超然的一种普通的、"低级的"、身体的、不纯的、感官的、关切的、不受约束的和多变的形式：一种赋予力量的"倒转的崇高"——借用让·保罗那别出心裁而常常为人引用的表述。事实上，它的缺乏重点和缺乏悲剧性，以及它的不稳定和难以捉摸，反映了上述人类境况的一个关键方面，即每个人必须应对的情绪的不断变化发展过程中固有的多元性、可塑性和视角性。从这个意义上说，我们通过幽默感与现实的"核心"保持协调一致，当后者被透露给我们的敏感性时。其次，我们之所以有资格谈论一种"世俗的"惊奇，是因为这是一种格外适合现在这个"世俗"时代的施魅形式；"世俗"时代不一定意味着一个缺乏信仰和精神性的时代，不过它的基调是由一种断裂的、不安定的、视域

性的、怀疑的、彬彬有礼的和讽刺的气候奠定的。[64]

联系我们在文章开头提出的问题(做一个世俗的生物是什么感觉?),我们现在处于何种位置呢?

我们在穿越人类情感地貌景观的旅程上已经离开西勒尼那带有悲剧(最终是适得其反的)色彩的回答走了很长一段路。不过我们还不至于走得太远以至于无法看到它的片面真理。我们人类不是有福的生物,虽然我们贫困而脆弱,但是我们也并非无能为力,更非是受诅咒的。我们的困境似乎在于不稳定、模棱两可、捉摸不定或者,借用现在已经耳熟能详的一个词,不一致。既不是祝福也不是诅咒,而是一种没有止境的尝试或质疑。这就是为什么考虑到一切因素之后,要求在通常属 151
于对立的选项(施魅还是祛魅,成年人的忍受还是孩子般的无助,世俗主义还是宗教,有所归属还是无家可归)之间做出选择的命令听起来一点也没有说服力。在世界的意义过盛中,奠定我们生命基调的似乎是三向稳定甚或多向稳定的意象的格式塔转换。在惊奇、喜悦、冷淡、忧郁和恐惧之间的不断摇摆支配着我们的生命,让我们感到困惑和不自在,(至少暂时)需要一个平衡点。事实上,由于世界在我们的生存方式中所起到的本构作用,我们不得不艰难地在其中找到自在的感觉,尽管这个栖居之所面目众多,而其中一些面目一点都不能让人安心。[65]这就是为什么我们大多数人在大多数情况下都感到不安宁和不满足。我们惯常只有**通过**梦想自己身在别处才能感到自在。而这看起来是一件可笑的事情,就其自身而言。

在这种情况下,依靠一种“喜剧性的”人类学是有益且必要的,也就是一种模棱两可的人类学,它既不描绘一幅人类的乐观景象,也不描绘一幅悲观景象。笑和惊奇一样,它不一定能持久,但是它的夹杂、居中和稍纵即逝的本质似乎代表了对人类古怪、悬而未决的本体论状态的一种合适反应。

因此我们可以推想,我们是否应该先在喜剧里而不是在悲剧里寻找适合捕捉人性以及限定可理解性的范围的形象的那种人生观。在我们西方传统里，引起人们最大兴趣的似乎是偶然影响人类的悲剧性事件，它们在从古至今的戏剧和现代小说的杰作里得到了精彩的书写。如此的关注程度无疑可以用道德困境在伦理道德的思考中所扮演的重要角色来解释。然而，如果你仔细思考就会发现，个人的生命并非仅仅由道德困境组成。生命中常常存在着奇怪的犹疑不决、滑稽的事故，或者喜剧性的局势扭转与最忧郁的方面完全交织在一起的境遇。你可以试探性地提出以下假设：在许多情况下，解决存在困境的办法隐藏在抓住许多人类事件中难以察觉的喜剧性的能力之中。事实上，笑声中存在着一种本质上生机勃勃的东西，无疑，它隐含着应对每一个人的尴尬处境的重要答案，它是羞愧和厌恶之外的另一种选择。

西方有着历史悠久的以此为目的的喜剧作品，从阿里斯托芬、普劳
152 图斯、泰伦提乌斯，经拉伯雷、莫里哀、塞万提斯、菲尔丁、斯摩莱特，直到当今的米兰·昆德拉和乔纳森·科。他们的所有作品都由对人性的偏好和几乎无法抑制的对人性的好奇所主导。菲尔丁在《汤姆·琼斯》的第一章里运用酒席这个充满感官享受的形象来吸引读者读他的作品，他这样做并不是出于偶然。尽管如此，菜单上提供的只有一道菜：人性，但是其中“包含着千变万化，一位作家要想将人性这么广阔的一个题材写尽，比一位厨师把世界上各种肉类和蔬菜都做成菜肴还困难得多”。事实上，宴会这个形象以及包含其中的喧闹、肉欲和反复无常的规律性极适合用来说明我们夹杂和不纯的本性，可以预见但是无法彻底客体化。

不过，人类境况的喜剧特点并不一定有损于人的尊严。两者之间之所以形成对照其实是因为我们错误地理解和狭隘地解释了人类具有的用高兴和反讽态度来看待自身枯荣沉浮的能力。毕竟，还有一种喜剧性的方式来解读皮科·德拉·米兰多拉的《论人的尊严》以及他所描述的在这个世界上没有固定位置、在生存的楼梯上忽上忽下的人的

形象。你甚至可以想象出，当“至高的工匠”（optimus opifex）用以下著名的语句来形容人时他脸上会浮现出笑容：

> 亚当，我没有给你固定的居所或专属的形态，也没有给你独有的禀赋，目的是为了让你照你自己的愿望和判断去拥有你所希望的任何居所、形态和禀赋。所有其他生灵的本性都局限在由我定的律法范围之内。你不受任何限制的约束，你可以按照你自己的自由意志——我将你托付给它——来决定你的本性的界限。我将你置于世界的中心，以便你能够观察世界上的一切。我使你既不属天也不属地，既非必朽亦非不朽，这样你就是自己尊贵而自由的形塑者，可以把自己塑造成你喜欢的样子。你将拥有堕落到粗鲁愚钝的低级生命的力量。你将拥有——按照你灵魂的决断——在神圣的更高等级中重生的力量。[66]

毕竟，在皮科描述的生命存在，即形象未定的造物（indiscretae opus imaginis）里，你甚至可以（为什么不呢？）辨认出查理·卓别林的那些
为人所熟知的特质。他是个富有进取心但笨手笨脚的人，“不承认世界 153
的等级制度”，[67]每一个人都可以从他的笨拙、智慧、霉运和狡猾那里看到自己的影子从而会心一笑，而且学着用参与、欣赏和迁就的方式观察人类为了跨越贫困境况而与一个时而充满敌意、时而过分丰富的世界进行搏斗所做的努力。这个世界虽然常常挫败我们过度的雄心壮志，
但是它有时以我们绝对意想不到的方式给我们以满足感。 154

七

人类出现以前的道德基础

弗兰斯·B. M. 德瓦尔

如果我们在观察我们这个物种时没有被最近几千年来的技术进步蒙蔽双眼的话，那么我们所看到的是一种有着血肉之躯和大脑的生物，这个大脑虽然比黑猩猩的大三倍，却没有包含任何新的组成部分。我们的智力也许更高，但是我们的基本需求没有一项不可以在我们的近亲身上观察到。我每天与诸如黑猩猩和倭黑猩猩之类的类人猿打交道，它们之所以被称为**类人猿**，正是因为它们身上具有类似人类的特性。和我们一样，它们追求权力、享受性交，希望得到安全和关爱，为争夺地盘而厮杀，以及看重信任与合作。没错，我们会用手机，会开飞机，但是我们的心理构成仍然是社会性灵长类动物的心理构成。

不过这是否也包括我们引以为豪的道德观呢？人类道德被认为是非常特殊的，遗传学家弗朗西斯·柯林斯甚至把道德的存在视为上帝存在的证据，结果步了C. S. 刘易斯的后尘。[1]难怪，宣称道德"纯粹"是生物学产物的说法不仅被视为是对道德本身的威胁，还被视为是对宗教的威胁，就好像这种观点会免除我们过有道德的生活的义务。在最近的一个例子里，一位名叫阿尔·夏普顿的美国牧师说："如果宇宙间没有秩序，因此也就没有赋予它秩序的某种存在、某种力量，那么谁来决定是非对错呢？如果没有谁来负责的话，就没有什么是不道德的了。”[2]与此类似，我还听到有人随声附和陀思妥耶夫斯基笔下的伊万·卡拉马佐夫，他们大声说道：“如果没有上帝的话，我就可以随心所欲地强奸我的邻居！”

也许只有我才这样，但是我对那种只因其信仰体系才不至于做出令人厌恶的举动来的人是非常警惕的。我们为什么不假定我们的人性，包括形成适合居住的社会所必需的自我控制，是根植在我们内部的呢？难道真的有人相信，我们的祖先在有宗教之前缺乏是非对错的标准吗？难道他们从来没有帮助过有需要的人或者抱怨过不公平的买卖 155
吗？人类道德必然比宗教和文明的历史更加悠久一些。事实上，它可能比人类本身的历史还要久远。其他灵长类动物生活在高度结构化的社会群体中，在其中有适用的规则和禁令，而且互相帮助的事每天都在发生。发生在人类之间的真正的友善行为的确也发生在动物之间，因为自然一旦将一种倾向性安置到位之后，它的每一次表达不一定非要服务于生存和繁殖不可。这和性欲有点类似：进化出性欲是为了繁殖，但是这不意味着人类和动物做爱仅仅是为了繁殖。这行为遵循的是它本身的自主动机。柯林斯等人的观点常常建立在把一种行为之所以演化出来的原因和个体行动者之所以表现出这种行为的原因混为一谈，而这两者的区分对生物学家来说是不可侵犯的，正如在现代社会教会和国家的区分是不可侵犯的。同样地，利他行为的安置是为了服务于一种合作的群体生活，它为如此行为的行动者带来利益，但是在日常生活中，利他行为遵循它本身的自主动机，从追求私利到考虑他者，不一而足。[3]

即使不说其他灵长类动物是道德生物，我们也不难看出它们行为中的道德支柱。这些支柱可以用我们的一句金箴来概括，这句话超越了世界上的各种文化和宗教。“己所欲，施于人”包含了同情（关注另一个人的感情）和互惠（如果其他人也遵守同样的规则，你将得到善待）。人类道德的存在离不开同情和互惠，这两种倾向性在我们的灵长类动物兄弟中也清晰可辨。

动物间的同情

情感关联

察恩—瓦克斯勒访问了一些家庭，她请家里的大人装出悲伤（啜泣）、痛苦（喊叫）或苦恼（说不出话）的样子，然后观察孩子的反应，她发现一岁多一点的孩子已经会安慰他人。这是他们成长过程中的一个里程碑：别人的不愉快经验引发一种关切的反应。然而，这项研究有一个偶然发现，那就是有些人家的宠物发现家里成员的“苦恼”之后表现出与孩子一样的担心。它们在家庭成员的头顶盘旋或者把自己的脑袋
156 搁到他们的大腿上。[4]

当一个个体的情感状态在另一个个体中引起相应的或相关的情感状态时，我们把它称为**情绪感染**。[5]随着自我与他者的区别越来越明显，随着对于他者的情感状态的成因领会得越来越准确，情绪感染便发展为同情。同情包含情绪感染，它的存在离不开后者，不过同情更进一步，因为它在他者的状态和自己的状态之间设置了过滤器并增加了认知的层面。在同情里，主体意识到它自身的内部状态也许与他者的不同。[6]

同情是一种对群居动物有着重要适应性意义的社会现象。现代大多数有关动物认知的教科书没有把同情（empathy或sympathy）编入索引，但是这并不意味着这些能力是可有可无的；这只说明，由于我们的科学习惯于关注个体的能力而非个体间的能力，所以同情被忽视了。由于许多动物的生存有赖于共同行动、互相协助和信息传递，选择必然偏爱能够评价他者的情感状态并迅速以适应性的方式做出回应的直接机制。尽管关于人类同情的文献常常强调这种能力的认知方面，霍夫曼正确地指出：“人类必须具备生物性方面的一些条件，才能够在许多社会情境中有效地行动，而不至于过度依赖认知过程。”[7]

同情让我们与其他人的情感状态相联系。这对于社会相互作用，例如协同活动、合作完成一个共同目标、社会亲密关系的形成以及关心他人的管理是非常关键的。我们这个物种的每个个体在生命中那么早的阶段就产生了这样一种生存机制，假如说动物身上没有类似的机制，那将是非常奇怪的。

普雷斯顿和德瓦尔提出，同情能力的核心是一种相对简单的机制，它为观察者（“主体”）提供了一种通过主体自身的神经和身体表现来了解另一个观察者（“客体”）的主观状态的途径。[8]当主体留意客体的状态时，主体的类似状态的神经表现便自动激活。主体和客体越相似，客体便越会激活主体的周围神经系统的运动反应和自主反应（例如心率、皮肤传导性、面部表情和身体姿势的改变）。这种激活作用可以让主体明白，客体也具有丰富的意识，包括思想、感情和需求，它们反过来助长同情、怜悯和协助。 157

灵长类动物具有同情的证据

针对类人猿的定性研究表明，这些动物对于他者的痛苦和需求具有强烈的感情反应。耶基斯述及他的倭黑猩猩小黑王子如何对他多病的同伴阿星表现出非同寻常的关心和保护，以至于科学机构可能都无法接受他的说法：“如果我把他对阿星的无私和明显带着同情的行为告诉他们，他们该怀疑我在美化一只类人猿了。”[9]拉德金娜—科茨在她年幼的黑猩猩约尼（她20世纪初在莫斯科饲养了他）身上也注意到了类似的同情倾向。[10]科茨在极为详尽地分析了约尼的行为之后发现，约尼在一次逃跑之后待在她的屋顶上不下来，能让他下来的唯一办法（远比任何奖励或以惩罚相要挟来得管用）是诉诸他的同情心：

> 如果我假装哭泣，闭上眼睛哭泣，约尼会立刻停止玩耍或者其他任何活动，迅速地从家里最远的地方跑过来，既兴奋又疲惫，例

> 如屋顶或者他的笼子顶部，我无法把他从这些地方赶下去，尽管我不停喊叫和央求。他慌慌忙忙地绕着我跑，似乎在寻找欺负我的人；他看着我的脸，用手掌托着我的下巴，用手指轻轻触摸我的脸，好像在试图理解发生了什么事，然后转过身去，脚趾紧握成拳头。

我也讨论过类似的报告，我提出，除了情感联系之外，类人猿还能够领会他者的境况，并且具有一定采取视角的能力。[11]奥康奈尔对数千份定性报告做了内容分析，计算了三类同情的频率，从情绪感染到更加偏向认知的形式，包括对他者境况的领会。[12]理解另一位成员的情感状态在黑猩猩当中是尤其普遍的，最后的结果大都是主体安慰苦恼的客体。猴子表现出同情的情况要有限得多，不过还是有领养孤儿以及对疾病、残疾和受伤做出反应的情况。

猴子与类人猿的同情之间的这种差别也可以从有关“安慰”行为的研究中得出，最早提供这方面佐证的是德瓦尔和范·罗斯马伦。[13]安慰的定义是由一个未受牵连的旁观者向参与此前一次侵犯事件的争斗者中的一位施与的友善的、令人安心的接触。例如，一个第三方走到争
158 斗的失败者面前用手臂温柔地搂着后者的肩膀（图1）。不应把安慰与和解混淆起来，后者的动机似乎是自私的（见上文）。安慰对作用者的好处尚不得而知。作用者也许可以在不遭受负面后果的情况下撤离争斗现场。

黑猩猩之间的安慰有充分的量化研究。德瓦尔与范·罗斯马伦的结论基于对数百例冲突后观察的分析，德瓦尔与奥雷利的一个重复实验包含更多的样本，作者试图检验两个相对简单的预测。[14]如果第三方接触的确起到了减轻冲突参与者的苦恼的作用，这些接触更应该施于被侵犯者而非侵犯者，更应该施于受侵犯更严重者。通过拿第三方的
159 接触比率与基线水平做比较，我们发现了支撑那两个预测的证据。弗雷泽等的一项近期研究证实，安慰行为能减少接受者的压力。[15]

图1：黑猩猩之间的安慰：一只未成年的黑猩猩用手臂搂着一只发出尖叫声的成年雄性黑猩猩，后者在刚才的争斗中被对手打败。安慰在类人猿中间很常见，但是在猴子中间很罕见或者不存在。照片系作者拍摄。

亲社会倾向

牡丹是一只上了年纪的母黑猩猩，她与其他黑猩猩在佐治亚州亚特兰大市附近的一个大型户外圈地内生活。天气一不好她的关节炎就发作，走路和攀爬极为困难。但是其他母黑猩猩给她提供帮助。例如，牡丹正在气喘吁吁地往攀缘架上爬，那里有几只黑猩猩正在理毛。一只没有血缘关系的年轻母黑猩猩挪到她身后，双手放到她丰满的臀部上，用力把她往上推，直到牡丹加入那几只黑猩猩。

尽管在灵长类动物中自发帮助的例子层出不穷（见上文），但是我们从现代文学里得到的却不是这种印象，在现代文学里人类是唯一利他的物种，因为动物关心的只是回报。[16]不过，利他行为的进化论理由不一定是动物的理由。动物之间的互帮互助真的是因为它们知道这样做对自己有好处吗？做这样的假定从认知角度来说是要求极高的，这要求动物对他者的未来行为具有期待，并对它们对他者所做的与他者对它们所做的保持留意。到目前为止，还（几乎）没有此类期待的证据。出于直接的自身获利的帮助行为的确很常见，但是做以下假设似乎是保险的，即未来的回报基本上仍在动物的认知范围之外。[17]

帮助的动机必然来自直接的因素，例如对于他者的情感和（或）需求的敏感。这种敏感性与行为之所以进化的自私原因一点都不矛盾，只要它引领利他行为沿着由亲属选择和互惠利他行为理论预测的方向前进。在人类当中，最常认为的利他行为背后的动机是同情。我们与另一个有需求、处于痛苦或烦恼中的人感同身受，这引起感情的激发，进而有可能转变为同情和帮助。[18]鉴于在其他动物当中同情的迹象非常多，同一种假说也可以适用。这可以通过评估动物如何感知另一个
160 个体的处境以及它们在什么样的情况下试图改善那种处境来验证。

除了协助一只上了年纪的母黑猩猩攀爬之外，黑猩猩偶尔会做出代价极高的帮助行为。例如，一只母黑猩猩受到占统治地位的雄性黑猩猩的欺负而发出尖叫声，她最亲近的雌性朋友听到后挺身而出，全然不顾她替她的朋友所承担的巨大风险。她很可能会受到伤害。请看以下关于一家动物园里一对黑猩猩老朋友的描述："她们两个不仅常常共同抵御侵犯者，而且还互相寻求安慰和恢复信心。一旦其中一个卷入痛苦的冲突之中，就会去找另一个求拥抱。然后她们搂着对方发出尖叫。"[19]这种以结盟、联合的形式表现的合作在灵长类学中的佐证是最多的。[20]

最近的研究旨在弄清楚灵长类动物究竟在什么样的情况下会愿意协助人类或它们的同类。研究者让类人猿与它们不怎么认识也不靠他

们提供食物或其他好处的人类进行互动，借此排除互惠。他们还控制奖赏的可得和不可得，借此排除了直接的回报所起到的作用。黑猩猩自发地协助人类，不管这样做是否能得到奖励，它们也愿意帮助其他黑猩猩抵达一个有食物的房间。人们也许会认为，奖励即使严格来说不是必需的，至少也会激励帮助的行为，但事实上奖励似乎派不上一点用场。既然做出帮助的决定不是基于对成本或好处的计算，那么这决定可能就真是为他者着想的了。[21]

最近的一项研究进一步证明了狨猴当中的自发的帮助，[22]我们自己也用僧帽猴做了一个类似的实验。我们把两只猴子并排安置：它们是分开的，但是完全能看见对方。其中一只需要拿小的塑料筹码和我们做物物交换（我们事先把筹码交给猴子，然后伸出一只摊开的手掌，让它们用筹码来换取一小块食物）。关键性的测试是我们给筹码涂上两种不同的颜色，代表不同的含义，让猴子做选择：一种代表“自私”，一种代表“亲社会”。如果来做交易的猴子挑中的是自私的筹码，它来还筹码时得到的是一小块苹果，而它的同伴什么也得不到。反之，如果挑中的是亲社会的筹码，它们同时得到等量的食物（图2）。由于做物物交换的猴子无论哪种情况都能得到奖励，所以唯一的区别就在于它的同伴得到的是什么。为了确保它们明白，我们故意把动作做得很夸张，要么举起一只手，拿食物喂猴子，要么举起两只手，把食物同时递给两只
猴子。 161

我们可以确切地知道任何两只猴子之间的亲近程度，因为我们可以观察它们在猴群里一起相处的时间有多久。我们发现，一只猴子与它的同伴之间的关系越紧密，它就越容易挑中亲社会的代用币。我们用不同的猴子组合与不同的代用币重复了多次同样的步骤，猴子的表现是一致的。它们的选择无法用害怕惩罚来解释，因为在每一对猴子当中，处于优势地位（最没有理由害怕）的那只被证明是更加亲社会的。[23]

图2：一只僧帽猴将前爪伸出孔洞，在两个图案不同的筒之间做选择，这时另一只在旁观。筒可以用来换食物。其中一个筒可以让两只猴子都得到食物，另一个筒只能让做选择的那只猴子得到食物。僧帽猴典型地偏向于选择“亲社会”的筹码。弗兰斯·德瓦尔绘制。

简言之，有越来越多的证据表明，灵长类动物的确关心彼此的福利，确实采取行动来加以改善，这很可能是基于对对方的同情和帮助行为所具有的自我奖励的特点。既然同情来源于状态的匹配，它自动在对方的福利当中产生一种利害关系，这也许可以解释“热光效应”，即伴随着改善另一个个体的境况而来的愉快感觉。当人类做善事的时候，他们表达良好的感觉，并显示出与奖励有关的脑区被激活，[24]这样的话，就有必要判断，同样的自我奖励机制在其他灵长类动物当中是否也起作用。

互 惠

黑猩猩和僧帽猴（我在研究中最常接触的两个物种）很特别，因为它们是灵长类动物中为数不多的在母亲—孩子语境之外分享食物的物种。僧帽猴是一种小动物，很容易共事，不像黑猩猩，它们比人类要强壮数倍。不过黑猩猩也对彼此的食物感兴趣，偶尔会分享，有时甚至主动将食物递给对方。然而大多数的分享是被动的：一个个体去取属于另一个个体的食物，后者听之。但是与大多数动物的行为相比，即使这样的被动分享也属特别了，如果换成是其他动物，这种情况或许会导致打架或者占优势的个体护食。

有一系列实验与以下观点有关，即猴子之间合作的基础是大脑对恩惠的记录。我们设置了一个情景来研究一报还一报：我帮你一个忙，稍后你帮我一个忙。受到20世纪30年代在耶基斯灵长类动物中心进行的一项经典研究以及特里弗斯的理论启发，[25]我们把一只装有两只拉杆的托盘拿到一对僧帽猴面前。它们坐在一个实验箱里，当中隔着网，这样它们可以看到对方并透过网分享食物。托盘装有配重，一只猴子 162
拉不动；它们必须合作。只有一端有食饵，这意味着只有一只猴子能够拿到食物奖励。

成功扳动拉杆后，我们记录下得到食物的那只猴子分多少给它的助手。食物的占有者只要坐在一个角落里独自享用就可以轻易地把食物占为己有，但是它们没有这样做。我们发现，通力合作之后分享食物出现的概率大于独自努力之后分享食物出现的概率。也就是说，食物的占有者会多分一点食物给网那一边的猴子，如果这位同伴协助它获得食物的话；如果食物的占有者独自获得食物的话，就不会分那么多。因此，僧帽猴似乎会奖励提供帮助者付出的努力，当然，这也是让协助者持续产生动力的一个方法。[26]

为了探索互惠，研究者也可以递给黑猩猩一个大个食物，例如西瓜或带叶的树枝，然后观察接下来的情况（图3）。正如20世纪80年代的
163 热门歌曲《最近你为我做了什么？》里所唱的内容，类人猿似乎能记得以往的恩惠，例如理毛。我们分析了不少于七千例类人猿趋向食物拥有者的情况，看看哪些成功得到食物。在每一次喂食时段之前的上午，我们记录了自发理毛的情况。然后我们对比双向的“流通”：食物和理毛。举例来说，假如黑猩猩群的首领索科给梅理过毛，下午它从梅那里得到一些树枝的概率就大大增加。我们发现黑猩猩群里到处都有这种效应：显然，好心有好报。这种交换必然是基于对以往事件的记忆与一种被称为“感激”的心理机制的结合；亦即我们想起某人的善良之举时对那人的温暖的感觉。特里弗斯已经推测到这种机制，它在黑猩猩当中似乎非常成熟。[27]

公　平

公平与报偿的分配有关。在合作消失之前它能偏斜到什么程度？根据最近的一种理论，人类对不公平的众所周知的反感与维持合作的需求有关。[28]类似地，合作性的非人类物种似乎受到一组关于报偿分配的预期的支配。我曾提出过**社会规律性意识**，它的定义是“一组关于自身（或他者）应该得到怎样的待遇以及资源应该如何分配的预期。一旦现实与这些预期发生偏离而对自身（或他者）不利，就会出现负面反应，最常见的是处于附属地位的个体的抗议和处于统治地位的个体的惩罚”。[29]

我们把猴子两两配对，观察其中一只猴子做相同的物物交换任务却得到更好的奖励时，另一只猴子会有什么样的反应。这里面包含一种交换，实验者给实验对象一个筹码，后者如果立刻把它还给前者就会得到一个奖励。每一段实验包含每一个个体的二十五次交换，实验

图3：耶基斯实验站里一群正在分享食物的黑猩猩。右上角的雌性黑猩猩是食物拥有者。左下角的雌性黑猩猩第一次试探性地伸手去取食物；它是否能吃上取决于食物拥有者的反应。弗兰斯·德瓦尔拍摄。

对象总是先看它们的同伴进行交换，然后紧接着就是它们自己进行交换。食物奖励从价值低的（一块黄瓜，它们通常乐于得到它）到价值高的（一颗葡萄，所有受试个体都偏爱它）不等。所有的实验对象都经历了（一）公平测试，实验对象和同伴做同样的工作，得到相同的低价值食物；（二）不公平测试，同伴付出同等的劳动，却得到更好的奖励（葡萄）；（三）劳动控制测试，目的是为了消除劳动的作用，在这项测试中，同伴不用付出劳动就能得到高价值的葡萄；（四）食物控制测试，目的是 164
为了消除放在面前的奖励对实验对象行为的影响，在这项测试中，葡萄位于视线之内但是没有给另一只僧帽猴。

得到低价值奖励的个体既表现出被动消极反应(例如拒绝交换筹码、对奖励视而不见),也表现出主动消极反应(例如把筹码或奖励扔出来)。与二者得到相同奖励的测试相比较,在同伴得到较好奖励的测试里,僧帽猴更加不愿意完成交换或接受奖励。[30]如果同伴不需要付出劳动(交换)就能得到别人“免费”递给它的更好的食物,在这种情况下,僧帽猴拒绝参与测试发生的频率更高。

当然,总是存在着这种可能性,即实验对象仅仅是针对它面前的高价值食物做出反应,它的同伴得到什么(无论是否免费)并没有关系。换言之,它们可能只是在坚持要求得到更好的食物。为了测试这一点,我们在这项研究里增加了一个花样。在每一次公平测试之前(在这项
165 测试中两只猴子吃的都是黄瓜),我们会把葡萄拿在手里晃来晃去,让它们知道我们有葡萄。这样做对猴子几乎没有什么影响:它们仍然心满意足地换取黄瓜。只有在真的把葡萄给了同伴的时候,那只没有得到葡萄的猴子才会进入抗议模式。让它们烦恼的是不公平。[31]

因此,僧帽猴似乎是从相对的角度来衡量奖励的,拿自己实际得到的奖励与可以得到的奖励相比较,拿自己付出的劳动与其他猴子付出的劳动相比较。考虑到2009年华尔街对奖金和工资的反应,同一种怨恨之情在人类当中是极为发达的,很可能构成了我们公正意识的基础。这种意识超越了我们自身的个人利益,而且就其本身而论似乎比我们在其他灵长类动物当中所观察到的要更加复杂,但不可否认的是,对他人得到的东西(与自己得到的相比)的敏感很可能是这一切的起因。

结　论

我们需要一个上帝、一个造物主,或者另一种赋予宇宙以秩序的外力,才能达到一种道德秩序,这个观点是站不住脚的。它假定,如果让人类自行处理问题的话,他们对于建立行为规范或者提倡一种生活方

式（modus vivendi）没有多大的兴趣。人类经过演化之后过的是群居生活，和许多灵长类动物一样，而这恰恰是因为群居生活具有生存值。因此，我们不需要一个外界力量来操心群居生活：我们自身已有足够多的关切。群体的生存需要一种提倡合作、保护弱者和向全体成员分发利益的社会生活，不过，以上三点能够实现的前提是，存在能确保冲突得到解决的内部动力，以及每个人以与群体目标相一致的方式行事。这正是道德的作用所在。因此我认为没有理由相信，宗教是实现这一切的必要条件。在其他灵长类动物中我们可以看到一种社会动机的肇始，而人类只是又往前走了一步。

宗教所做的，而且做得很出色的，是把人类的亲社会倾向及其加强和服从社会规范的能力单独提出来加以强调，其主要方法是提供一个更高存在（这里且不提许多重要思想家有关上帝的其他许多理论，只说西格蒙德·弗洛伊德等人的观点，他们认为上帝的原型是一个超级雄性领袖，据他们推测，当原始部落的族长被他的儿子们干掉之后就成了上帝的形象）[32]的赞成或反对。于是人类从纯粹由社会加强的系统转变 166
为由宗教支撑的系统。这也许是迈进了一大步，不过这一步还没有大到足以声称道德是宗教的产物。

我们并没有说其他灵长类动物是道德生物，[33]不过我们可以断言，道德秩序的源头似乎比我们人类古老得多。同情、互惠、公正，以及其他基本倾向是人类道德秩序固有的组成部分，而人类道德秩序建立在我们的灵长类动物心理之上。我们不是无中生有地发展出这种秩序的，而是极大地受惠于大自然，而不是上帝。 167

八

事实是神圣的

大卫·斯隆·威尔逊

2008年的金融危机生动地提醒我们,我们所知道的生命取决于一种信任的结构。当这种结构受到磨损后,我们就面临着被抛进一个深渊的危险,这个深渊比任何充斥着地狱惩罚的说教更加可怕,因为这个深渊是真实的。

当你向深渊底下张望的时候,想一想下面这段引文,这是电视名人和前对冲基金经理吉姆·克拉默的话,NBC给他的谈话节目《疯狂的金钱》做广告时用的口号是"我们信仰克拉默"。

> 当你身处对冲基金模式时,重要的是不要做任何与事实沾一点边的事情,因为事实与你的观点如此相左——重要的是创造出新的事实来发展一个虚构故事……你不能担任何风险。

克拉默是绝不会在他的电视节目里说这些话的;这段话出自2006年的一次访谈,这次访谈显然把他置于那种对冲基金的模式之下,他没有意识到,也许整个世界都会听到这段话,也幸亏他没有意识到这一点。

我第一次读到这段话时心中充满义愤。我觉得克拉默触犯了某个神圣的东西,理应受到惩罚。我是一个文明人,因此我不想活生生地把他的肠子扯出来(哎哟,“文明”的欧洲人在短短几个世纪之前就是那样做的!),不过我的确希望他得到公开的和带有屈辱性的惩罚。我希望看到他被剥夺他的社会地位、他的影响力,以及任何从不正当收益中获得的享受。理应让他赤身裸体地在华尔街和主街上游街示众。只有当他证明自己完全悔罪之后我才会考虑是否要原谅他。

这本文集提出的问题是,纯粹世俗的世界观是否能够像宗教的世界观那样吸引人和让人感到满足。“施魅”一词被用来描述宗教可靠地提供而我们希望世俗主义也能够提供的东西。我选择以关注消极的宗 168
教的一端——愤怒——而不是积极的施魅的一端来开始我的文章,但是我的核心问题是一样的。宗教的什么东西使得它与世俗主义不同?宗教中值得保留的是什么?能否靠一套完全尊重客观现实的信仰体系来做到这一点?

首先我要提出几条观点,我把它们称为“进化概论”。它们是非常基本的,不可能有错,不过从它们得出的结论却并非那么显而易见。

进化概论

1. **头脑已进化到能够接纳以实践现实论而非事实现实论为基础的信仰**。任何一种信仰都可以基于两种标准来衡量:它与现实世界(事实现实论)的吻合程度,以及它在何种程度上引起人们在现实世界里适应性地行事(实践现实论)。如果人的头脑是靠自然选择来进化的,那么我们就应该完全基于**实践**现实论来创造和接纳信仰。从进化论的角度来看,事实现实论是没有任何价值的,除非由它导向实践现实论。

2. **事实现实论与实践现实论的关系根据语境不同可以是积极的也可以是消极的**。在某些情况下,如实地了解世界可以是具有高度适应性的。假如我在打猎,我需要知道我的猎物的确切位置。在另一些情况下，信仰可以通过**背离**客观现实而变得**更加**具有适应性。[1]通常，把我们的敌人看作是非人类的怪物比把他看作是和我们大同小异的人更能提供动机。如果人的头脑具有合适的适应性，它应该可以根据语境的不同**要么**理解**要么**背离客观现实。根据马林诺夫斯基等人类学家的观点，[2]所有的文化都包含一种可理解为理性的和原科学的思维模式，只有在某些时候它才表现出来。这正是我们站在进化论的角度所应该期待的。

3. **适应性虚构包括但超越对超自然作用者的信仰**。埃米尔·涂尔干声称宗教信仰在实践现实（他称之为**世俗功利**）中得分很高。[3]无论多么
169 异乎寻常和超脱尘俗，宗教信仰帮助宗教共同体的成员在**这个**世界上兴旺发达。现代的基于进化论视角的宗教研究基本上证实了涂尔干的观点。[4]然而，说起适应性虚构，神只是冰山一角而已。

人类学文献中的一个例子生动地证明了这一点。密克罗尼西亚的岛民是航海高手，他们在看不见陆地的情况下划着装有舷外撑架的独木舟连续好几天在岛与岛之间航行。与候鸟不同，他们的航行能力不是遗传的或先天固有的，而是基于一套文化信仰系统，其中一部分信仰从事实现实论的角度来看是疯狂的。例如，他们相信岛屿在移动而他们的船是静止的。他们还相信某些实际并不存在的岛屿是存在的。认知心理学家埃德温·哈钦斯指出，这些信仰具有高度的适应性，尽管它们显然是错的。从计算的角度来看，认为他们自己是一群会移动的岛屿当中固定不动的点，比认为他们自己是一群固定不动的岛屿当中会移动的点更加有效率。如果实际并没有一座在他们想象中会途经的岛屿以供他们计算这些岛屿的移动，他们就发明出这样一座岛屿。[5]这个例子非常出色，因为它是如此具体。错误信仰的优越性可以用计算的方法来证明，而我们很容易想见，一个固执地认为岛屿不动、某些岛屿不存在的事实现实论的信仰者驾着他的独木舟消失在天水交接处，一

去不复返。

再举一个和我们更加贴近的例子。艾恩·兰德是20世纪极具影响力的一位知识分子，她的影响力主要来自她的小说和客观主义哲学。她自称无神论者和理性主义者，但是她的信仰体系表现出与正统派宗教相似的结构，而且她自豪地把它称为一种**程式化的宇宙**。[6]她大量运用适应性虚构；她没有召唤超自然作用者这个事实只是其中的一个细节。

总结一下这个观点：论及适应性虚构，宗教并不是一个分界线；只要存在事实现实论和实践现实论之间的一种消极权衡，就有可能出现适应性虚构。

4. **适应性虚构常常，但并非总是一种自私的形式**。至此，我一直在描述信仰对个体信仰者的影响，不过信仰还具有**社会**影响。一切组合皆有可能；某一种信仰可能对个人有好处对他人没好处，可能对个人没好处对他人有好处，可能对两者都有好处，也可能对两者都没有好处。当一种适应性虚构有利于一个群体中的每一个人时，或者当它有利于一些个体但没有伤害其他人时，就没有理由质疑它。这不仅适用于宗教信 170
仰，也适用于许多非宗教的信仰体系的假定。

吉姆·克拉默的评论就是一种对个人有好处但对群体整体没有好处的虚构的鲜明例子。许多这类个案是可以预期的。整个社会会因为这类谎言的重压而崩溃，这就是为什么克拉默不加掩饰地弃真实于不顾是如此令人恐惧和愤怒。当适应性虚构算作是一种自私的形式时，我们可以预料到，别人对此的反应和由一切自私的形式引起的反应会是一样的。

5. **社会团体具有由惩罚强迫人服从的规范**。进化生物学中一个非常重要的发展是大变迁的概念，它把易怒的有机体群体转变为互相合作的组织。当群体内部的选择受到抑制而使得群体间的选择成为主要的进化力量时，大变迁就发生了。这个概念是20世纪70年代首次提出来的，目的是把有核细胞的进化解释为细菌细胞的共生群落。[7]然后到了20世纪90年代，这个概念的应用范围得以扩大，可以涵盖诸如多细胞有机体的进化、社会性昆虫群，甚至生命本身（作为合作的分子相互作用的群体）的起源等大变迁。[8]

时间更推近一些，我们越来越清楚，人类进化也具备了大变迁的资格。我们的祖先成为蜂窝在灵长类动物中的对应物，他们通过合作能力取得生态上的支配地位。合作除了包括**体力**活动之外也包括**心理**活动。让我们显得与其他物种不同的大多数心理能力，例如象征思维能力和对靠社会传播的信息的广泛依赖，是合作的形式，它们需要在社会伙伴之间建立一定程度的信任。[9]

稍早我说过，一个大变迁包含对群体内部适应性差异的抑制，从而造成群体之间的选择成为占主导地位的进化力量。在我们这一物种当中，对群体内部适应性差异的抑制主要是通过由惩罚强迫人服从的规范来实现的。我们创造规范、大体服从规范以及惩罚那些不服从规范的人的能力是如此地根深蒂固，以至于大多数情况下我们无法意识到它在起作用。

在讨论严重违反规范的情况之前，我想讲述一下我自己轻微违反规范的一个故事。我不是保龄球爱好者，不过有一天我决定和我家人去打保龄球。我没有意识到打保龄球的一条规范：假如隔壁球道有人
171 正要投球，应该等那人投完球之后再投。我好几次违反这条规范之后，一位员工好心而婉转地告诉我哪里做错了。尽管我得到的“惩罚”极为温和，但是我羞愧难当，导致身手变得不灵活。我的成绩本已很低了，这时更是大幅下滑，于是我以最快速度逃离了保龄球馆——回到惯常的、由我所熟悉的规范支配的、让我感到舒服的活动之中！我们大多数人以这种方式跳着一支由隐形的规范支配的复杂舞蹈，直到我们踏

错一步。这不是“进化概论”，因为进化论者才刚开始认识到文化进化的力量和特性，而这是社会构成主义者一直在强调的。尽管如此，从进化的角度回头来看，规范在人类社会相互作用当中所具有的力量越来越明显。

规范的实施往往应需求而逐步加强，一开始是温和友好的规劝，就像我打保龄球的经历那样，然后升级为被排除在外、受折磨，在一些极端的例子里甚至是丢掉性命。某些宗教甚至把这个惩罚升级的过程编成法典，正如以下这段出自哈特派的文本。

> 爱的纽带因为圣灵的纠正而保持纯洁和完好。背负着会扩散和有腐蚀作用的罪恶的人们不能参与其中。这种和谐的团契将任何不属于这个统一精神的人排除在外……假如一个人铁了心要叛离，则必然会走到分离这极端的一步。否则，整个团体都将被拖入那个人的罪中并成为它的同党……因此使徒保罗说：“将邪恶的人从你们当中驱逐出去。”
>
> 如果犯的是小过失，惩罚仅限于教友的告诫。如果有人对另一个人做出不当行为但尚未犯下重罪，指责和警告就足够了。但是假如一位兄弟姐妹固执地拒绝教友的纠正和有益的忠告，那么即使是这些相对来说很小的事情也必须坦白地通知教会。如果那位兄弟愿意听从教会，同意让教会纠正他的错误，他就会被告知正确处理这件事的方法。一切都可以解决。但是如果他冥顽不化，拒绝听从教会，那么遇到这种情况只有一个答案，那就是把他驱逐出去。宁可把一个心中充满毒药的人赶走，也不能让整个教会因为这个原因而陷入混乱或者蒙羞。
>
> 然而，这套惩戒措施的所有目的并不是要把人赶走，而是让他回心转意。实施惩罚不是为了要毁掉一位兄弟，即便他因为犯
> 下滔天大罪或者犯下诸多玷污纯洁的罪，而在上帝面前深感有 172

> 罪。为了引以为戒，必须把真相在教会面前公之于众。即使在这种情况下，那位兄弟也应该坚守他的信和望。他不应该离开，不应该抛下一切，而是应该接受和忍受教会对他的处置。他应该真心忏悔，无论这意味着要流多少眼泪或者要遭受多少痛苦。在合适的时机，当他感到后悔的时候，团结在教会中的人会为他祈祷，整个天堂都会为他感到高兴。当他表现出诚恳的悔过之后，他会在教会全体成员的集会上，在欢欣鼓舞的气氛中被重新接纳。他们一致替他求情，希望他的罪不再被考虑，而是被宽恕和永远去除。[10]

请注意，至少对这个宗教来说，逐渐升级的过程是非常人道的。其目的很明确，是为了达成**行为**的改变，而不是为了惩罚或消灭个人。其他宗教，以及其他世俗文化体系，在惩罚违反规范的极为严重的行为时并没有那么人道。无论怎样，规范关乎长期的社会幸福安宁，**必须采取措施**防止有人违反。

“神圣”一词准确地描述了这类规范。如果某个事物是神圣的，你会服从它的命令。如果某个事物是平凡的，你可以用它来达到你个人的目的。神圣这个概念并没有明确的宗教意味，这就是为什么我可以轻而易举地用它来描述我对克拉默违反规范的反应。当歪曲事实对整个社会结构的安全构成威胁时，对生活在这个社会上的每一个人而言，**这个事实就成为神圣的**，或者**应该**成为神圣的。

6. **文化必须提供积极的意义，并且除了应对理智之外，还需要应对情感**。史蒂文·布朗从进化论角度研究艺术，[11]他曾经在一次私人谈话中向我指出，从进化论角度进行宗教研究过于理性化。真正的宗教是通过故事、仪式、装饰物、音乐和舞蹈来实现它们的力量的。从进化论角度研究艺术的先驱埃伦·迪萨纳亚克甚至把宗教描述为“一组艺术活动”。[12]这大概就是宗教的“施魅”的积极含义。

我毫无保留地赞同布朗和迪萨纳亚克，尽管他们的批判既适用于我同事的研究，也适用于我本人过去的研究。文化系统并不仅仅是一个由惩罚强迫人服从的规范的清单。它们提供一种目的感和一种积极的意义，而且它们不仅通过理智也通过情感来传达。与艺术有关的活动表面上似乎花费很高而且与生物的生存和繁殖毫不相干，这使得艺 173
术被阐释为进化的非适应性的副产品[13]或者是性选择的装饰品[14]。不过，一旦我们认识到我们这个物种的文化进化的重要性，与艺术有关的活动的适应性价值就显现出来了。如果说我们的大多数行为都直接源自我们的文化系统而只是间接地源自我们的基因，那么一定存在解剖学、生理学和复制机制在文化上的对应物。从我们这个物种出现之始，音乐、舞蹈、故事、仪式和装饰物就起到了这样的作用，并且在当今社会里继续发挥作用，无论是宗教社会还是世俗社会。

7. **即使被看出是虚构，适应性虚构仍然可以很有力**。有力的叙事可以提供强烈的意义，即使它并没有假装在描述客观现实。我先读了托尔金的《指环王》三部曲，然后看了电影，但是我没有必要先相信霍比特人、巫师、精灵和海怪的真实存在才能被**权力使人堕落**这个要旨打动。这个**要旨**在事实方面正确无误，它是关于社会行为的进化理论中的一个核心主题。故事提供了传达要旨的一个**手段**，它所具有的情感冲击力要大于干巴巴的科学论述。即使它的元素背离客观现实，**手段**仍然是强有力的，只要**要旨**听上去是真实的。

一般的叙事如此，宗教的叙事也是如此。尽管也许有点奇怪，对超自然作用者的真实信仰不一定是宗教信仰或宗教参与的必要条件。我最喜欢的一个例子是关于迈尔斯·霍顿的。他是20世纪早期一位伟大的社会活动家，他出生于阿巴拉契亚山脉一个虔诚的加尔文宗社区里，他母亲是该教派的坚定分子。霍顿在他的自传《漫长岁月》里记录了以下这段他与母亲之间的谈话：

> 有一天，我来到母亲面前对她说："我不知道，这种得救预定论在我看来一点也不合理。我完全不信。我想我不应该属于这个教派。"妈妈笑着说："不要为此感到烦恼，那不重要，那只是布道者的空谈罢了。唯一重要的事情是你必须爱你的邻居。"她没有说"爱上帝"，她说"爱你的邻居，这就是一切"……这是一个很好的非教条主义的背景，它让我明白什么是对的，什么是错的。[15]

霍顿在他的非教条主义的信仰里发现了丰富的"施魅"。据比尔·莫
174 耶斯在《漫长岁月》的序言里所说："他被种族主义者、暴徒、煽动者和长官痛打、关押、欺骗和责骂。"声称战壕里没有无神论者的说法原来不过如此。不过，这故事里面最精彩的部分是，霍顿的**母亲**对"布道者的空谈"的本质有那么清醒的认识，但是她仍然虔信她的宗教。

我怀疑**许多**虔信宗教的人和霍顿母亲的情况是一样的；他们看重的是他们宗教的**要旨**，就像我看重《指环王》一样，而**手段**有可能不符合事实这一点并没有让他们感到困扰。此外，我还怀疑那些对"布道者的空谈"的本质了解最深的人本身就是布道者或者是一生致力于思考宗教问题的人。直白的信仰最有可能出现在宗教的边缘地带而不是中心，最可能出现在这样的人身上，他们没有很多时间，所以需要接受可以迅速转化为一套行为规范的信条的引领。

化零为整

以上我列出了几条从进化论角度看来非常基本的陈述（尤其是考虑到文化的重要性之后），它们不可能有错，接下来我将尝试把它们组装一下，得出几条关于一种文化体系的前景的结论，这种文化体系提供

宗教所能提供的最好的东西，同时充分尊重客观现实。

8. **一切处于宗教核心的东西都可以延伸到宗教之外**。我列出的陈述最值得强调的一点是，宗教是一个模糊集合——限定它的**一切**也在宗教之外存在。还有一点是振奋人心的，那就是，提供意义的规范和象征性的信仰体系在形式上和在由它们所激发的行为上具有极大的灵活性。因此，如果我们把自己视为担负着设计一套世俗信仰体系（它仿效宗教所能提供的最好东西）之任务的社会工程师，我们有许多原材料可供使用。

9. **我们不应把宗教传奇化**。我们在谈论与宗教有关的施魅时必须认识到，施魅只是**偶尔**在宗教之内实现。并不是所有的宗教信仰者都整天处于施魅状态！祖籍爱尔兰的社会评论家乔·奎南在最近出版的回忆录《关门时间》里描述了他小时候在费城的贫穷生活。[16]在他的经历中，教会是他的文化和生活中的重要组成部分，他上的是天主教学校，担任过祭童，一度考虑成为神职人员，并在神学院里学习过一阵子，但是从他的回忆录判断，无论对奎南本人还是他的任何朋友同事来说，都 175
不见施魅的踪影。无数其他叙述印证了宗教的沉闷、官僚、强求一致的一面，更不用说在宗教的掩饰之下发生的欺诈、诽谤、钻营和剥削。请不要误解——我喜欢研究各种宗教，我认为富有进取心的社会工程师可以从宗教学到许多东西。我要说的是，就诸如“施魅”这样的观念而论，宗教的文化体系和非宗教的文化体系基本上是重叠的，如果我们能够把它想象成是以两个钟形的曲线来加以衡量和表现的话。

10. **挽救社会工程的名誉**。我用“社会工程”一词的时候就知道这会让许多读者的背脊骨为之一寒。在以往，社会工程的尝试有着一个黯淡且多有凶险的历史，无论这些尝试是受到进化理论、行为主义、马克思主义、资本主义，还是任何其他信仰体系的启发。只要我们试图了解为什么社会工程常常出问题，就会得到两个简单的结论。首先，那些尝试建立在错误的理论和错误的知识之上。如果你不了解问题所在，就不可能找到解决的办法。其次，更为重要的是，一旦遇到某些人未经同意就把自己的意志强加给其他人，社会工程就会出问题。大家都讨厌被人呼来唤去，而一旦涉及最重要的决定，例如生孩子的权利，讨厌就变成了憎恨。因此，社会工程的第一条规则应该是：**它必须征得全体同意**。

关于社会工程还有一点要说，那就是，并没有其他备选项。在我看来，进化理论最深刻的洞见之一就是它常常引起不受社会欢迎的结果。受社会欢迎的结果也**有可能**是由进化，包括文化进化引起的，不过**只**在某些环境条件下才会发生；这里的“环境”是泛指，包括许多潜在由人控制的因素。进化把我们带往我们并不愿意去的地方，除非人类的社会环境调到合适的“频率”。如果**有可能**把环境调到合适的频率，我们就能够实现在过去看来是完全不可能的结果。如此，进化理论就成为社会工程的一个必不可少的工具。为了迈出第一步，我们必须大胆地把自己**看成**是社会工程师。

11. **当涉及进化时，过去并不能指导未来**。用过去来指导将来可能发生的事是很常见的。当我们被告知，宗教是所有文化的一部分，战争一直
176 存在，无数建立乌托邦社会的尝试都失败了，宗教的共同体社会显然比世俗的共同体社会更加行之有效，其中隐含的意思似乎是未来必然不会有任何变化。从进化论的角度来看，这种暗示在最基本的层面上大错特错。进化关乎创造过去从未存在过的新形式。

一个与过去没有相似之处的未来不仅是一个抽象的可能性，而且还是一个非常实际的可能性。让我们思考一下，在达尔文的进化理论出现之前和之后都有哪些可能性。在此之前，彻头彻尾的无神论是不

可能的，因为当时的无神论者没有办法解释自然界中的一致的模式。千万年以来的所有文化一直包含宗教这一事实是不相干的，因为150年前发生的一件事创造出一片具有新的可能性的领域。

这也适用于我们对人类社会行为的理解。诸如心理学、社会学和经济学之类的整体的学科，至多是从几百年前开始发展起来的。它们直到20世纪才变得完善，而直到今日它们才开始彼此整合并与进化理论结合，从而形成统一的科学意义系统。在前一节里我说过，社会工程的尝试如果建立在错误的理论和知识之上就会失败。如果我们想一想我们关于人类社会行为的知识的轨迹就可以知道，以往的失败并不是未来的向导。

经济学的最新发展将使以上观念显得不那么抽象。直到最近，经济学一直为理性选择理论所主导，这套理论是对人性过分简单的假定。简单的假定让经济学家可以在数学模型的基础之上构建一个庞大的理论大厦，就好像以经验为依据的研究或者其他任何一种关于人类的信息来源都是没有必要的。对我们大家来说不幸的是，经济学家的错误理论和错误知识使得他们的社会工程的努力失败了。

第一批认识到他们自己的学术领域的失败的经济学家认定，有两件事需要完成。首先，他们需要拿人做实验，以了解人们做事的动机究竟何在。其次，他们需要延伸到他们自己的领域之外，比如说，延伸至心理科学，以获得关于人们做事动机的信息。这就是实验经济学和行为经济学的发端，由此，1992年的诺贝尔奖颁给了弗农·史密斯（经济学家）和丹尼尔·卡尼曼（心理学家）。

今天，我们从受读者欢迎的《助推》[17]一书可以看出，经济理论正在
彻底改造自身，今天的经济理论建立在对什么是“人”，而不是“经济分 177
子”（econ）的理解之上。我并没有在暗示，实验经济学和行为经济学对“人”的理解更接近真相。事实上，我在其他文章里批评它们对于心理学的借鉴过于狭隘，尚未将它们的观念建立在坚实的进化论基础之上。

无论如何，如果我们审视一下这个知识界运动的前沿就会发现，经济学家、心理学家、人类学家、进化论者和其他学科领域的成员正在共同努力，形成对人类的社会偏好和能力的统一观念，以便对社会政策起到引导作用，这样的协同合作令人兴奋不已。这种更加全面的知识完全有可能汲取前车之鉴而取得成功，只要借助它制定的社会政策能够得到全体一致的赞同即可。

某些宗教情感是值得效仿的，例如对**重生**的可能性的**谦卑**和**信心**，或者找到**一条通往启蒙的道路**，在启蒙的状态下，个人和社会可以拥有与过去大不一样的未来。把公共政策建立在理性选择理论之上的经济学家无疑是缺乏谦卑的。我如此乐观地认为现在和未来的知识可以借助前车之鉴而获得成功，这似乎表明我也缺乏谦卑。恰恰相反，我认为同时培养出与上面提到的几种情感类似的情感是可能的，我们可以对我们所知道的保持适当的谦卑，但同时对于我们所能做到的事感到自信和乐观。如果是这样的话，那么我们就已经在通往“施魅”的道路上走了很长一段距离了。

在这一节快要结束之际，我想讲述一个我个人的故事，其中涉及本书的编者。乔治·莱文上一次来宾厄姆顿大学举办研讨班时住在我家，我们谈兴很浓，往往一聊就聊到深夜。我怀疑宗教的施魅是否胜过这种令人喜悦的思想探索。他离开之际对我说的话是：“我最喜欢你的一点是你对**可能性**的感觉。”

12. **有所作为**。斯蒂芬·克莱恩在他著名的短篇故事《海上扁舟》里讲述了一个真实的故事。他所乘坐的船在佛罗里达海岸附近遭遇风暴沉没，他被迫与船长和两名船员登上一只小划子，九死一生地上了岸，而其中一名船员就在小船抵达陆地之前命丧海浪之中。不同寻常的是，克莱恩把这个故事描述为“我生命中最好的经验”，因为他感受到了对
178 三个在几个小时之前还互不相识的人的深厚的爱。

这个例子说明极度依赖对构成施魅的感情(例如爱)具有强大的影响。我们有理由把克莱恩的经验解释为一种天生的心理适应机制,它使得人们在面临集体存亡的危险时互相合作,而且它是以爱的形式在主观上得到体验的。数百万美国人在9·11事件之后体验了同样的感情,这次事件似乎让集体的存亡吉凶难卜。和克莱恩一样,许多人谈到,由于灾难产生的一体感,他们的感觉有多么**奇妙**。当然,感觉是短暂的,受益者几乎立刻就投身于善后工作。

当宗教引起极度依赖的感情时,它是在利用我们固有的心理;这种极度依赖或者是实际的,例如当宗教共同体的成员的确互相依赖的时候,或者是象征性的,例如当宗教教义把信仰者描述为正在进行旷日持久的善恶之争的时候。诸如《指环王》之类的虚构作品引起的是类似的感情,但是它们没有自称是真实的。充分尊重客观现实的信仰体系在它如何引起这类感情方面是很克制的,不过它仍然可以有效地做到这一点。事实上,由科学证据支撑的关于极度依赖是真实的断言比基于宗教的这类说法更加有力,后者需要花一番功夫来建立它的现实性。

极度依赖很可能解释了为什么形形色色的激进主义分子所经验的施魅形式与宗教的施魅近似。当有一个事业并且为了促进这个事业有许多事可做时,施魅是很容易产生的。托马斯·贝里是一位具有远见的生态学家,他在《伟大的工作:通往未来之路》一书的开头第一句话里写道:“历史是由那些至关重要的时刻决定的,那些时刻通过将人类冒险与更为广大的宇宙的命运相联系而赋予生命以形态和意义。”[18]我们应该可以明显看出,贝里和宗教所开发的施魅的源头是同一个,但是贝里并没有求助于神。

与此相反,从我的经验来说,许多知识分子和学者受缺乏施魅之苦,这是因为他们是独来独往的猫,他们不**做**任何涉及与他人合作的、迈向有意义的共同目标的事。

13. **做一些局部工作**。我不赞成进化心理学的所有方面，但是我赞成以下观点，即我们从遗传学角度看已经适应于生活在小规模的平等主义社会里，我们乐于看到周围都是让我们信赖的、不会对我们呼来唤去的朋友和同事。[19]由此，做一些局部工作，例如搞一次烘焙食品廉价销售，
179 比起做一些有利于善的事业但是不包含有益的实际面对面的互动的工作来，将更有魅力。

前几年我曾有机会亲身经历这样的事，拜两个新的项目所赐。第一个项目是一个叫作“进化研究所”的新的智囊团，其目的是为了在国家和全球范围内从进化的角度制定公共政策。[20]第二个项目叫作“宾厄姆顿社区项目”，旨在从进化的角度促进对我本人所在社区中的生活质量的理解和改进。[21]两者的目标相同，但一个是全球范围内的，另一个是当地的。我在为进化研究所工作的时候总是单枪匹马，发邮件、写作等。我在为宾厄姆顿社区项目工作的时候，我要和同样参与社区事务的人见面，边喝啤酒边交谈，或者做一些亲力亲为的事，例如视察社区。我发现当地活动非常有乐趣。我还发现积极参与社区事务的人是我所认识的最快乐的人，无论他们是不是宗教的信仰者。最后，我注意到，当一群人试图共同做出一些改变的时候，他们不会**在乎**他们在其他方面的差异。例如，他们并不在乎我是个进化论者，只要我是在想办法帮忙，尤其是如果我能够提供有用的工具来完成工作的话。

当我为拙著《达尔文的大教堂》做宗教方面的研究时，我惊喜地发现一个叫作基层牧师的社会组织。大批的会众不仅每个礼拜天聚在一处，而且还分成小组在某个人的家里聚会，有食物，有鼓励，有共同的目标。基层牧师的设计可以是相当复杂的，包括定期重新安排小组成员的规则，确保组员参加活动的不引人注目的监督系统等。这个社会组织运作非常顺利，这并不是因为它是宗教组织，而是因为它在构建一个大型社会组织时提供了从心理学角度来看最为理想的小型社会环境。

我在广泛阅读时还发现了存在于一个完全不同的地方的多细胞社

会——航空母舰！[22]一艘航空母舰容纳一个由数千人组成的社会，他们必须以瑞士手表般的精准来协调他们的活动。显然，他们被组织成一个个小组，组员之间的关系变得紧密。组与组之间甚至以部落的方式借助体育竞赛来互相竞争，不过其结果是在更大范围内的协同一致。简直太棒了！

尽管发生的可能性不太大，但是我有时仍会幻想创建一个进化的基层牧师。让我们设想有五百个人对宾厄姆顿社区项目真正感兴趣，180
即从科学和进化的角度理解并提高我们所在城市的生活质量。除了定期举行全体成员的聚会，他们还分成小组在某个人的家里聚会，有食物，有鼓励，有共同的目标。天晓得，有足够多的问题让大家分组讨论。其中一个组可能在集中讨论产前护理，另一组在讨论青少年的危险行为，还有一组在讨论公共空间的设计。无论他们白天做什么工作，所有的参与者都可以获得科学家的技能，对各种概念变得熟悉，回顾文献，了解数据和实验设计，进行扎实的研究，成果发表在同行评议的期刊上，最终成功地产生一定的影响，这种影响经过严格的评估，大家有目共睹。进化的基层牧师有没有可能像宗教的基层牧师那样运作顺利？有没有可能**更上一层楼**？

14. **让事实变得神圣**。文化系统如能成功地告诉人们**该做什么**，它就能够持久。文化系统是为了激发行动而设计的价值体系。与此对比，科学知识本身并不会激发行动。它只是告诉我们世界上有些什么。因此，为了使整体发挥作用，科学知识必须与一个价值体系相互联系。价值体系考虑关于万物的知识，然后用这知识来激发行动。重要的是，在赞美科学的长处的同时，必须强调科学的**不完全性**。

在第10节中，我列出了社会工程失败的两个原因：缺乏知识和缺乏对该如何运用知识的统一决定。究其本质，统一的决定是对价值的一致意见。因此，当我们小心谨慎地避免这两种失败的时候，我们就是在提供那种“整体”,科学在其中起着极为重要但是并不完全的作用。

正如我们先前所讨论的,大多数文化系统的组织方式并未仔细区分价值体系和供考虑的实际知识。相反,价值常常是以推定的事实的形式传达的。如果我反对你的所作所为,我可能会说你“讨厌”、“不成熟”或者其他不符合事实的否定词,从而阻止你。如果我认为女人应该待在家里,我可能会认为女人的心智不如男人,女人有性冲动是不正常的。事实具有激发行动的强大力量,因此把某个东西确定为事实是一件意义极其重大的事情,无论它是否**是**事实。吉姆·克拉默的行为是
181 自然而然的。他只是对于其他人的福利格外地坦白和感觉迟钝,他只顾构建对他本人来说有用的虚构。

我们可以对把虚构当成事实的优点进行成本效益分析。其效益(受益者或者是个人或者是群体)是由推定的事实激发的行动。其成本是忽视真正的事实的长期后果。举个例子,全球变暖不是由人类造成的这个观点会带来短期的效益和潜在的、长期的惨重代价。阿尔·戈尔的电影标题《一个令人为难的事实》很能说明问题。

在任何一个现有文化中,成本和效益的衡量有时候倾向于理解客观事实,有时候倾向于把虚构当作事实。这就是为什么所有的文化都具有一种可以视为理性的和原科学的思维模式,不过它只在某些时候才表现出来,正如我在第2节里所说的。

如今,适应性虚构似乎比过去的成本更高。我们对于地球的影响以及我们对科技的依赖是如此巨大,以至于我们必须创造出一整套复杂的事实信息才能够驾驭它们。换言之,现在比以往任何时候都有必要尊重事实,避免把虚构当作事实。

根据定义,科学是一个为尊重事实而设计的文化系统。在科学里,事实是神圣的,违反事实会受到相应的惩罚,即使很少用到“神圣”一词。在《达尔文的大教堂》一书的结尾,我说我很乐意把科学称为一种宗教,在这个宗教里,关于事实的知识就是受到崇拜的神。如果科学如

此看待自己，它也许会运作得更好。

不过，**仅仅**在科学领域内让事实变得神圣是不够的。如果更广大的社会被适应性虚构所支配，那么它将不会向科学请教解决问题的方法。我们需要的是一个能够更加仔细地区分价值和事实的文化系统。在这样的社会里，事实将是神圣的，违反事实将受到惩罚，就和现在科学社会中的情况一样。由于知识本身并不导向行动，这样的社会还将包括对导向行为的价值和目标的明确讨论。

我并不是说这样的社会很**容易**实现，但是它看起来是**有可能**实现的。它将违背进化了的人性，因为我们已经根深蒂固地相信有用的事物而非真实的事物。不过文化**已经**违背了进化了的人性，例如，宗教树立了无法企及的利他主义和至善的理想，只能接近它们，却几乎无法达到。此外，我们已经有了一个成功地把事实当作神圣的文化的例子，那 182
就是科学。我们只需要扩展关于事实神圣性的科学精神，增加关于价值的明确讨论，这样就可以了。

这种社会规划与证明对个人有效的治疗方法有异曲同工之妙。在接受和承诺疗法（ACT）中，个体被描述为具有"震颤大脑"（chattering brains），即我们固有的心理，它主要在意识之下运作，它在大多数情况下导致适应性结果，但有时也会出差错。[23]ACT鼓励我们接受自己的问题，详尽明确地探索价值观念，朝着我们真正的目标努力，而不是与震颤大脑的幻影搏斗。即使只接受过几个小时的ACT训练，在精心设计的随机化测试中也被证明有效。ACT所运用的许多概念和方法都是从宗教传统那里借来的，是与宗教有关的施魅的一部分。我提出的社会规划可以看作是扩大化了的ACT疗法。

15. **科学知识应该用艺术来装点**。最后，回到第6点，这样的社会没有理由不能用艺术好好装点一番，这种艺术颂扬该社会的价值观，用枯燥的学术模式之外的方法传达它的内容。我将用三个例子来说明这种情况已经开始发生。

福音派教徒迈克尔·多德经过重生，成为一名进化论者，但他同时是一名基督徒，现在他与他的无神论妻子、科学作家康妮·巴洛一起用福音派的风格宣讲进化论。他们就像过去的巡回传道者那样，开着一辆面包车永远走在路上，他们的车饰有达尔文之鱼亲吻基督之鱼的图案。生活**的确**比小说更加奇怪！如果你想了解更多情况，可以访问他们的网站，阅读迈克尔的书《感谢上帝赐予我们进化论》，[24]或者购买一张他的DVD。我在这里可以证明，迈克尔和康妮所论述的事实达到了科学新闻的标准，而他们在传达这些事实时用到了与宗教有关的施魅。

如果福音派的风格不符合你的口味，不妨试试巴巴·布林克曼的《说唱乐的进化论指南》，“一次现代进化生物学的嘻哈式探索”，这也是一次舞台表演（2009年7月在英国剑桥的达尔文艺术节，以及2009年8月在爱丁堡边缘艺术节）的名称。[25]巴巴曾经还用说唱乐表演过《坎特伯雷故事集》，他在准备进化论表演时做足了功课，因此他也达到了科
183 学新闻的标准，而说唱乐这种手段比任何专业的讲座都更加有力地传达出其内容。我最喜欢的一段说唱乐基于马戈·威尔逊和马丁·戴利有关芝加哥内城区的男性暴力行为和女性过早生育的研究，说唱乐这种艺术形式就是从那个文化里产生的。

我的第三个例子是我的一次亲身经历。我受邀参加仲冬季节在纽约州的伊萨卡举办的一年一度庆祝科学和艺术的节日“冬季之光”。我的搭档是一个不拘一格的叫作“水熊”的乐队，它由一个钢琴师、一个小提琴手、一个大提琴手和一个电贝斯手组成。乐队的队长梅尔·博埃尔读过我的书《进化论普及读本》，并且受到三个主题（个体差异、社会控制和扩大合作圈）的启发创作了乐曲。演出时先由我简短介绍一下每个主题，然后我站在舞台上，他们开始音乐表演。在表演关于个体差异的曲子时，乐手们在演奏风格中采用了害羞和大胆的个性。

在表演关于社会控制的乐曲时，大提琴手从一开始就用吉米·亨德里克斯的风格主导整个乐队，直到电贝斯手重新把他带回乐队的整体步调。在表演关于合作的曲子时，乐队邀请听众和着乐器哼唱节奏音型。这次演出对听众的影响之强烈超出了我的任何一次讲座。我甚至有一个量化的标准：听众在演出结束后把我的书**抢购一空**，这在我的公开演讲之后是很难看到的！

对人的科学理解除了能得到与宗教有关的施魅之外，还能得到与艺术有关的施魅。如果我们认识到，就进化而言，包括文化进化，未来不一定要向过去看齐，那么我们就大有盼头了。 184

九

达尔文式施魅

罗伯特·J.理查兹

灵的世界并没有关紧；
你心如死灰，耳目不聪！
奋起吧，弟子，务须坚定，
在曙光中涤荡尘胸！[1]

——歌德，《浮士德》*

马克斯·韦伯在他那篇难以捉摸的文章《学术作为一种志业》（“Wissenschaft als Beruf”, 1919）里试图明确说明现代科学的目的和道德含义。目的是显而易见的：确立有关某个特定问题的事实，并确定这些事实之间的逻辑关系和数量关系。科学本身无法，毋宁说，不应该试图证明任何道德规范的正确性，科学家也不应该在裸露的世界外面裹上有趣的个人价值观："科学工作者一旦表明自己的价值判断，对事实的完整理解也就**终结**了。"[2]韦伯走得更远。现代的、不断进步的科学建立在智力和理性之上，它把精神力量从自然世界中排除出去，于是夺走了多维世界的有魅力的色彩，只留下一个光秃秃的灰色骨架。韦伯式

* 歌德著，《浮士德》，钱春绮译，上海：上海译文出版社，1989年，第29页。

的科学由以下信念构成：

> 只要我们愿意，我们就**能够**了解某个问题，因此，再也没有什么神秘莫测的力量在起作用，从原则上说，我们可以通过计算（Berechnen）掌握一切。而这就意味着为世界祛魅（Entzauberung）。[3]

在这篇文章中，我希望探究一番达尔文的世界是怎样一种状态。他的拥护者和反对者都认为他的理论用失去道德价值的宇宙机制取代增添了精神的自然；他们认为他的理论给现代世界祛了魅。萧伯纳在 185
《回到玛士撒拉时代》（1921）的前言里表达了他所处的世纪对达尔文主义那终结一切的机器的与日俱增的恐惧：

> 如果没有想象力你就无法理解摩西，如果没有形而上学你就无法理解司布真［当时的一位著名布道家］；不过，即使没有想象力、形而上学、诗歌、良心和体面，你也能成为一个彻头彻尾的新达尔文主义者。因为“自然选择”不具有道德意义：它讨论的是无目的和无智能的那部分进化，更合适的名称也许应该是偶然选择，或者说，非自然选择，因为没有什么比偶然事件更加地不自然。假如可以证明整个宇宙是由这样的选择产生的，只有傻瓜和无赖才活得下去。[4]

我不相信萧伯纳的评判是正确的，我要证明，在达尔文式的世界里，我们仍然能够听到美妙的鸟鸣。达尔文式的自然（至少达尔文本人是这样想的）并不像韦伯和萧伯纳所认为的那样被剥夺了精神力量或道德价值；至少，这是我在本文的第一部分里要论证的观点。不过，我们当代的、新达尔文主义的世界是什么样的呢？它是否在绕着一个垂死的恒星运行？它本身是否就是一个已死的行星，在这个行星上，希望和道德可能性只以过去的化石的形式存在？当今宗教的反对者，例如智能设计运动的参与者以及“新无神论者”，似乎都赞同萧伯纳的观点，认为是达尔文让世界祛了魅，如果让达尔文主义大行其道，世界将变成道德的荒原。我相信这个判断也是错误的，在本文的第二部分里我将试图说明其原因。

休厄尔的发难

草草翻阅一下西方科学史，似乎能够印证韦伯的分析。在科学革命时期，亚里士多德式的宇宙瓦解了，至少瓦解了一部分：牛顿把重力确立为支配物体运行的可计算的力，根据他的有节制的判断，这种力只是物体间的一种数学关系。没错，牛顿仍然需要上帝来充当时空的本
186 源和仁慈的看守者，祂必须不时调整一下行星运行的机械装置。在接下来的几个世纪里，随着自然科学和社会科学的势力不断增强，超人类的有意图的力量的范围进一步减小。康德和拉普拉斯在牛顿本人的物理学中发现了可以摆脱天文学中对上帝假设的依赖的办法。到了18世纪末，两位新型的心理医生，法国的菲利佩·皮内尔和德国的约翰·克里斯蒂安·赖尔，将恶魔祛除，使之不再控制发疯的人，他们证明心理疾病可以用药物来有效干预。不过，生物学，至少在19世纪初，似乎是抵制机械论科学那嘎嘎作响的齿轮的。康德曾宣称不可能出现研究草叶的牛顿，影响力颇大的英国康德主义者威廉·休厄尔也赞同这一点。

在《归纳科学史》(1837)里，休厄尔提出必须严格地把科学和神学区分开来。[5]科学以经验证据和理性推断为基础，从中得出解释性法则，而神学依赖于神示和望，它们促进对“看不见的事物”的信念。科学探索的是自然的机械架构及其运作原则；神学揭示的是树立这个架构并制定其法则的精神力量。[6]在休厄尔看来(杰出的生物学家如

乔治·居维叶和路易·阿加西也是这样认为的)，生物有机体表现出目的论特性。用居维叶的话来说，它们受到“存在条件”的制约：从内部来说，有机体的各部分以手段—目的的关系被紧紧联结在一起；从外部来说，有机体的各部分极为精确地融入其生存环境，任何部分或环境的重大改变都会导致该有机体及其种类的灭绝。休厄尔赞同这种说法：很显然，有机体是经过有目的的设计的；事实上，我们的精神是在我们与现存世界的相互关系中塑造成形的，我们出于本能反应地运用渗透目的的概念来分析生物。尽管如此，身为康德主义者，休厄尔不允许跳跃到超验领域来解释有机体那经过设计的结构。科学仍然根植于经验观察和固定的法则，知识论上的约束仅限于自然世界。

据休厄尔说，化石证据的确显示古代有机体的灭绝以及它们被更高级的生物所取代。但是绝不能从中得出拉马克那样的推论。居维叶证明，久远以来，物种并没有发生重大改变：埃及陵墓中的人、猫和鹿的木乃伊和生活在巴黎和巴黎周围树林中的那些同类生物形态几乎是一 187
样的；此外，“存在条件”会阻止物种的重大改变。因此，事实和理论都说明：“**物种在自然界具有真实的存在**，不存在从一个物种到另一个物种的嬗变。”[7]既然科学家无法诉诸圣典以便用奇迹来解释物种的渐次取代，既然受自然规律支配的物理原因毫无用武之地，物种起源的理性探求就被阻止了。从科学的角度来看，物质仍然“笼罩在神秘之中，没有敬畏感就无法接近”。[8]

休厄尔因此确立了19世纪上半叶英国生物学学科的难题：(1) 有机生命服从自然法则，同时显现出具有目的性的结构；(2) 化石证据表明物种在逐渐进化；(3) 但是没有一个运用自然法则的科学论据能够解释有机体的智能设计和有机体在化石记录中的进化现象。因此，具有适应性结构的物种的起源在科学上是难以解释的；只有神学有望促进这个谜团的解决。

达尔文对此发难的回应

达尔文从比格尔号之旅返回几个月后读了休厄尔的《归纳科学史》(1837)，他在书里留下的重要旁注表明，他仔细思考过这位前辈作家所说的用科学方法研究有机生命的问题。[9]他接受了休厄尔的含蓄发难。1837年春天，就在他开始阅读休厄尔的科学史之前，这位年轻的博物学家开始讨论物种起源问题。他相信他能够构建一套科学理论，来完成休厄尔认为不可能完成的工作，一套只依靠经验事实和自然法则却能够解释有机体的智能设计及其进化的理论。此外，达尔文开始相信，他能够证明完全被休厄尔排除在生物学探究之外的内容："人类本身，尽管有着种种身体、智力和道德的优势，是从猿或狒狒类的某种生物进化而来的。"[10]在《物种起源》里，达尔文将构建一种理论，它的主要任务
188 是解释"我们能够设想的最崇高的目标，即高等动物的产生"，[11]也就是说，具有道德本能的人类。

达尔文理论的基础

1836年后半年，达尔文从比格尔号航行返回之后，开始整理他带回来的标本并进行编目，这时他认识到，原本他认为是由环境相互作用造成的嘲鸫的三个变种实际上是三个不同的物种。由于达尔文已经掌握了他的祖父伊拉斯谟·达尔文的嬗变理论和拉马克的理论，他很快就确信，他的嘲鸫经过了彻底的改变。1837年早春，他开始构建一种物种变化的理论。一开始，他猜测每一个物种可能具有固定的寿命，当一个物种即将灭绝之际，一个新物种将会从这个旧物种里诞生。不过他很快就意识到，造成物种灭绝可能性更大的原因是环境变化。查尔斯·赖尔（达尔文认为他有一半的思想来自这位地质学家）曾经表达

过大致相同的观点。赖尔相信，当环境发生重大变化时，会扰乱物种与其周围环境之间的亲密关系，从而导致物种的灭绝。他提出，自然界暂时的不平衡会因为另一个替换物种的产生而得到弥补；他暗示，天平已经被神的手重新调整过，休厄尔认为这种暗示企图将神学假设混入科学而对它不屑一顾。[12]赖尔并不认为替换的物种是对已灭绝生命的改进；事实上，据他推测，同一类生物经过一定时间会重新在地球上出现，恐龙（由理查德·欧文发现）会又一次在野外出没。与此相反，达尔文认为由于地质变化造成的物种替换是不断进化的。正如他在《笔记E》里所说的（当时他刚读完马尔萨斯的著作不久，正开始构建他的自然选择观念）："我的理论当然离不开进化。"[13]但是他写这句话的时候，他的理论尚未成形，大多是些零星思想和不确定的雄心壮志。

从1837年下半年到1838年秋天，达尔文提出，有两股力量可能是导致物种改变和进化发展的原因：环境的直接影响和遗传的习惯。后 189
者可以解释，比如说，为什么某些水鸟会有带蹼的脚：游到水面上进食的习惯经过一代代的实践之后成为本能；这种本能又要求水鸟把足趾伸展开来，这样最终就会导致足趾之间长出延展的皮膜。于是他总结道："一切结构，或者是习惯的直接影响，或者是遗传和习惯的综合影响。"[14]在达尔文看来，由于这种解释没有把解剖学上的变化直接归因于有意识的意志的作用，因此这种解释避免了拉马克常常遇到的反对理由。当然，我们可以看出，达尔文之所以力求与他的那位饱受攻击的法国同行保持距离是出于自保。

1838年9月底，达尔文开始（如他本人所说）"为了消遣"而阅读马尔萨斯的《人口原理》。[15]马尔萨斯为达尔文后来的自然选择理论埋下了种子。这个构成原因的新原则将把他的其他拉马克式的理论挤到背景之中，虽然还不至于将它们从他的整体理论中排除出去。对于达尔文理论的历史发展，人们通常是像下面这样理解的。达尔文已经意识到，培育者的"选种"会改变动植物的结构，不过一开始他无法设想这个过程在自然界会怎样发生。[16]马尔萨斯提供了人口压力这个关键概念：有机体，无论是水仙花还是大象，会繁殖出大大多于环境所能承受的后代。因此，在繁殖出来的这些个体中如果有某些个体具有略显优势的特征，那么它们达到繁殖年龄并遗传那个特征的可能性就更大。逐渐地，一个物种的个体会随着这种适应性优势的缓慢积累而改变。这种历史描述并不算错，不过它掩盖了该理论的深层假定和动机，那些使得该理论成为一体的隐藏力量。在表层之下是达尔文从未完全抛弃的、仍旧施了魅的世界。[17]

有目的性的自然结构

在阅读马尔萨斯著作期间，达尔文开始思考种群数量的压力对有机体的影响，他把这种影响比作"十万个楔子试图把每一种适应的结构揳入缺口……揳入自然界的秩序，或者通过把较弱的楔子挤走而形成
190 缺口"。不过他立刻就寻求从目的论角度，即休厄尔认为特别适用于生物学理解的那种角度来理解该事件。他匆匆写道："这一切揳入的终极因一定是为了挑出合适的结构并将它与变化相适应——为了做到这一点，因为，马尔萨斯指出，形式是（通过意志力）这种人口稠密状态对人类精力的最终影响。"[18]因此，达尔文一开始解释后来成为他的自然选择理论的那种机制时，认为种群数量压力的目的或者终极因是有机体形式的改变，他还提出，这种目的与人类在类似情形中的意图也许有相似之处。

在这里诉诸终极因也许会被认为仅仅是一种套语，审慎的历史学家不会当真。毕竟许多学者都认为达尔文的新理论将有关自然界的目的论论证完全驱逐出现代生物学。[19]然而很明显的是，达尔文的早期理论构架里充满着目的论的思考方式，而且我相信，这种思考方式影响了达尔文在《物种起源》里对他的理论的表达。例如，赖尔认为地球的

地质结构需要几乎无限长的时间才能形成，达尔文在考量这一点时，把这个事实一下子转变为一个带有目的性的解释：“进化发展为人类出现之前的漫长时期提供了终极因。”[20]也就是说，可以把现代之前的广袤无垠的时间解释为具有其独特官能的人类进化发展的必要条件。又如1838年11月初，达尔文在着手解决一个至今仍能激发生物学家兴趣的问题时，即为什么是有性世代，而不是更简单的无性模式，他同样认为这需要一个目的论的解释：

> 我的理论为两性提供了极好的终极因：因为如果不是这样的话，物种的数量将和个体的数量一样多……如果都是不同的物种，就不会有群居动物，而我想要说明的是，群居动物是生物的道德情操中一切最美好部分的基础。如果人类是**唯一**了不起的目标，为了它世界才成为现在的样子。——如果我的理论站得住脚，那么两性的形成就绝对有必要。[21]

这段话明确表达了对于有性世代的先行存在的目的论解释：那是为了生育群居动物；而群居动物的出现是为了最终产生道德动物，也就是我们。后来有两次达尔文重新提到这段话，他给第一行里的“极好的终极因”加了一个限定词。他更加谨慎地说道：“我不希望只说是原因而 191
已，而是要说是一个极好的终极因……”再后来，可能是在创作《物种起源》期间，达尔文又给最后一句话里的“**唯一**了不起的目标”做了限定：“尽管它过去是唯一的目标，但是当我从地质学家、从历史和天文学家那里听说月球很可能无人居住时，我要提出质疑。”虽然有这些限定条件，目的论的论证结构在达尔文的思考中一直保留到他开始写作《物种起源》。

在达尔文的笔记里还有许多其他的例子是明确运用目的论来分析具体现象的。[22]如果我们再算上达尔文使用“目的”（purpose）的许多例子，或者其更加含糊的近义词“目标”（object，就像他在上文所说的“唯一了不起的目标”），那么他的笔记和《物种起源》都将充满这类语言。“目的”或“目标”在《物种起源》里出现了大约六十三次，而“机械的”、“机械论的”或其任何其他形式只出现过五次，而且没有一个是修饰“自然选择”的。看来，认为达尔文的理论取消了终极因或者不再运用目的的看法有些夸大其词了。

只有一次达尔文使用“终极因”时是采取批驳态度的：当一个带有目的性的特征被归因于神的直接作用而不是自然法则在起作用的时候。达尔文在他的《笔记M》中说道：

> 之所以像这样不愿意把造物主想成是用法律进行统治的，很可能是因为只要我们把每一个目标视为一个单独的创造行为，我们就会愈加佩服它，因为我们可以拿它和我们自己的心智的标准进行比较，如果我们考虑到通过援引法律来制定法律，情况就不再如此了。它最终导致对一个终极因的觉察。[23]

从他的笔记和写于1842年和1844年的论文，直到《物种起源长编》（*Big Species Book*，经过删节和补充成了《物种起源》），达尔文始终认为，必须把自然界的事件看作是通过自然法则发生的。这显然是休厄尔在《归纳科学史》中传达的主旨。不过，自然法则在达尔文的理论中究竟是如何体现的呢？

作为自然法则的自然选择

在《物种起源》的最后一段里，达尔文以总结的方式明确说明了他在书中加以辨别的法则。这些法则包括“伴随着生殖的生长”、“遗传”、“变异”、“生存斗争”和“自然选择”。在《人类的由来》里他毫

不犹豫地提到“自然选择的法则”。[24]在他的《自传》里他将他的自然 192
选择法则和佩利的作为干涉主义者的神祇加以比较：

> 从前佩利根据自然界中存在着预定的设计而得出的论据，使我觉得是千真万确的；但是现在，由于已经发现了自然选择法则，他的论据也就无效了。例如，瓣鳃纲软体动物那美妙的铰合部，一定是某一个有理智的神所创造的，就好像门窗铰链是人类创造的。[25]

达尔文在他后来的笔记和《物种起源》里主张，新物种是根据法则，自然选择的法则，创造出来的。但是他说的法则究竟是什么意思？自然选择是如何以法则的形式起作用的？

达尔文似乎用法则来指称在自然世界里有因果关系的、固定不变的相互作用。这些相互作用构成了一个放射状的力的网状系统，它统辖一切无机和有机的组成物。他提出，最为笼统的物理原因对更加具体的一系列原因具有决定性的影响，而后者继而被转化为环境的改变，例如缓慢的地质变化，从而形成有机体的适应性改变。因此，他几乎会认同亚里士多德的名言，人是人和太阳生出来的，他提出的是一个森严的等级关系。达尔文认为这个塑造有机体的法则网络的想法绝对胜过“以下这个逼仄的想象，认为上帝（完全违背祂在一切有机体的本性里所确立的那些法则）创造了爪哇和苏门答腊的犀牛，认为自从志留纪以来，上帝接连创造了一系列可憎的软体动物”。[26]一个有着固定的物理力和生物力的宇宙杜绝了一切人类自由意志的观念，而达尔文显然不是这种假定的支持者。他关于一个有着固定的力（它们决定一切事件，甚至人类的行为）的宇宙的观念似乎促成了祛魅的现代世界。不过这个印象却因为他对法则本身的终极因的认识，以及他对有机生命最重要的法则（自然选择）的机制的理解而减弱。

正如刚才引用的段落所示，达尔文所持有的关于自然法则的观点是19世纪早期非常普遍的观点，即法则，就其本质而言，需要一个头脑来加以阐述并提供使其生效的力量。威廉·佩利在他的《自然神学》一书中表达了这种普遍观念：

> 法则以行为者为其先决条件，因为它只是行为者行事所据的
> 193 模式；它意味着一种力量，因为它是那股力量发生作用所据的秩序。如果没有这个行为者，没有这股力量（两者都与法则本身截然不同），那么"法则"什么也做不了；它什么也不是。[27]

威廉·休厄尔提出了一个可与之相比较的假设，在他看来，可以把自然界的创造过程归因于自然法则；自然法则可以充当上帝的代理。休厄尔在他的《布里奇沃特论文》里是这样表述的，这段话被达尔文用作《物种起源》的引语：

> 但是就物质世界而言，我们至少可以把话说到以下程度——我们可以了解到，事件的产生并非由于神圣力量每一次的单独干涉，而是由于普遍法则的确立。[28]

和休厄尔一样，达尔文也相信自然的创造力量以及解释力量来自自然法则。在《物种起源》的手稿里，他把自然简单定义为"由上帝规定的、用来管辖宇宙的法则"。[29]他对阿萨·格雷这位美国支持者如是说："我倾向于认为万事万物都源自设计好的法则，其细节，不论好坏，则留待我们所谓的运气来处理。"[30]不过到1860年春天他给格雷写信的时候，达尔文的信念（认为自然法则需要有一个独立的、会设计的头脑来为它提供力量）已经开始动摇。到了19世纪60年代末，达尔文似乎完全抛弃了上帝是他的理论的一个必要基础这个看法。但是他似乎从

未抛弃过以下看法，即把过去那些由神圣作用者提供的辨别、力量和道德关切的特质归因于自然选择本身。这些特质允许自然选择法则导向达尔文所预见的结果，即他认为的进化过程的目标所在（这个结果在休厄尔看来是不可能的），亦即作为道德生物的人的自然创造。

自然选择的两面性

人们很容易以为，自然选择的观念是以完全成熟的形式，包括我们通常赋予它的一切特征，从达尔文的脑袋中蹦出来的。但是从他的笔记中可以看出这个观念逐渐发展的过程，这是一个有许多概念上的障碍需要克服的发展过程，如果我们审视自然选择观念的两个主要特征，其中的困难会显得更加明显：导致个体生存的斗争（其结果是保存了 194
优势性状）；那些具有有利变异的有机体之间的交配（由此将那些性状遗传给后代，长此以往导致物种发生改变）。达尔文必须把这两部分统一起来，而我相信他并没有做到这一点。

1842年，达尔文以三十五页的篇幅用铅笔草拟了他的理论雏形，两年后他把这份纲要扩充至二百余页。这两篇论文成了《物种起源》的模板。[31]在论文中，他试图把家养育种的模型运用到自然界的有机体上。在家养状况下，新的和可变的环境会对有机体，尤其是对它们的生殖系统，造成影响。达尔文相信这些环境影响会最终在受影响的品种的后代中造成更小或更大的变异。那些在野生状态下的有机体也会受到类似的环境变化的影响，尽管这种影响以更加缓慢的地质学的速度发生。“因此我们可以预期一种野生动物不时发生变异。”[32]他声称，马尔萨斯的人口压力说会制造一种斗争，这种斗争使得略具有利性状的有机体占据优势。“经过一千代之后，极细微的差异也必然会发挥作用。”[33]其结果将是物种形态学上的改变。不过达尔文还是认识到了一个残留的问题，他在早期的纲要里是这样提出这个问题的：

有没有一种方法可以把那些变异方式相同的后代挑选出来进行杂交，让它们的后代单独在一起，由此繁殖出经过选择的物种（不然，如果像野生动物那样自由杂交，那么这些小的异质变异必然会不断互相抵消而最终消失），使其保留统一的特性？[34]

达尔文认识到的这个问题可以称之为进退两难的问题：有利变异只会偶尔发生在个体的有机体身上；在家养环境下，育种家会从一大群牲畜中只选择并隔离少数具有所需性状的个体并让它们进行交配。但是在野生环境下，是什么选择并隔离了用于育种的有机体，并使得它们不至于由于杂交而重新成为种群中未经修改或者经过负面修改的个体？是什么力量让这些经过选择的有机体聚在一起进行交配，从而创造出经过演变的新的世系？在家养环境下，是育种家从一大群牲畜中选择并隔离一些个体进行交配。但是在自然界，是什么力量在完成这项工
195 作？在1842年和1844年的两篇论文中，达尔文都提到了这个问题，他采用了一个模型来说明在野外发生的情况：

现在让我们假设有一个存在，他具有充分的洞察力，能够察觉到外部组织和最内部的组织中的差异，而人类是无法察觉这些差异的，他还具有未来几百年的先见之明，能够以毫无差错的审慎照看在先前的条件下繁殖的一种有机体的后代，并出于任何一种目的对其进行选择；我觉得没有什么理由不相信他能够创造出一种适应新环境的新的族类（或者几种，假如他把原来的有机体分开，分别在几个岛屿上展开工作）。由于我们假定他的辨别力、先见之明和不动摇的目标远远超过人类所具有的那些品质，因此我们可以认为，新族类的适应性变化之美和之复杂，以及它们与原来种族的差异，都要胜过由人类培育的家养族类。[35]

在这里，达尔文为他自己构建了一个在自然界中起作用的选择者的模型，这个选择者具有超自然的“先见之明”和“辨别力”，他选择有机体是因为它们的“适应性变化之美和之复杂”，而且他是以“毫无差错的审慎”进行选择的。和家养动物的育种家一样，这个想象中的存在会隔离具有有利性状的个体并阻止它们与群中其他个体进行回交。这同一种力量也出现在《物种起源》一书对自然选择的描述里。

在他的书里，达尔文比较了自然选择那具有辨别力和洞察力的行为和人类育种家那粗心大意和肤浅的行为：

> 人类只能作用于外在的和可见的形状：自然并不关心外貌，除非这些外貌对于生物是有用的。自然能对各种内部器官、各种细微的体质差异以及生命的整个机构发生作用。人类只为自己的利益而进行选择；自然则只为被她保护的生物本身的利益而进行选择……这样，自然的产物必然比人类的产物具有“更真实”得多的形状，更能无限地适应极其复杂的生活条件，并且明显地表现出更加高级的技巧，对此还有什么值得我们惊奇的呢？[36]

在《物种起源》里，达尔文保留了他在那两篇论文中表述过的选择的模型，即一个具有智慧和道德关切的作用者。但是在自然界中，这个模型的类似物是什么呢？当然是“生存斗争”。

然而正如达尔文所认识到的，甚至连“生存斗争”这个概念都是一个比喻的说法。按照字面意义，它既包括一株植物在沙漠边缘挣扎着获得一点潮气，也包括两条狗争一块肉。它既可以用来指植株与其他 196
植株斗争以便尽可能多出芽，也可以用来指植株努力结出能够引诱鸟类的果实。[37]这些不同种类的斗争的结果，就像这部书的副标题所说的，是“有利族群之保存”。然而，这是适者的“保存”，还是不适者的“消除”呢？在19世纪后半叶，这是一个极具争议的问题。就我们今天对自然选择的了解，个体并没有被积极地保存下来；它们只不过是没有被消除，所以它们存活下来，繁衍后代，把它们的性状传下去。保存暗示着一只关切的手的某种积极干预。但是同样地，消除也暗示着一只干预的手，一只扼杀某些品种，或者至少是阻止其育种的致命的手。甚至当达尔文试图描述他的模型所示的那种自然界的过程时，他仍然说得仿佛有一个有意图的作用者在发挥作用似的。

在《物种起源》里达尔文特别提到，成功的育种家有着大群个体，这会增加有利变种出现的概率。[38]他用类比的方式说明在自然状态下发生的情况：自然选择在辽阔地区将会更加迅速和有力地发挥作用，因为在辽阔地区“同一物种的大量个体产生有利变异的可能性更大”。[39]在那些条件下，自然选择那明辨的眼睛可以挑选出有利的有机体。达尔文简单地认为，自然选择就像人类当中全神贯注的育种家，它会把这类个体隔离出来进行交配。当前的生物学家认识到，一个物种的大量个体只会加剧那个进退两难的问题。这就是为什么今天大多数注重生态学的科学家相信，选择之下的演化在小的、孤立的地理空间中，在岛屿上、山腰里、由自然障碍阻断的陆地，发生得更加迅速，在那些地方只可能有小群个体。由于达尔文相信有一个**作用者**，所以他断言同地物种形成更具优势；当代生物学家则认为异域物种形成是有必要的，因为他们把自然选择解释为一种**机械的**变化过程。

自然选择的品性

达尔文所建立的模型把自然选择视为具有辨别力的头脑，这种模型的力量可以借助他在分析中的另一个特征来加以评估。这个头脑，
197 根据达尔文在那两篇论文和《物种起源》里的描述，照料着它所看护的有机体：

我们可以说，自然选择在世界上每日每时都在仔细检查着最细微的变异；把坏的排斥掉，把好的保存下来加以积累；无论什么时候，无论什么地方，只要有机会，它就静静地、不知不觉地进行工作，把每一种有机生物加以改进。[40]

达尔文在此处声称自然选择力求“把每一种有机生物加以改进”。紧接着这段话他重申道：“自然选择只能通过并且为了各生物的利益而发生作用。”[41]在《物种起源》的倒数第二段里，达尔文再次肯定自然选择所表明的道德关切：“因为自然选择只是根据并且为了每一个生物的利益而工作，所以一切肉体的和精神的禀赋都有向着完善化前进的倾向。”[42]这些并不是笔误，因为他在《物种起源》里多次做此论断。[43]但是在我们看来，自然选择当然不是为了每一个生物的利益而工作；它消除了大多数生物，摧毁了它们。我相信，达尔文所构想的在自然界中发挥作用的仁慈的头脑在他的理论中根深蒂固，以至于压服了至少在我们看来显然是自然选择的作用所造成的后果。有几个短暂的瞬间，达尔文遭遇了这个逻辑上的明显抵触，不过他找到了缓和其后果的方法：

当我们想到此种斗争的时候，我们可以用如下的坚强信念聊以自慰，即自然界的战争不是无间断的，恐惧是感觉不到的，死亡一般是迅速的，而强壮的、健康的和幸运的则可以生存并繁衍下去。[44]

即使在这里，达尔文还是抑制了他在别处表达的观点，即自然选择“在世界上每日每时都在仔细检查着最细微的变异”——自然选择的确是在不断发生作用的；自然界的战争是无间断的。[45]

自然不仅以自然选择的形式显示了道德关切，它还有着产生道德动物，即人类的目标，也就是达尔文在1838年11月初所说的“**唯一**了不起的目标，为了它世界才成为现在的样子”。[46]于是他便有义务说明道德意识是如何在人类当中演化出来的，这就是他在1838年10月初着手要做的事，他从那时起开始用一本新的笔记本，即《笔记N》，专门记录关于道德和心灵的内容。[47]人类是“唯一了不起的目标”这一点为达尔
198 文解释了（正如我们已经看到的）为什么世界上会有有性世代：有性世代产生了群居动物，只有它们才会具有社会本能，而他相信社会本能是道德行为的基础。在他的《笔记N》和相关的零散笔记里，他起初认为亲代抚育、关心后代、群体成员之间的合作等社会习惯会逐渐改变脑结构，从而使得这些习惯成为本能。因此达尔文最终认为，道德冲动是在动物发展的过程中获得的，而不是由上帝植入灵魂的。正如重力是物质固有的力，“我们同样可以说，大脑觉察、思考、记忆，等等”。[48]然而，他在思考这个主题时认定他的那种唯物主义并不意味着“无神论”，这是针对拉马克理论的指责。达尔文把他的唯物主义置于一个高尚的目的论框架之内：

> 这种唯物主义不会趋向于无神论。如此高尚的心灵却毫无用处，没有更高的目的，是同一种论调。在外部我们确实在迈向某个终极目的。——产生高级动物——也许，说这类**高级**动物的属性是在回顾。因此有了意识，因此有了善的生活的回报。[49]

达尔文在此处强调，他的有关大脑—心灵的观点并没有导向无神论，因为产生心灵的那种物质有着产生高级动物，也就是具有意识、道德立场，以及过一种有着（永恒？）回报的善的生活的能力的有机体的最终目的。正如他几年后在1844年的文章里所说的，他所描述的发展过程导向“我们能够想见的最崇高的目的，即高级动物的产生”。[50]这当然也是他在《物种起源》的最后一段里明确表述的那个目的。

达尔文的道德理论

达尔文构建的道德理论在早期阶段是相当不成熟的。顾及他者的行为将是由遗传的习惯造成的。一开始，他还没有看清道路，没有把自然选择应用到行为上。到了19世纪40年代，当他试图这样做时，遇到了一个严重障碍。在阅读关于本能的文献时，他发现蚁群和蜂群里存在着具有独特行为和独特解剖结构的职虫；例如，某些种类的蚂蚁会呈
现三种不同的工蚁等级，由它们的本能来区分。自然选择对具有优势 199
性状的个体发生作用，促使它们存活下来并让它们把那些性状传给后代。但是社会性昆虫群中的职虫是中性的；它们不产后代。达尔文在19世纪40年代遭遇了这个问题，但他没有找到用自然选择来解释这种本能行为的简便方法。事实上，他认为这个问题对他的整个理论而言也许是“具有决定性的”。[51]

就在达尔文写作《物种起源》里“本能”那一章时，他确乎找到了一种答案。自然选择会对整窝或者整群发生作用，将优势赋予那些碰巧包含具有合作性和保护性行为的个体的群体。这使得考虑道德行为（它通常针对的是另一个个体的优势而不是自身的优势）是如何演化的这一问题成为可能。在19世纪60年代末，达尔文构建了一个关于人类道德意识演化的成熟理论。他认为原人就像社会性昆虫那样，是从小型的部落群体和氏族开始他们向全面人性发展的过程的。正如他在《人类的由来》里所说，如果一些群体中的

> 许多成员由于具有高度的爱国精神、忠诚、服从、勇气和同情心，而总是乐于互相帮助，并为了共同利益牺牲自己，那么这些群体将胜过大多数的部落，而这就是自然选择。在全世界范围内，一直发生着一些部落取代另一些部落的事，由于道德是它们获得成功的一

> 个要素，因此，道德水准以及具有良好道德素质的人数在任何地方都往往会提高和增加。[52]

达尔文还提出另外两个原则，用以理解利他意识是如何产生并在共同体中留存下来的。他认为表扬和批评会阻止恶棍利用具有利他精神的其他同伴的善意，于是骗子便受到阻挠；互惠的利他主义还可以用来惩罚不合作者。但是达尔文认为，这后面两种原则属于道德行为的“低级动机”。[53]相较而言，共同体选择可以在一个群体中树立一种真正的道德。他由此断言，他的理论避免了被人指责为“自私自利”，而功利主义观点往往会遭受这种指责。[54]他还相信，在让个体成员明白他们的共
200 同体并不局限于那范围狭小的部落群体方面，不断进化的智识和不断积累的学识是有作用的。因此，随着文明逐渐成熟，所有人都将被视为兄弟姐妹、同一个共同体内的成员，以及道德关切的对象。[55]

有魅力的达尔文遗产：自然界中的心智

达尔文的道德理论尽管未能躲过当今哲学家那怀疑的眼光，但是我相信它为一种符合规范体系的标准的伦理学提供了依据。此外，心理学和人类学领域所进行的实证研究告诉我们，利他反应的演化很可能是人类不同民族所展现的各种道德行为模式的基础。也就是说，我们可以认为达尔文建立了一种普遍的道德语法（类比乔姆斯基的普遍语法概念），它是一切具体的道德体系的基础，也正是因为有了它，我们才能把它们视为**道德**体系。我相信这些观点是可以辩护的，不过需要在另一种场合下进行。[56]在这里我想探讨一下，达尔文之所以认为心灵在自然界中发生作用的深层原因是什么。

达尔文默认了他同时代人的假定，即自然法则意味着有一个立法者。他本人的宗教信仰支持这个假定。他直到1850年前后一直是一名

基督徒；至少他对1881年拜访他的爱德华·埃夫林和路德维希·比希纳是这么说的。[57]写于19世纪60年代中期的《自传》也证实，《物种起源》出版时他仍然相信“具有高度智力的第一因，在某种程度上类似于人类的理性”。[58]因此，在构建他的理论期间，达尔文并没有抛弃施了魅的领域；他的理论基础深植于那片土壤之中。到了19世纪60年代中期，达尔文对超自然存在的信仰严重退失，以至于他自称不可知论者，不过他并没有修改他的理论的基本结构以与他脱离传统宗教的做法相适应。阿尔弗雷德·拉塞尔·华莱士在1866年指责达尔文使用“自然选择”一词，因为它暗示着“必须有一个有智力的选择者”。[59]华莱士提议用斯宾塞的措辞“最适者生存”取而代之，因为它没有不必要的含义。但是达尔文不愿意放弃他的用语，尽管在《物种起源》的第五版（1869）里，他给第四章起的标题是“自然选择；即最适者生存”。[60]因此，到19世纪60年代中期时，达尔文已经放弃了法则需要一个立法者 201
这个观念；不过自然选择法则仍然保留了由于其最初颁布而转让给它的权力。自然选择仍然被笼罩在一个有智力的作用者的阴影之下。现在让我们总结一下我已经指出过的那些权力，并揭示这些权力是如何将达尔文的原则与我们当代对自然选择的理解区别开来的。

第一，达尔文的自然选择是以**单股力量**的方式发生作用的，因为它是一个具体的因果法则的结果；至少达尔文是这样表述它的作用的。今天我们不可能把自然选择说成是一个法则。此外，我们不会把它视为单股力量，而是把它视为不断作用在一个有机体身上的各种构成原因的力的总和。第二，达尔文关于选择作用的模型把选择解释为**作用者**。根据他最初的设想，有意图的力量来自上帝；不过在他放弃对神性的假定之后，选择的因果作用仍然保留了那些让性状辨别具有精确性的特征，那种精确性是19世纪的任何机器都无法企及的。如今，生物学家出自本能地指称“自然选择的机制”，而达尔文从未提及过这个词组。第三，作为表现有意图的力量的自然选择不仅选择有着优势性状的个体，它还避免这些个体由于杂交而重新回到一般群落中去。当代的生物学家在应对回交问题上有着不同的方法（这当然还得益于对遗传的不同理解）。第四，在达尔文的构想里，自然选择所具有的有意图的特性让它可以包含那种与现代原则的运作方式完全对立的道德关切——它为了每一个生物的利益而工作。第五，达尔文的机制能够产生道德生物，即以真正利他的冲动做出无私行为的那种生物。当今的生物学家和哲学家往往非常怀疑自然会产生真正的利他生物这个看法，不过这种判断正在改变。第六，显示目的的自然选择会造成进化发展的全面进步。正如达尔文在他书中倒数第二段里所说："因为自然选择只是根据并且为了每一个生物的利益而工作，所以一切肉体的和精神的禀赋都有向着完善化前进的倾向。"[61]今天大多数的生物学家都否认演化是进步的。最后，自然选择造成的进步把"我们能够想见的最崇高的目的，即高级动物的产生"，亦即具有道德情操的人类的产生，作为
202 它的目标。这种全面性的目的论遭到当今几乎任何一个进化论生物学家的彻底摒弃。达尔文的理论，即构成现代生物学基础的理论，并没有祛除被施了魅的自然中残存的精灵。

我通过这个历史描述提出了我的观点，即达尔文的理论是基于心智在自然界中发生作用这个假定来构建的。一个突出的问题仍然存在：这段历史对于我们当代对生物界的理解是否具有意义？我相信是有意义的。我的思考对一些人而言也许听起来有点过于抽象，但是我认为我的思考源自最为合理的常识，如果你至少研读过康德或者威廉·詹姆斯的话。

很显然，是人类精神明确表述了能够清晰描述自然特征的理论。但是不仅如此。我们与自然现象世界的日常互动，包括它的各种色彩、声音和质地，所有这一切都随着人类心智的消失而消失。自然之美，它的乐趣和恐怖，这些也必然是在世界上起作用的心智的结果。同样，人类的品性也只可能是人类心智的一种功能。这些结论不仅能够从康德

的观点得出，它们也是现代生物心理学和人类学的普遍假定。我们所直接经验的世界在很大程度上是心智的产物。[62]因此，科学理论化所凭借的那个基础本身已经是，至少部分是由心智构建的了。对世界的科学描述，从古希腊到21世纪，经过了戏剧性的变化。留基伯和德谟克利特那不可分割的粒子已经为当代的原子理论所取代，原子这个实体是完全可分的，甚至能够分割到会令芝诺感到欣喜的无法捕捉的数学构分的程度。尽管世界的形象改变了，我们认为物质世界本身，它的基本结构，并没有变化。变化的是人类的心智，随之改变的是我们所知和与之进行互动的那个世界。我们的现代世界仍然是由心智占据的。如果没有了心智，我们的世界就不存在了。

难怪我们仍然从目的论的角度来看待有机体和它们的作用。只有心智才能将过去和现在联系在一起，从而从有机体所显示的目标的角度来理解它们的活动。一朵花可以通过分泌花蜜以吸引昆虫将它的花粉传播到其他花上来实现自己的目标，不过只有心智才能理解花蜜的存在与花的特定目的之间的关系。哪个现代生物学家会否认，眼睛的 203
晶状体是为了把一个清晰的图像投射到视网膜上这个目的而设计的？我们现在把这种设计最终理解为自然选择的结果。而达尔文却让我们基于自然界中心智的原型来辨别选择的能力，他就是根据这种原型来构想自然选择的作用的。现在，尤其是因为威廉·詹姆斯、唐纳德·坎贝尔以及其他人的著作，我们做出的是相反的分析：我们现在仿佛认为心智是自然选择的一种机制。[63]也就是说，为了解决任何一个问题，我们在想象里抛出各种变异，即各种可能的解决方法，直到其中一种似乎有效，或者暂时足够有效。我们对问题的创造性思考大多是以这种盲目变异和选择性保留为依据的。达尔文之所以从心智的角度解释自然选择，可能是因为心智的作用方式其实和自然选择一样。任何一个人只要探究一番达尔文构建他的理论的过程，就会发现他在想象中不断尝试这种或那种变异，沿着一条条死胡同前进，直到其中某条道路推进了他所寻找的答案。他很可能模糊地意识到了他本人在这方面的特定行为。因此，在一个很深的层面上，他本人的心智可能提供了理解自然的模板。世界仍然是一个充满迷魅的所在，尽管施魅的来源也许并不
204 像人们通常所认为的那样。

十

湿脚的下层植被：达尔文式的沉浸

丽贝卡·斯托特

一

1990年，也就是萨曼·拉什迪因亵渎罪而被伊朗领袖霍梅尼宣告处以死刑并被迫藏匿之后的一年，他受邀在著名的赫伯特·里德纪念讲座上发表演讲。尽管政府为这位小说家安排了保安人员，但是他们无法保证他在这样一个公共场所里的人身安全，因此这个题为《没有什么是神圣的？》的演讲是由拉什迪的朋友、剧作家哈罗德·品特代劳的。这篇演讲在孤立、流亡和沉思的状态下写就，然后通过电视向数百万人播送，它出色地控诉了宗教原教旨主义，并充满激情地肯定了文学在我们现代世界所起到的作用：

> 我们目睹了针对小说形式这个概念的攻击，其猛烈程度令人不知所措，因此我们有必要重申有关文学艺术最为可贵的东西——我们不是用攻击来回应攻击，而是用爱的宣言来回应它。[1]

我记得当时是和我父亲一起看的拉什迪演讲，父亲曾经是一位布道者，他那严峻的原教旨主义宗教信仰在他三十七八岁时像沙堡一样垮塌，留下的那个空洞被源源不断涌来的诗歌逐渐填满，他早年所受的教育告诫他，那些诗歌（叶芝、奥登、里德勒、莎士比亚和里尔克）是世俗的，是读不得的。父亲总是坚称，对他而言，诗歌不是宗教信仰的替代品：诗歌是观察世界的全新方式。发现文学并没有为他那祛了魅的新的世
205 俗世界提供一种补偿，而是成了他头一次经历的施魅。他在听拉什迪演讲的过程中多次流泪。拉什迪仿佛在直接和他交谈：

> ［文学］告诉我们，不存在什么规则；它没有留下什么戒条。我们必须尽我们所能地构造我们自己的规则，一边进行一边构造这些规则。它告诉我们，不存在什么答案；或者应该说，它告诉我们，答案比问题容易得到，但是不如后者可靠。如果说宗教是一种答案，如果说政治上的意识形态是一种答案，那么文学则是一种探究；伟大的文学通过提出非同寻常的问题打开了我们新的心灵之门。[2]

拉什迪的演讲不仅涉及本书的那些作者提出的许多问题，还提出了一些重要的新问题。仿佛是为了证明他的以下观点，即与大多数宗教不同，文学是对话式的而不是独白式的，拉什迪在他的演讲过程中把与他对话过的其他作家，在世的和已去世的，一一请上讲台：乔伊斯、梅尔维尔、贝克特、塞万提斯、卡尔维诺、布尔加科夫和富恩特斯；最后一位作家为拉什迪提供了一个问题，这个问题也是这篇文章的核心：

> ［富恩特斯］提出的那个问题是我在作家生涯中不断自问的问题：**宗教精神能否在宗教的教条和等级制度之外继续存在？**也就是说：艺术能否成为在物质世界和精神世界之间斡旋的第三条原则；它能否通过“吞食”那两个世界而为我们提供某种新的东西，某种甚至可以称之为对超验的世俗定义的东西？

我相信是可以的。我相信一定会这样。而且我相信在最佳状态下，艺术已经做到了这一点。

我所说的超验是指人类精神在它的物质存在界限之外的飞翔（我们每个人，无论信不信宗教，对此都至少有过几次体验）。出生是一个超验的时刻，我们为了理解它耗费了一生的时间。爱的行为的兴高采烈、喜悦的体验，很可能还有死亡的时刻，这些是另一些超验时刻。超验的那种翱翔的特质，那种大于自身的感觉，那种融入生命整体之中的感觉，就其本质而言是短暂的。甚至连幻象体验或神秘体验也不会持续多久。要靠艺术来捕捉那种体验，将它提供给（拿文学来说）它的读者；对一个世俗的、唯物主义的文化而言，只有艺术才能在某种程度上取代上帝之爱在一个信仰的世界里所提供的东西。[3]

这是让我犹豫不决的地方。虽然我完全同意拉什迪的以下观点，即文学在最佳状态下可以提供一种世俗超验，但是我对文学作为替代品的看法不太确定。我还对超验概念本身感到不满，我几乎肯定这种不满始于我那原教旨主义的童年，那是对我父亲那言之凿凿的布道的 206
无声质疑。更加严格的基督教原教旨主义共同体，例如我出生长大的那个加尔文宗共同体，对这个世界上的一切事物都持批判态度，因此享有恶名。他们鼓吹，所有人都是堕落的生物、有罪的生物，都浸透着道德的坏疽。没有什么事功可以消除所有的罪，在这个世界上不可能获得拯救。唯一干净、纯洁的地方在"上方"，与天使在一起——死了之后得到拯救。在这类共同体里，所有人的眼睛都被调教得始终朝天看，寻觅着即将降临的狂喜的种种迹象，在这个得到承诺的狂喜中，基督将在夜间重返人间，带着他的选民前往天堂。["狂喜"（rapture）指的是一种欣喜若狂的感觉，一种身心的向上的激情，不过从词源来看，由于该词还意指诱拐、猥亵和**强奸**（rape），它的词义中强烈地包含着关于许可的所有问题。]另一方面，“下方”的一切都蒙上了黑暗和污垢。这当然是一种极端的二元论，不过它是真实存在的。仍然有许多人相信这一套，仍然有成千上万的孩子在接受这套教育。

拉什迪在谈论超验的时候，也许并没有怀疑我所怀疑的，即超验的概念与原教旨主义的褒“上”贬“下”有亲缘关系，它与那种对**振奋**（uplift）的期待（对被提升直至超出我们再也无法忍受的那个世界的那种渴望）[4]也许如出一辙。我们几乎无法抗拒超验的各种隐喻；毕竟，它们在我们的思维模式以及我们的语言和比喻中根深蒂固，例如当我们从精神启示的角度谈论崇高时：我们听到莫扎特的《安魂曲》或者黎明时分听到一只乌鸫歌唱的时候，或者看着落日染红山头的时候，我们说我们感到欣喜和振奋；我们把这种感觉描述为狂喜。我们怎样找到一种方法来描述日常生活中的那些土崩瓦解、摧枯拉朽的事物本质显露的时刻，如果我们不再相信这样的时刻是上帝所为？当事物本质的突然显露并没有让我们以惊奇、敬畏之情仰望天堂，而是让我们以惊奇、敬畏之情俯视大地，我们用什么词来表述那些时刻我们所得到的新的洞见？对于所有以描述崇高为己任的诗人和作家而言，这是一个永久的斗争。

在我看来（这也是本书中其他作者的看法），这并不是要否认世俗主义是一种去除了宗教“丰足感”的形式，也不是要否认世俗主义相当于一种“扁平化”、一种经验的倾空、一种祛魅，而是要找到方法来
207 揭露宗教提出的对丰富我们生活的强大经验的所有权，用本书中菲利普·基彻的话来说就是“应该被抛弃的误入歧途的预想的残余”。如果我们打算抛弃这些残余，并要求恢复对世俗生活的崇高的权利，就必须为崇高的事物锻造一种新的语言。

吉莲·比尔出色地表明，对达尔文而言，要找到一种既不用神学语言也不暗示神的作用却能够表达惊奇感的方式，永远是一种挣扎。[5]在19世纪，达尔文并没有多少选择余地，他竭力避免把真理描述为“上方

的”和“总是在彼岸的”。我已经暗示，达尔文的挣扎是**所有世俗诗人的挣扎**。[6]在这篇文章接下来的部分里，我将先谈谈蚯蚓和沃尔特・惠特曼，然后我想展示20世纪的两位女诗人，伊丽莎白・毕晓普和埃米・克拉姆皮特，是怎样通过运用受到达尔文启发的沉浸诗学来重申对崇高的权利要求的。我认为她们还理解了达尔文作为博物学家的某些做法，而他本人对此却一知半解。毕晓普和克拉姆皮特对新语言和崇高的追求引领她们回到达尔文的文字和方法，回到克拉姆皮特所说的由达尔文揭露的非凡的“湿脚的下层植被”。在那儿她们有一些东西要展示给我们看。

二

不过得先说说达尔文和诗歌的关系。在他的《自传》里有一个著名段落，是他六十七岁时写的，他宣称已经失去了对诗歌的鉴赏力。[7]事实上，他不只是宣称如此，而且对此供认不讳。也许他甚至对此感到抱歉。这个段落之所以重要，是因为反对达尔文主义者常常引用它作为道德揭示栏来表现世俗生活假定的无精打采和死气沉沉。**可怜的家伙**，他们说。**你看他离开了上帝之后竟落到这般田地。你看这让他多么倒霉。你看他是多么地悲伤。**[8]不过，如果我们细读的话，会发现《自传》中的这个著名段落所包含的复杂性、矛盾性和幽默感实际上比一般认为的要多得多。

> 正如我曾经讲过的，在过去二三十年内，我的思想方式在一个方面发生了变化。我过去一直到三十岁，或在超过三十岁的时候，曾经有很多类型的诗歌给了我很大的乐趣，例如弥尔顿、格雷、拜伦、华兹华斯、柯尔律治和雪莱的作品；甚至是在中学少年时代，我对莎士比亚的作品，尤其是他的历史剧，已经有了热烈的爱好。我 208

还说过，绘画曾经给予我相当大的乐趣，而音乐给予我的乐趣则是极大的。可是现在，好多年以来我竟无法忍受去读一行诗句：最近我尝试去阅读莎士比亚的作品，却发现它无聊透顶，简直让我作呕。我几乎也丧失了对于绘画和音乐的兴味……我对这种高尚的审美趣味丧失得实在奇怪而且可悲；这种丧失也是最令人惊奇的，因为我对于历史、传记和游记（不论其内容是否有任何的科学性事实）和种种专题的论文，仍旧同往常一样有着浓厚的兴趣。我的头脑似乎已经变成了某种机器，专门把大量收集来的事实加工研磨，制成普遍的法则；但是我还不能理解，为什么这必然会引起我大脑中专门激发高尚审美趣味的那些区域萎缩呢？我认为，如果一个人具有比我更加高级组织的或者更加良好构造的头脑，那么他就不会遭受到这种损失了；假如我必须再活一次的话，我一定要制定一条守则：至少每周要读一点诗歌，听一点音乐；也许采取这种使用脑筋的办法，会因此把我现在已经萎缩的那些脑区恢复经常的灵敏度。这些兴趣的丧失，也就等于幸福的丧失，可能会对智力产生损害，而且很可能也对道德品性有害，因为这种情形会削弱我们天性中的情感部分。

为什么达尔文对于诗歌不再令他兴奋如此在意？这有什么要紧的？为什么他对感情的缺失如此激动？

这个段落在《自传》里处在一个关键位置。在这段之前达尔文描述了他所写的最后一本书（是关于蚯蚓的），他刚刚把这部书稿寄给了出版商。在描述这本关于蚯蚓的书时，他赶上了写自传时的自己。他通过从过去时到现在时的转变来标明那个时刻，你甚至都能够听到达尔文写作时的吸气声：

在这里，我已经列举出了我所有的已出版的书，它们就是我一生的里程碑，因此我再要讲的话也就不多了。[9]

但是，要说的话**其实还有很多**。达尔文知道他自己并非那些书、那些里程碑加起来所能言尽。事实上，在这段话后面还有十七个自然段，达尔文在那里开始思考是什么令他与众不同。

达尔文在1876年夏天写下这段话时距离他去世只有几年的光景，在文中他从过去跨越到现在以及描述他对诗歌的感情退减所用的那些词，**退化**、**暗淡**、**丧失**、**萎缩**、**损害**、**虚弱**、**作呕**，出自一个深刻意识到自己 209
的身心正在衰颓、不知道自己还有多久可活的人，或者更糟（最糟糕的问题），**不知道自己何时将无法继续有条理地进行思考**。他感觉到了死亡的迫近（他六年后，即1882年，就去世了）。此外，达尔文在1876年撰写《自传》时不仅**意识**到了即将死亡的自我，他还宣称（这对不相信有来世的人来说是不同寻常的），事实上他是**以**想象中已死的自我这一身份来写作的，他在《自传》第一段的末尾写道："我尝试用下面的方式来写一篇自述，就仿佛我已是一个死人，从另一个世界回顾我自己的一生。我并不觉得这是什么难事，因为我的生命已经快要走到尽头了。"[10]达尔文以死人，一个已经进入另一个世界的人的视角写作，但吸引人之处在于，他在这个段落里不仅专注于死亡，还专注于感觉。

达尔文在这段当中对于丧失诗歌的乐趣的感觉之强烈（毕竟，他不仅仅是在描述乐趣的丧失，而且用到了描写强烈身体感受的词，如恶心、无法忍受等）也许还体现了哈罗德·布鲁姆所说的"影响的焦虑"[11]——达尔文试图摆脱他祖父伊拉斯谟·达尔文的诗歌和伪科学遗产的必要（也许还带有负罪感的）努力。达尔文对他祖父的感情是复杂的，因为尽管他祖父的发明创造得到过赞扬，但是他的进化思想和他的诗歌在某些领域内遭到了无情的讽刺。自从19世纪早期乔治·居维叶不遗余力地败坏让—巴蒂斯特·拉马克的名声之后，[12]许多像伊拉斯谟·达尔文这样的进化论科学家都被讥讽为诗人、空想家和猜想者而不是注重事实的人，而伊拉斯谟·达尔文是英国新闻界嘲讽的主要对象。塞缪尔·泰勒·柯尔律治甚至造了“达尔文化”一词来描述鲁莽而不着边际的猜想，他还指责伊拉斯谟·达尔文的进化思想是“荒唐的猩猩理论”。[13]在19世纪，尤其是在英国科学界，猜想已经成为一个肮脏的字眼。[14]法国人是这样做的；拉马克尤其是这样做的；伊拉斯谟·达尔文是这样做的。随着19世纪的展开，英国的科学工作者越来越借助与这种科学猜想的反差来定义他们的工作，他们告诉自己，英国的科学研究传统基于严格的经验主义，基于事实的不断积累。

因此，达尔文不得不找到一种方法来祛除那种家族遗产，并尽量减
210 少被人称为猜想者和异想天开的臆测者的危险。他当然是通过把他的理论建立在事实之上，把自己维系于事实，维系于这个世界而不是一个想象的世界，来实现这一点的。他还通过为他自己建立网络，通过书信与全世界数百名可以为他的工作做证的博物学家、物理学家、养鸽人、收藏家和自然哲学家保持联系，来奠定他工作的基础。而更为引人注目的是，他决定将他的理论和他作为一名科学工作者的权威建立在随处可见的卑微生物之上，那些遭人忽视的生物：藤壶、珊瑚和蚯蚓。当然，蚯蚓是特别重要的。我一会儿再讨论它们。

达尔文的悲叹中最令人痛心也是最著名的句子之一是：“我的头脑似乎已经变成了某种机器，专门把大量收集来的事实加工研磨，制成普遍的法则……”为什么要**研磨**(grinding)？他选择这个词而不是其他词时是怎么想的？我认为这是一个私底下的笑话，是这个常常被痛苦和死亡笼罩的段落中的轻松一刻。这是一个一语双关的笑话：既是在说一位教师，也是在说蚯蚓。这个笑话是，他们二者都是如实表现真实情况的自画像。那位教师是汤玛士·葛擂硬(Thomas Gradgrind)，即狄更斯的小说《艰难时世》中那个铁石心肠、执着于事实的边沁式的教师。达尔文在该小说出版的那一年(1854)读过此书，第二章里是这样描述的：

> 先生，我叫汤玛士·葛擂硬。一个专讲实际的人。一个讲究事实、懂得计算的人。我这个人为人处事都从这条原则出发：二加二等于四，不等于更多，而且任凭怎么来说服我，我也不相信等于更多。先生，我叫汤玛士·葛擂硬——毫不含糊，汤玛士——汤玛士·葛擂硬。我口袋里，先生，经常装着尺子、天平和乘法表，随时准备称一称、量一量人性的任何部分，而且可以告诉你那准确的分量和数量……他活像一尊大炮，事实的火药已满满地塞到了炮口，一炮就要把这些孩子轰出了童年时期。他又像是一架通电的器具，装配了一种阴沉的、机械性的料剂，等那些嫩弱的、年幼的幻想被轰走了以后，他就准备拿这种料剂来作它们的代替品。*

达尔文理解了狄更斯在这部有力的小说中揭示的道德意义：研磨事实者是空心人，他们必须由想象力的马戏团演员来拯救。因此，虽然达尔文在写那段话时也许怀疑，他已经来不及拯救他本人那业已迟钝并继续在变迟钝的审美意识，但是他告诉我们，假如他能再活一次，他会读
诗和听音乐，**至少一周一次。他暗示，每个人都必须如此，如果他们不** 211
想像他那样萎缩的话。

但是在那段话里还有另一位研磨者——蚯蚓，这是达尔文的最后一部伟大著作《蚯蚓作用下腐殖土壤的形成，兼及对蚯蚓习性的观察》的主题，这部书是达尔文在撰写《自传》期间计划、研究和思考的。蚯蚓也是物质的研磨者；它们似乎也没有感情，不过它们也具有高度的智力和高度的适应性。在达尔文看来，蚯蚓不断进行中的研磨和加工提供了一种有别于汤玛士·葛擂硬那毫无创造力且令人变得枯竭的研磨的拯救方法。因为，达尔文以赞赏的语气告诉我们，蚯蚓（而不是上帝）

---

* 狄更斯著，《艰难时世》，全增嘏、胡文淑译，上海：上海译文出版社，2008年，第5—6页。

是地球的制造者、翻动者和丰富者。研磨是它们的行事方式。

在他生命的最后几年里，达尔文转向了蚯蚓，被它们的意识或缺乏意识所吸引，对着它们演奏音乐，让他的孩子们对着它们演奏音乐，在三更半夜用灯光照它们。他把蚯蚓带回家中，放到书房的玻璃缸里，骄傲地向其他人展示他的蚯蚓实验。1880年，达尔文在达温宅接待了来自刘易舍姆科学协会的四十人以及他的一些朋友。其中一人是奥地利作家恩斯特·冯·黑塞—瓦特格，他写过一篇关于达尔文1875年出版的论食虫植物的专著的书评。几周之后，他在《法兰克福报》上发表了一篇描述这次访问的文章。据他说，达尔文书房里有两个工作台，其中一个上面放着养蚯蚓的玻璃缸，另一个上面放着食虫植物。他接着描写达尔文的工作方法：

> 达尔文的布置井井有条，值得向其他学者推荐。他有一系列木盒子，用于存放与某一个特定研究对象有关的所有手稿和笔记。因此，举例来说，刚才提到的食虫植物、攀缘植物、兰花、家养动物等，以及许多其他研究对象，都有着各自的盒子，而且每天都会增加一些笔记、一篇剪报、一个相关的物品，等等。当他开始研究某个对象时，“拿现在来说，正在研究的是蚯蚓”，他需要补充和整理多年来收集到的资料以便完成他的工作。在这二十来个木盒子中（它们无形中对达尔文著作的问世起到了很大的作用），相当数
> 212 量的盒子已经空了。“它们已经完成了它们的任务，资料已处理完毕”，现在，两千份甚至更多份的资料已经以书的形式在全世界范围内流通。[15]

这位崇拜达尔文的访客似乎发现那位博物学家的工作有趣地反映在了共享他的书房的蚯蚓和食虫植物的工作里；他暗示，正如蚯蚓磨碎和消化腐殖土壤并使之变成肥沃的土壤，以及食虫植物消化昆虫那样，达尔

文将事实和思想研磨和消化之后变成富饶的知识。最终，随着每一部新作的完成，达尔文的那摞存放事实的盒子便一一清空："它们已经完成了它们的任务，资料已处理完毕。"

亚当·菲利普斯（他在本书中的那篇有关无助感的文章极具说服力），在他早前的一部书《达尔文的蚯蚓》里提出，达尔文希望从蚯蚓那里为一个"无可挽回的无常"世界寻求慰藉，他试图表明，蚯蚓（而不是上帝）造就了地球，在论蚯蚓的那部书的最后一段中（最后一本书的最后一段，达尔文的最后留言），他用与唱挽歌相反的笔调再现了《物种起源》的最后一段（语意含混的著名段落）。[16]

> 当我们注视着一片覆盖着草皮的宽阔区域时，我们应该记得，其平坦（这片区域的魅力很大程度上源于此），主要是由于蚯蚓将其不平整处逐渐夷平所致。覆盖在任何这类区域之上的整个表层土壤每隔几年便已经过，还将经过蚯蚓的身体，这想法是多么美妙……犁是人类最古老和最有价值的一项发明；但是远在人类出现之前，蚯蚓实际上已经在定期犁地，而且还将继续这样犁下去。我们有理由怀疑，是否还有其他许多动物像这群低等生物那样在地球的历史上扮演过如此重要的角色。然而，还有一些其他更加低等的动物，即珊瑚，它们在大洋中建造了无数的礁石和岛屿，做出了更为显著的贡献；但是这些几乎仅限于热带地区。[17]

菲利普斯是这样评论这段话的："换言之，达尔文给我们留下了一个令人困惑的简单问题，他以其典型的轻描淡写保守地说出了这个问题的意义所在：如果我们严肃对待蚯蚓，把我们脚下的大地而不是头顶的天空作为我们注视的对象以及最终存在的地方，那么我们的生命会是什么样的？"[18]这正是我要在这里提出的观点：达尔文论蚯蚓的著作的最 213
后一段不仅反对挽歌（如菲利普斯所说的那样），而且还极度地**反对超**

验。达尔文赞美低等的和为人所忽视的生物，这是达尔文的视角的显著优点；这些都是老生常谈了，不太为人所知的是菲利普斯在这里指出的，即达尔文要我们看着大地和蚯蚓的工作而不是看着天，因为前者才是奇迹发生的地方。仰望天空寻求意义和真理使我们错过我们脚下发生的奇迹。如果说，达尔文一直在寻找一种方式将崇高事物中的有神论清空，那么他在蚯蚓的研磨中找到了答案。

三

考虑到达尔文对诗歌从他的生活中消失，以及对他所描述的他已成为研磨事实的机器感到极度痛苦，而如此多的作家，尤其是诗人却发现他的诗人潜质，这也许是颇令人惊讶的。博物学家威廉·特盖特迈耶早在1862年就赞美了达尔文论兰花的著作中的诗意，他引用雪莱的《为诗辩护》来证明达尔文是一位浪漫主义诗人：

> 在读这部非凡之作(它从任何一个方面来看都当得起它的作者的伟大声誉)时，雪莱用来描述诗歌的话不断在我的脑海中浮现。“诗歌”，现代诗人中最雄辩的一位说，“撕去这世界的陈腐的面幕，而露出赤裸的、酣睡的美，这种美是世界种种形相的精神”；在与此呼应的一段话里他如此描述诗歌：“它驯服了一切不可融和的东西，使它们在它轻柔的羁轭之下结成一体。”这种天赋也像诗歌那样，除去了它的研究对象的陈腐面幕，而露出赤裸的、酣睡的美，这种美是其种种形相的精神，这一点在我们正在谈论的这部书里得到了突出的展示。[19]

好几位重要的美国诗人认识到了达尔文的诗人气质。在他生命最后的几年里，近乎瘫痪的沃尔特·惠特曼(他的诗歌充满了达尔文和拉马克的意象和思想）移居到了他兄弟位于新泽西州卡姆登的家中。每天都会有一个名叫霍勒斯·特劳贝尔的年轻银行职员和追随者来此地拜访他，并详细记录他们之间的谈话，后来，特劳贝尔出版了九卷本的《与沃尔特·惠特曼在卡姆登》。1889年，他正在阅读弗朗西斯·达尔文新近出版的《传记与信件》，并与惠特曼讨论了这部书。1889年3月21日，即惠特曼去世的三年之前，特劳贝尔记录了他和惠特曼围绕达尔文的 214
几次谈话中的一次：

> 当我暗示达尔文缺乏写作天赋的说法时，惠特曼说："我不相信这种说法，我一直认为正好相反，我认为（就我读过的他的作品来看）他的风格崇高而朴实，他有孩子般的可爱和直接：他的风格就像豌豆胀破豆荚那样自然。""而那种平易朴实正是他的力量所在，"惠特曼继续说道，"我们可以说，除它之外别无他物，它就是涵盖一切的秘密。"[20]

两年后的1891年8月，惠特曼对特劳贝尔说："我没见过还有什么比达尔文走得更高的——高尚的、崇高的。对我来说，达尔文就是科学的化身；它的精神就是达尔文，达尔文就是它的精神。"[21]

惠特曼的话前后矛盾，却很有启发。一方面他说达尔文的作品很崇高，他观察事物的方式令人振奋。但是他还说达尔文是科学的化身。他本可以用"体现"（embodiment）一词，但是他选用了深具神学意味的"化身"（incarnate）一词。他还声称没有什么"比达尔文走得更高的"。他说"除它之外别无他物"，没有什么达到它的高度或者比它更好、更深刻。它是"涵盖一切的秘密"。这是超验主义的用语。然而就在几年前，惠特曼在《标本日与采集》（1882）中论卡莱尔的一篇短文里针对达尔文在去世后的被"神化"发表意见，那时他认为进化论无法企及更高的真理：

> 尽管[进化论者的信条]对生物学而言是极为重要的，因此对于研究中的正确目的和判断是不可或缺的，但是那些信条既不包含一切也无法解释一切，总是还有最后一句话、最后一声耳语，在那些断言到达尽头之后，永远高高地凌驾于这一切之上，凌驾于纯粹的形而上学之上。虽然德国的康德、费希特和谢林，以及英国的达尔文在他的领域内，对人类所做的贡献对于美国未来的学问是不可或缺的，但是我要说，他们的所有贡献以及其中最优秀的部分如果与古代先知和**狂喜者**的灵光乍现和灵感迸发相比，与各民族的宗教诗人和诗歌（例如希伯来《圣经》）相比，似乎，不，是确乎少了点什么，它们冷冰冰的，无法满足灵魂最深层的情感，缺少了活火、深情和温暖，古代的**狂喜者**和诗人能提供这些，而到目前为止，思维最敏锐的现代哲学家也无法提供这些。[22]

惠特曼思想中的矛盾：达尔文的看法是高级的还是低级的？它是施魅
215 的还是祛魅的？它可以做诗歌的主题吗？它是最高真理（“我没见过还有什么比达尔文走得更高的”），还是只会令人沮丧地想起人类的局限性以及那么多的未解之谜？这些是读过达尔文著作、具有形而上学思维习惯的诗人的典型反应。

惠特曼未能解决这些矛盾。

但是伊丽莎白·毕晓普做到了。

1964年，安妮·史蒂文森就超现实主义致信美国诗人伊丽莎白·毕晓普。她当时正在写作一部关于毕晓普的书，希望在毕晓普的诗歌与超现实主义者对“幻觉和梦境素材”的兴趣之间建立某种联系，超现实主义者普遍相信，“不存在人格分裂[意识与无意识之间的分裂]，只有一种以相同程度延伸进潜意识世界和意识世界的敏感性”。不同寻常的是，毕晓普在她的回信里要谈的不是超现实主义者而是达尔文。毕晓普是这样回复史蒂文森的：

> 是的，我同意你的看法……不存在"分裂"。梦境、艺术品（某些）、神入的不期而遇（是吗？）捕捉到的是我们永远无法面对面看清楚但又极为重要的东西的周边视野。我无法相信我们完全是非理性的——我非常欣赏达尔文！读达尔文著作的时候，你会赞叹从他那应有尽有、令人生畏的观察记录中构建起来的美妙而坚实的论据，这一切几乎是下意识或自动完成的——随之而来的是一个突然的松弛、一个不经心的短语，你觉察到了他的工作的陌生感，你看到了这个孤独的年轻人，他的眼睛注视着事实和微小的细节，令人眩晕地沉入或滑到未知当中。[23]

同年7月，毕晓普在一次欧洲之旅中来到了英国，她的目的是要看一看"那些已逝者的故居和坟墓"。[24]在那里她受到了几十位英国诗人的盛情款待，不过她在给罗伯特·洛威尔的信里表达了对他们的刻薄态度："那里有一种死气沉沉的感觉——叫什么来着——绝望……那种目中无人的英国式堕落——这个字眼太强烈了——不过有种道学先生的味道——仿佛他们已经抛弃了维多利亚风格、乔治朝风格、20世纪30年代的激进主义风格——现在让我们一起认输吧。甚至连拉金的诗歌都有一点太过轻易地对冷峻风格听之任之，你不觉得吗？哦，我完全赞同各式各样的冷峻和恐怖，但是你不能通过走捷径——通过直白的陈述——来得到它们，无论哪一种。"[25]相反，她花了大量时间在国立美术 216
馆欣赏皮耶罗·德拉·弗朗西斯卡的画作，她还独自乘坐绿线巴士前往肯特参观达尔文的故居："一个炎热的夏日（对英国而言），在达尔文故居四周都是晒干草的，很可爱。"毕晓普六年后（1971）在给洛威尔的另一封信里如是回忆。[26]那年夏天7月份时，爱德华·露西—史密斯代表《星期日泰晤士报》采访毕晓普，后者对英国诗人的态度仍旧是"不冷不热”，她倒更愿意谈论达尔文的《珊瑚礁的形成》。“如果你想读一本出色的好书，”她对采访者说，“就读那本书。”

毕晓普从1953年1月开始读达尔文的比格尔号日记，这恰好是她在巴西安家之后整一年。她迷上了这本书，很快她便决定通读达尔文的所有著作。她在一生当中不断重温那些书。1962年左右毕晓普似乎开始创作一首关于达尔文的诗，可惜没能留存下来；洛威尔那年夏天去巴西拜访她时见到过那首诗的一个片段。这首尚未完成的写达尔文的诗让洛威尔在很久之后都念念不忘：“我迫切地想读到那首歌谣和其他新诗。自从我离开巴西之后，你的那些未完成的诗歌片段和描述文字一直萦绕在我心头。希望你已经完成了写达尔文的那首。”[27]但是，尽管洛威尔一直催促毕晓普完成那首关于达尔文的诗，她却似乎一直没有完成，因为那年夏天巴西爆发革命，毕晓普和她的伴侣洛塔逃往欧洲进行了为期几个月的旅行，而到了那时，创作的劲头已经过去了。六年后，即1971年，六十岁的毕晓普因伤寒发作而住院治疗，这病让她“像毛巾一样无力，不适合社交”，[28]她在信里对她的朋友詹姆斯·梅里尔说，她已经抛开了所有的书，现在只读达尔文的著作：“他是这个世界上我最喜爱的人之一”，她解释道。

值得注意的是，毕晓普在达尔文，一个两眼注视着事实、在某种世俗的“神化”或出神状态中“沉入或滑到未知当中”的年轻人身上发现并反复提及的两重性，是达尔文本人常常努力想要表达的两重性。例如，1850年在写作关于藤壶的系列著作期间，达尔文试图向他的朋友胡克描述他总是在两种看待事物的不同方式之间犹豫不决。他写道：“系统性的工作本来是很容易的，假如没有这种令人困惑的变异的话，不过作为一名猜想者这却是令我愉悦的事，尽管作为一名系统者这令我感到讨厌。”[29]换言之，作为哲学家或猜想者的达尔文从变异中得到了乐趣，因为它印证了他的进化论思想（这段话写于他写作关于藤壶的著作期间，那时他的物种理论尚未发表）；而作为系统化者或事实研磨者的

达尔文对他所观察到的变异感到憎恶，因为这使得按照分类学进行归 217
类的努力变得极为困难。

不过在此之前相当长的一段时间内，达尔文一直在思考并试图弄清他本人的思想过程的性质。在一本贴着“此书充满关于道德的形而上学和关于表达的猜想——1838”标签的笔记本里，他试图分析梦境和白日梦在发现过程中的作用。在这本笔记里他用“空中城堡”来充当白日梦或有意识的猜想的同义词。达尔文似乎早在1838年就已经把意识和无意识之间的关系理解为理智和想象力之间的某种摆动或滑动。

> 我观察一个长长的空中城堡，其艰巨程度……不亚于最严谨的地质学思维。——具有这种连续思考能力能够造就一个发现者，因此，（独立于不断增强的创作力）在真正的创造性思维发挥作用之前，这种空中城堡是极为有益的，而此后，空中城堡也许舍弃得越快越好。[30]

鉴于19世纪英国科学界盛行的反猜想话语，达尔文在公开场合或者在著作里讨论猜想的作用时总是非常小心谨慎便不足为奇了。[31]这类洞见往往只见于他的笔记或书信。毫不奇怪，达尔文在科学研究中所经历的（理性与想象力之间的滑动；从线性思路滑向“空中城堡”最后又回到线性思路）体现在了他的散文中。例如以下这段引自达尔文的《植物的杂交与自花受精》一书（此书与《自传》同一年出版）；达尔文从大量事实出发，然后展开猜想：

> 我们无法理解，为什么通过一次杂交所得的有利因素有时只针对生长系统，有时只针对繁殖系统，而通常针对两者。同样无法理解的是，为什么同一物种的有些个体不结果实而有些个体可通过自身的花粉受精结果；为什么气候的改变会减少或增加自花

受精物种的不结果实率；为什么某些物种的个体借助来自不同物种的花粉比通过自身的花粉受精繁殖力更强。还有许多其他事实也是如此，它们十分费解，以至于我们在生命之谜面前充满敬畏之情。[32]

伊丽莎白·毕晓普在她那封现已出名的1964年的信里提及的她在
218 达尔文著作中所认识到的，以及她1971年与死亡邂逅时重读达尔文被他所吸引的，是我所谓的平凡诗学，或者用毕晓普在信里的话说，是“日常生活那总是更为成功的超现实主义”。[33]如果说惠特曼看到了达尔文作品中的不足，即缺乏凌驾于一切之上的形而上想象，那么这种升腾的缺乏在毕晓普看来是一种拒绝和真实。达尔文拒绝超越。或者说，他在物质世界里而不是上面的世界里找到了崇高；他没有把物质世界当作通往某种“超越”的世界的阶梯。达尔文观察鸽子羽毛的样式、藤壶的贝壳结构或蜜蜂的飞行路径之后所得到的那种惊奇感和陌生感制造出了与毕晓普所说的“日常生活的超现实主义”相同的东西。她补充说，从事实令人眩晕地滑入未知中去不仅是诗人在作诗的过程中，也是读者在阅读诗歌的过程中应该体验到的感觉：“我们在艺术中、在艺术体验中想要得到的与艺术创造中不可或缺的是同一个东西。”[34]

假如毕晓普和达尔文有机会互相认识的话，我想毕晓普若是得知达尔文因失去了对诗歌的兴趣而感到伤心，并为他的大脑成了研磨事实的机器而感到难过，她可能会纠正达尔文。她会说，研磨事实是诗歌的起点。崇高是通过平凡，通过事实的逐渐积累达到的。她会说，看看你所做的，看看你是怎样让我们和你一起通过事实令人眩晕地滑入或沉入未知中去的。

毕晓普在此处所用的比喻是非常关键的，这个比喻不是关于超验的，而是关于沉浸的。你通过事实**向下**，或者向一边，下沉或滑动，而不是向上，作为超验的顿悟或某种借助羽毛的飞行的一部分。这种对变形和超验的拒绝根植于毕晓普的诗观和她的童年生活。盖伊·罗泰拉指出，毕晓普与她的长辈关系不睦。她是由生活在新斯科舍一个村子里的外祖父母带大的。她的外祖父是一名执事。她的几个姨母是浸礼宗唱诗班成员，毕晓普说她自己“满脑子都是圣歌”。[35]她最喜爱的诗人是乔治·赫伯特和杰勒德·曼利·霍普金斯。不过她并不信教：“她也许可以被称为一个没有宗教信仰的宗教诗人”，罗泰拉认为。她对于超验主义还怀有某种影响的焦虑。“我……感觉［罗伯特·洛威尔］和我都是超验主义者的后裔，尽管方式极为不同——不过你可能并不赞同”，她在信里对安妮·史蒂文森说。罗泰拉指出，尽管毕晓普像超验主义者那样玩“对应的游戏”，像解读一本书或者一个符号系统那样解读自然，寻找重大意义，但是她找到的重大意义通常是世俗的和平凡 219
的。“她拒绝以上帝为中心的、逻各斯中心主义的以及理想主义或象征主义的认识论和美学（它们构成了清教和超验主义有关对应的信条的基础）。”[36]

关键在于**下沉**一词。毕晓普说达尔文沉入或滑到未知之中。如果说她本人的诗歌是对超验和形而上学（即认为一切意义都在超越物理世界的**上方**的观念）的否定，那么她同样把达尔文的作品视为对超验事物的否定。她所描述的当然是崇高，达尔文的滑动或下沉是**令人眩晕的**；她描述了他突然意识到“工作的陌生感”。她在达尔文那里发现的并认为比超现实主义者的作品“总是更为成功”的正是这种爆发式的、令人眩晕的日常生活（一个藤壶、一处巢穴、一只黄蜂、一条蚯蚓）的陌生感。毕晓普强调，意识和无意识之间以及自然和超自然之间并不存在“分裂”，她以达尔文为例：那是一种滑动或下沉，不是分裂。崇高的那一刻是令人眩晕的，但是那不是飞翔或变形，而是下落、下沉和沉浸。

毕晓普所看到的达尔文自己也意识到了：这些崇高的闪现、自我的消融、惊奇和眩晕的时刻尽管令人振奋并且有时不可避免地要用神学语言来描述，但是它们本质上是世俗的和平凡的。对毕晓普和达尔文来说，他们的问题是如何既承认崇高又避免使用神学语言。达尔文在《自传》的一段话里表达了这一点，不过这段话在1887年被埃玛·达尔文删除，直到诺拉·巴洛在她1958年的版本里又恢复了这段话。

> 从前壮丽的景色曾经在我内心中激起的精神状态，是同信仰上帝有密切关系的，在本质上也同那种时常称作崇高的感情状态没有多大区别；尽管费尽心计去说明这种感情的起源，但是仍旧难以把它作为上帝存在的论据，正如由音乐所激起的那种强烈而模糊的类似感情也不能证明上帝的存在。[37]

从事实出发到我们眩晕地滑入未知的那一点的这段旅程出现在毕晓普本人的诗里。她就是这样做的。例如，《驼鹿》一开始描绘的是一辆公共汽车在日落时分“从鱼、面包和茶的／狭窄外省”沿着新斯科舍的海岸线蜿蜒而行。在连续好几节蜿蜒曲折的诗节里，毕晓普罗列了
220 关于景色、乘客、光影变化以及透过薄暮的窃窃私语的细枝末节，直到公共汽车遇到一只走出森林踏上柏油路的驼鹿而猛地停了下来：

> 一只驼鹿走出了
> 无法穿透的森林
> 站在那里，可以说，
> 赫然立在路中央。

在骤然停车以及随后驼鹿和乘客互相凝视的那一刻，发生了集体的顿悟，乘客们凝固在“高如教堂”的驼鹿那超脱尘俗的凝视之中，眩晕地滑入未知中去。这是达尔文式的崇高，一种世俗施魅。它始于事实那无法穿透的森林，只有关注细节和具体事物的人才能得见。不过它不是一种神明化。在摧枯拉朽般眩晕地滑入未知之后，公共汽车开走了，

只留下汽油的味道。这就是毕晓普的一瞥，她的日常生活的超现实主义。只有通过沉浸才能释放出梦的无限威力。

在一首题为《在候诊室里》的诗中（这首诗作于毕晓普宣称她从达尔文的著作里看到了她本人的创作习惯之后仅仅一年左右），她描写了一个孩子是如何在牙医的候诊室里产生意识的。它描写的正是她在1964年给安妮·史蒂文森的那封信里努力解释的那种经验，也就是她从达尔文的著作里看到的那种经验，它帮助她解释了为什么作为一个诗人她更接近达尔文而不是超现实主义者。她为我们重新创造了这种经验，带领我们进入关于候诊室和一个孩子翻动《国家地理》书页等细致入微的事实描述，直至这个孩子滑入或沉入一种恍惚状态，在其中她令人震惊地、不无惊恐地体验到了她自己的独一无二，以及她与杂志中和候诊室里所有女人之间的密切关系：

丝毫未经思考
我成了我那愚蠢的阿姨，
我——我们——不断下落、下落，
我们目不转睛地看着
国家地理，
1918年2月刊的封面。

我自言自语：再过三天
你就七岁了。
我这样说是为了阻止 221
下落的感觉，
从圆的、转动的世界
落入冰冷的蓝黑色空间。
但是我感觉：你是一个我，

你是一个伊丽莎白，
你是他们中的一员。
为什么你也要成为其中一员呢？
我几乎不敢抬眼望，
看一看我究竟是什么。

因此，毕晓普在1964年看到了达尔文诗人的一面。这令她惊愕，我认为。我不确定她是否在试图告诉史蒂文森她为什么不是一个超现实主义者之前就从她的镜子里看到了达尔文。她能够理解（正如她在某种程度上知道达尔文本人也能够理解）达尔文作品中在已知和未知之间、理性和想象力之间、意识和无意识之间的永恒滑动，因为这也是她的作品。

四

虽然达尔文在1876年悲叹自己不再对诗歌做出回应，但是令人惊讶的是，关于兰花的书在1876年出版后，他的儿子威廉这样写他的父亲："在他身上隐约有种诗意。我记得他曾经在谈论关于兰花的书或者是谈论《物种起源》结尾处提及的自然界的斗争时说过，他可以就此创作诗歌。"[38]弗朗西斯·达尔文也引人注目地回忆道："我记得他曾经笑着对我说过，他相信他可以就茅膏菜写一首诗，那时他正在研究茅膏菜。"[39]茅膏菜究竟有何与众不同之处，以至于让达尔文想要创作诗歌？

茅膏菜或者毛毡台（Drosera，sundew）之所以得名，是因为它能够分泌类似露珠的黏稠液滴来捕捉昆虫，它是一种非常小型的食虫植物。达尔文在1860年发现了一株这类植物，他为它极度敏感的触手所吸引，便把它带回家中做实验。到他十六年后出版关于兰花的书时，他已经用那类植物完成了数百个实验，已经启用它们来寻找动植物的神经系统和消化系统的相似性。[40]他给茅膏菜喂牛奶、尿液、唾液、酒精和茶，还有牛肉、蔬菜和煮老的鸡蛋，他用士的宁、奎宁、尼古丁和眼镜蛇的毒液给它们下毒，结果惊讶地发现它们非常敏感。然而，达尔文并没有创 222 作那首关于茅膏菜的诗，除非还有一份文献有待达尔文在线计划或者达尔文书信计划的誊写者和编辑前去发掘。

不过1978年时，一位名不见经传的诗人埃米·克拉姆皮特写出了这样一首诗。克拉姆皮特在艾奥瓦的一个农场里出生、长大，后来在纽约市当图书管理员和自由编辑，她五十八岁时在《纽约客》上发表了一首出色的诗歌，叫作《脚下茅膏菜丛中的阳光》。当然，她十六年后去世时已经非常著名，一共出版了六本广受赞扬的诗集。这些诗歌细腻地表现了我们所说的达尔文式崇高或沉浸诗学。在那首不同寻常的诗里，诗人要求我们想象自己走进了一片长满茅膏菜的沼泽，沼泽是我们所过的生活的隐喻。她提醒我们会被吞噬，会**走不出来**。但是，她说，那里有那么多可看的，那么多阳光，那么多崇高的东西。如果我们正确地观察，她写道，一旦我们开始发现在这达尔文式的下层世界里，在这个湿脚的下层植被里，所具有的崇高的美，那么我们就将开始**向上坠落**。

这个长满茅膏菜的沼泽，形状像
茶杯，边沿遍布泥炭藓，
巧夺天工，令人惊叹，
不可能纯属偶然。
　　　　　　　　　　往下
走一步，你就陷入其中；一片
荒芜将你吞噬：
在湿脚的下层植被里
深及脚踝、膝盖、横膈膜，
然后淹没肩膀，头顶的

云杉—落叶松地平线暗示
你再也无法从这里走出去。
　　　　　　但是在下面，
茅膏菜丛中的阳光
如此灿烂，脚下的
食肉红宝石的网状结构，
一簇繁星厚如它们
准备捕捉的蚊蚋，可爱的
双面苍耳，每一根
发梢是一面黏黏的镜子，
223 映出似火的阳光，千千万万面
又是千千万万面，
一面镜子就是一个陷阱，
用来释放信仰，
　　或者是
一个第一因曾说："要有
茅膏菜"，就有了茅膏菜，或者
是它们独自来到此地，未受帮助
除了那反手一击，委婉
拒绝承担责任，
它被称为自然选择。
　　　　　　但是脚下的
阳光在茅膏菜丛中
是如此地耀眼，
那只杯子里
有如此多的光，看着看着，
224 你开始向上坠落。

注 释

导 言

1 在本书中，菲利普·基彻讨论了查尔斯·泰勒关于“丰足”的定义是否对不信宗教的人有用。基彻的结论是有用，对此我完全赞同。在这篇导言中，我欣然采纳泰勒关于“丰足”的精辟而内涵丰富的定义，因为世俗社会只有在“丰足”状态下才能实现通常由宗教来满足的精神需求。见Charles Taylor, *A Secular Age* (Cambridge, MA: Harvard University Press, Belknap Press, 2007)，特别是开头讨论丰足的部分，5ff。

2 Max Weber, "Science as a Vocation," in *From Max Weber: Essays in Sociology*, ed. H. H. Gerth and C. Wright Mills (New York: Oxford University Press, 1946), 155.

3 有一本非常有价值的书，它讨论了世俗主义在印度和西方的种种表现形式：Rajeev Bhargava, *Secularism and Its Critics* (Oxford: Oxford University Press, 1998)。那本书里的几篇文章对世俗主义观点提出质疑，这促成了本书的编撰，也促成了这篇导言中民主国家模型的建立。

4 泰勒在《世俗时代》一书中展现了我们是如何建立了“信心……相信我们作为人类的一员，有能力共同维持一个民主秩序，这是人力可为之事”(175ff.)，及其来龙去脉。

5 见Bhargava, *Secularism and Its Critics*, 31—53。

6 萨芭·马哈茂德在一篇有趣而重要的关于世俗主义与宗教关系的文章(与最近的穆罕默德漫画事件有关)中强调，我在此处讨论的那种世俗与宗教的二分法无助于真正理解伊斯兰信仰(当然也包括其他任何信仰)的本质，也无助于真正理解世俗主义的本质；世俗主义为了避免暴力，把互相矛盾冲突的准则强加给宗教，而且世俗主义的本质随着大多数人状况的改变而不断变化。而贯穿我这篇文章的一个观点，也是本书的一个基本共识，正是宗教信仰具有复杂性，无法简单概括为几条命题。马哈茂德赞同迈克尔·沃纳的观点，认为把世俗主义视为“宽容、讽刺、民主”的传统看法，以及与此相对的认为宗教极端主义“一味盲信、暴力、专制”的观点，既歪曲了宗教，也错误地将世俗主义与它的情感和意识形态本质分离开来。主张一个“民主的”世俗主义的确存在着以下危险，即宗教，如马哈茂德所声称的，正遭到漫画讽刺。从我在此处论述世俗主义所用的语言就能看出，我显然赞同
225 以下观点，即世俗主义具有其自身的“主观性”和“情感依附”。如果有人声称这种民主世俗主义是无可争辩的，有资格对宗教、文化、政治问题做出冷静的判断，那么此人对于民主世俗主义本身的局限性和它的历史的认识还不够透彻。尽管如此，虽然我赞同马哈茂德的看法，认为有必要“不仅在学科之间，更应在人为区分的西方和非西方的理论和实践传统之间建立对话关系”，我仍然乐于提出那个促成本书的论点。在我看来，提醒世俗主义注意其自身的情感来源，认识到那些来源在宗教里的力量和重要性，探求当前区分宗教和世俗主义的认识论和本体论问题，这些本来就是世俗活动。尽管世俗主义无法与它所处的时空的意识形态脱离关系，但是只要它能够让所有的派别相对和谐地生活在一起，我的目的就达到了。(马哈茂德在文章的结尾处非常正确地指出，“学术界”是“探索此类张力的为数不多的几处地方之一”。)但是我并不想掩饰我个人深信的观念(尽管我有自我批评意识)，我相信与西方科学发展联系在一起的那种认识论是有价值的。见 Saba Mahmood, “Religious Reason and Secular Affect: An Incommensurable Divide?” *Critical Quarterly* 35, no. 4 (Summer 2009): 836—862。

7 *Identity/Difference: Democratic Negotiations of Political Paradox* (Minneapolis: University of Minnesota Press, 1991), 123—157；引文见第126页。

8 Taylor, *A Secular Age*, 5.

9 我对这个“达尔文”理论的论述见我的专著*Darwin Loves You: Natural*

Selection and the Re-enchantment of the World (Princeton, NJ: Princeton University Press, 2006)。

10 William James, "Is Life Worth Living" (1897), 收录于 *The Will to Believe* (New York: Dover Press, 1956), 43。

11 Weber, "Science as a Vocation," 142.

12 有关这些问题的吸引人而不带技术性语言的讨论，参看Stanley Fish的短文 "Think Again," *New York Times* online, September 16, 2009, 以及Terry Eagleton, *Reason, Faith, and Revolution: Reflections on the God Debate* (New Haven: Yale University Press, 2009)。另参看Eagleton的近著*The Meaning of Life* (Oxford: Oxford University Press, 2008)。

13 Weber, "Science as a Vocation," 155.

14 James Woods, "God in the Squad," *New Yorker*, August 31, 2009, 79.

15 见Philip Kitcher, *Living with Darwin: Evolution, Design, and the Future of Faith* (New York: Oxford University Press, 2009)。

16 涂尔干相关作品的文集见W. S. F. Pickering, ed., *Durkheim on Religion* (Atlanta, GA: Scholars Press, 1994), 进化论生物学家大卫・斯隆・威尔逊近期的作品见*Darwin's Cathedral: Evolution, Religion, and the Nature of Society* (Chicago: University of Chicago Press, 2002)。

17 赞同这种理性主义宗教性，但带有批判性的讨论，见我的"In Defense of Positivism," in *Realism, Ethics, and Secularism: Essays on Victorian Literature and Science* (Cambridge: Cambridge University Press, 2008)。在本书中，基彻 226
指出宗教传统和仪式的深度和丰富性，这与发展中的世俗人文主义的薄弱恰好形成对照，后者在他的文章和我的书中都有所指涉。

18 了解19世纪把"自由思想"和科学转变成宗教的倾向性的发展程度是很有意思的。不用说，孔德的实证主义常常具有教派的形态，包括礼拜天布道；T. H. 赫胥黎和其他人发表"普及性布道"。卡尔・皮尔逊的演讲《自由思想的伦理》带有强烈的调和意味，令人印象深刻。他坚持，科学自然主义在不可知的事物（斯宾塞把"不可知"大写，于是赋予了它形而上的特质）面前保持智力上的谦卑态度是正确的；随后，他肯定了自由思想家的使命的宗教本质。根据皮尔逊的说法，真正的自由思想家"能够解除相当数量的精神痛苦"。尽管他在通篇演讲中努力建立一种极为积极的世俗使命，但是他很快、几乎出于本能地把肯定转变为一种否定，因为自由思想的“使命”是“传播切实获得的真理——用不可抗拒的事实的逻辑摧毁教条主义”。(Pearson, *The Ethic of Freethought* [London: Adam and Charles Black, 1901], 11)最后只需再举伯特兰·罗素1902年的文章《一个自由人的崇拜》(“A Free Man's Worship”)，就可以看出直言不讳的科学世俗主义者的类似宗教的使命(*Mysticism and Logic and Other Essays* [London: Longmans, Green, 1918])。这些早期的自由思想家虽然通常持有“英雄般的”科学和理性主义立场，但是比起他们的当代化身(伍兹笔下的直言不讳的无神论者)来，他们对于宗教和可能的异议更能包容。

19 威尔逊在此处提出，神圣是道德要求的领域，他文章的标题声称(也许带着几分理性主义的炫耀)，神圣的东西是“真理”。真理和道德恰好是通常与宗教联系在一起的领域；要把两者结合起来，需要的却是威尔逊在他的文章里所强调的对这个世界的运作方式的世俗投入。真理知道得越多，道德体系就越好，至少，“适应”得就越成功。

20 此处没有足够的篇幅来讨论这一论点，但是我们显然有办法得知我们并**不**是宇宙间唯一的智慧生命，其实从许多动物心理学的研究中我们已经发现了这一点。一个棘手的问题是，应该如何处理人类与其他(也许不如人类发达的)智慧生命的关系，不过显而易见的是，的确存在其他意识(也许自我意识除外，因为似乎**确实**只有人类才有自我意识)，有些甚至懂得宽容。它们独特而又难以理解的认知方式和自我引发了更为复杂的伦理问题。

21 罗伯特·J. 理查兹在他为本书撰写的文章以及他早先有关达尔文的作品中提出了一个有力的观点。理查兹通过达尔文的书信、笔记本和发表的作品追溯他思想观念的形成过程，他发现达尔文根本没有提出过非精神性这一观念，它是丹尼特和现代科学从达尔文的诸多观点中得出的、没有考虑历史事实的推断。见理查兹的 *Darwin and the Emergence of Evolutionary Theories*
227 *of Mind and Behavior* (Chicago: University of Chicago Press, 1987)。

22 Adrian Desmond and James Moore, *Darwin: The Life of a Tormented Evolutionist* (New York: Warner Books, 1991).

23 我希望有更多的篇幅可以用来讨论“可爱”的道德含义。认识到世俗事物具有可爱的潜质，这是极其重要的。可爱(loveliness)当然意味着可爱性(lovability)；如果我们无法感受世界的可爱性，就不可能做出显著的世俗工作，来扫除我们人类已经造成和正在造成的烂摊子（或者直面达尔文和生物学向我们揭示的丑陋事物）。康诺利持这一观点；简·贝内特令人动容地坚称（这也是本书暗含的主题之一）：“你只有热爱生命才会关心任何东西。”（*The Enchantment of Modern Life: Attachments, Crossings, and Ethics* [Princeton, NJ: Princeton University Press, 2001], 4）泰勒在他为本书撰写的文章中含蓄地处理了审美和道德的关系问题，他温和地抱怨（却并没有采用抱怨的形式）我在《达尔文爱你》一书中提出的观点，认为我通过达尔文的例子提出的“施魅”主要是审美角度的，就像我在导言开头部分说的“哇”那样。他说得很有道理。泰勒令人很有启发地把这种对世界的审美满足与康德的一个观念联系在一起；根据康德，对世界的这类反应“类似我们在‘内心的道德律’面前所感知到的东西”。审美和道德交织在整个“价值”概念周围，因此产生了让维多利亚时代的人如此焦虑、处于自休谟以来哲学的中心地位的一个问题，即我们能否从“是”中得出“应该”，仅从准确的描述中得出价值的迫切要求——从科学里得出道德。本书的一个假定和论点，也就是贝内特所提出的观点：审美丰富性的丰足几乎是道德投入的丰足的一个先决条件。

一 世俗主义面临的挑战

非常感谢泰勒·卡曼、罗杰·库克、韦恩·普劳德富特、布鲁斯·罗宾斯，尤其是乔治·莱文的评论、讨论和建议。

1 A. C. 格雷林质疑我所用的“世俗主义”一词，他的理由是，世俗主义是有关宗教和国家之间关系的一种观点。我之所以选用该词，是因为我需要一个术语，它能够涵盖那些不相信超自然实体的人的观点。“无神论”不符合要求，因为它限制了超自然实体的类别（并不是所有假定的超自然存在物都是神），而且它要求否定信仰，而不仅仅是信仰的缺席（有些世俗主义者是不可知论者）。“世俗人文主义”也不符合要求，因为很多当代杰出的无神论者，如本文所示，都与人文主义无关。此外，我并不是出于个人喜好而使用该词的。仅举一例：珍妮特·布朗在她那权威的查尔斯·达尔文传记中写道，“乔赛亚·韦奇伍德逐渐从东正教转向了世俗主义”（*Charles Darwin: Voyaging* [Princeton, NJ: Princeton University Press, 1996]）。

2 William James, *The Varieties of Religious Experience* (in William James, *Writings 1902—1910* [New York: Library of America, 1987]), Lecture II.

3 我使用这一术语并不是为了把任何具体的宗教立场都归因于达尔文(他的宗教态度属于学术争论的内容),而是为了强调,当今许多拥护无神论的人
228 都受到了达尔文的恩惠。当然,也有一些坚定的达尔文主义者公开宣称自己有宗教信仰。

4 参见Dawkins, *The God Delusion* (New York: Mariner Books, 2008); Harris, *Letter to a Christian Nation* (New York: Vintage, 2008); Hitchens, *God Is Not Great* (New York: Hachette Book Group, 2007)。这几本书,尤其是道金斯的专著,就美国流行的各种宗教提出了一些有价值的观点,不过在我看来,他们的宗教观念失之狭隘,缺乏历史深度。丹·丹尼特的*Breaking the Spell* (New York: Penguin, 2006)是这类书当中最具深度的,尽管(以我的判断)它忽视了一些重要问题。我与道金斯和丹尼特观点的异同详见"Militant Modern Atheism"(即将发表于*Journal of Applied Philosophy*)。

5 Charles Taylor, *A Secular Age* (Cambridge, MA: Harvard University Press, Belknap Press, 2007).

6 我在此处所说的"来自世俗主义的挑战"就是我过去所说的"启蒙运动反对超自然主义的理由"。参见*Living with Darwin: Evolution, Design, and the Future of Faith* (New York: Oxford University Press, 2007)的最后一章。

7 此处概述的对称论有时被知识社会学家用来质疑科学论断的可信性。可参见David Bloor, *Knowledge and Social Imagery*, 2nd ed. (Chicago: University of Chicago Press, 1991)。我曾以很大的篇幅试图论证,在这个事例中,对称是可以打破的。见*The Advancement of Science* (New York: Oxford University Press, 1993)。

8 研究历史的神学家和历史学家往往认为,这些矛盾之处表明《圣经》故事从来就不是从字面上去理解的。因此,尽管好战的无神论者一再提出四福音书对耶稣生平的描述自相矛盾,他们仍不为所动,声称这样的批评只适用于历史上较近才出现的某一种原教旨主义。参见Karen Armstrong, *The Case for God* (New York: Knopf, 2009)。

9 Robert W. Funk and the Jesus Seminar, *The Acts of Jesus* (San Francisco: Harper, 1998), 153.

10 可以用两种方法进行明确区分。我们可以把信仰视为一种正当的基本信念模式，尽管所接受的教义并不算知识。或者我们可以把信仰视为一种承诺，根本不以信念来表述。在这一节里，我用前一种方式阐释对信仰的诉求。第二种方式包含在后面几节里我所探讨的观点之中。

11 有关通过诉诸盲目信仰来抵御世俗主义的可能性的详细讨论，见我的文章“A Pragmatist's Progress: The Varieties of James' Strategies for Defending Religion,” in *William James and a Science of Religions*, ed. Wayne Proudfoot (New York: Columbia University Press, 2004), 98—138。

12 达尔文主义无神论者乐于历数宗教战争的残酷、以神的名义对他人的折磨、对现已为人接受的种种行为方式的严厉惩罚，等等。他们很少关注宗教以积极的方式渗透个人和集体生活的许多方面。他们也不够重视各种具有侵 229
略性的世俗政体对世界造成的严重后果。要做出客观的评价，就应该认识到，世俗主义的道德表现记录和宗教生活的道德表现记录一样，**完全是善恶混杂的**——在这两种派别之中都产生过好人和坏人。也许通过细致的数量统计可以揭示出某种严重的差别，但是如何取样显然是个问题。

13 John Dewey, *A Common Faith* (New Haven: Yale University Press, 1934), 59. 杜威，尤其是这本小书，对我的帮助非常大。在这篇文章的后面，我将尝试重新探讨杜威的一些重要主题。

14 我指的是一种摆脱超自然实体的世界观。我将在第四节中论述，接受一个具有较弱意义的祛魅观点并不意味着非得接受那个较强的观点，即其中没有讨论价值的余地。

15 深入的报告见Phil Zuckerman, *Society without God* (New York: New York University Press, 2008)。

16 Pippa Norris and Ronald Inglehart, *Sacred and Secular* (Cambridge: Cambridge University Press, 2004).

17 当然，这并不是要否认某些教会（以及它们在其他宗教中的对应物）经常阻碍旨在社会公正的运动。我要说的仅仅是，对于相当多的受压迫者而言，宗教机构提供了一条通往更大的公正和自由的渠道。

18 John Dewey, *The Public and Its Problems* (1927)(Athens: Ohio University Press, 1980). 甚至更早一些，托克维尔在《论美国的民主》一书中就已强调了共同体结构在北美洲的重要性，他同时也暗示，维持它们可能有难度。

19 我最终的断言是，仿效的努力在一开始会显得苍白无力。科学家明白，如果实验想取得成功，就必须持续不断地努力。同样地，即使创建世俗共同体的早期努力不如宗教团体在几百年甚至几千年间所发展的那样丰富，我们也不应该感到吃惊。

20 Charles Taylor, *A Secular Age* (Cambridge, MA: Harvard University Press, Belknap Press, 2007).

21 柏拉图《欧绪弗洛篇》(*Euthyphro*)。当然，这篇对话中的核心用语与此不同：欧绪弗洛宣称，虔诚的事物就是神所喜欢的事物。我所做的修改并不会影响我在下文中提出的观点。

22 康德在《道德形而上学原理》中概述了这一观点，他指出，任意决定某些实体是善的这种观念使得“以色列的圣者”是善的这一想法成为笑柄。

23 关于此类计划的误区，见拙著 *Vaulting Ambition: Sociobiology and the Quest for Human Nature* (Cambridge, MA: MIT Press, 1985) 的最后一章。

24 我的自然主义方案或不完整地，或纲要性地呈现于我近二十年来发表的一
230 系列文章之中。它的轮廓在“Prospects for a Naturalistic Ethics”和“Three Challenges for Naturalistic Ethics”中展现得最为清晰。完整的表述将出现在即将由哈佛大学出版社出版的 *The Ethical Project* 一书中。

25 杜威的态度见 *Human Nature and Conduct* (New York: Holt, 1922; repr., New York: Prometheus Books, 2002) 以及 Dewey and James Tufts, *Ethics*, 2nd ed. (New York: Holt, 1932)。后一部书第二部分（由杜威单独撰写）的最后两页概述了他的立场，因此显得尤为重要。我即将出版的书 *The Ethical Project* 试图全面发展那个立场。

26 除了我本人在这方面的努力，Robert Richards, *Darwin and the Emergence of Evolutionary Theories of Mind and Behavior* (Chicago: University of Chicago Press, 1987); Marc Hauser, *Moral Minds* (New York: Harper Collins, 2006); Frans de Waal, *Primates and Philosophers* (Princeton, NJ: Princeton University Press, 2007); and David Sloan Wilson, *Darwin's Cathedral: Evolution, Religion, and the Nature of Society* (Chicago: University of Chicago Press, 2002) 都做了相关的尝试。

27 亚里士多德的《尼各马可伦理学》也许是古代对这一问题最为系统的讨论，它没有丝毫对永恒的追求。但是柏拉图作品中有几处暗示，人渴望用其行

为达到某种不朽：例如，可参见《会饮篇》(207a—d)中关于两种繁殖方式(父母的和哲学家/教育者的)的讨论。

28 我相信我在此处非常简要地勾勒出的人类意义的画面在一些绘画、音乐和文学作品中有着最为透彻的表现。在*Joyce's Kaleidoscope* (Oxford: Oxford University Press, 2007)一书中，我试图展示它如何从对《芬尼根的守灵夜》的探索中显现出来。

29 培根写道："大人怕死一如儿童害怕走进黑暗。"(*Essays*, World's Classics [Oxford: Oxford University Press, 1962], 9)近期有关死亡是否可怕的有洞见的讨论见Julian Barnes, *Nothing to Be Frightened Of* (New York: Knopf, 2008)。从最初几行开始，巴恩斯就局促不安地将自己的讨论与他哥哥(一位职业哲学家)理应更为严格的思想两相对照，然而他的书远比许多学术讨论(包括从达尔文主义无神论者的文字处理器上发出的)更为留意哲学上的细微差别。

30 Leonard Huxley, ed., *Life and Letters of Thomas Henry Huxley* (London: Macmillan, 1900), 1：233.

31 萧伯纳的《人与超人》(*Man and Superman*)中的诙谐插曲"地狱中的唐璜"("Don Juan in Hell")极为透彻地审视了基督教的这一想象。

32 *A Secular Age*, 5.

33 *The Varieties of Religious Experience*, 379, 380.

34 Bede Griffiths, *The Golden String* (London: Fount, 1994), 9; quoted in Taylor, *A Secular Age*, 5.

35 *A Secular Age*, 5.

36 James Joyce, *A Portrait of the Artist as a Young Man* (London: Penguin, 1992), 157—158.这一段位于第三章的近末尾处。 231

37 Ibid., 159.这是第四章的开头部分，语调的转变不如从第四章转到第五章时那么出色，但预期效果是一样的。

38 Dewey, *A Common Faith*, 17.

二 祛魅——返魅

1 "有生命的和在我们看来无生命的一切事物中皆有力量：水、树、物质、语词；事物之间互相施加影响。有人类、超人类或人类外的生命，他们在不同级别施加不同种类的力量：圣徒、巫师、鬼魂、精灵和较难触知的存在者。” Stephen Wilson, *The Magical Universe* (London: Hambledon & London, 2000), xvii.

2 George Levine, *Darwin Loves You: Natural Selection and the Reenchantment of the World* (Princeton, NJ: Princeton University Press, 2006); 尤其参见第一章。

3 此处的引号表示，这幅祛魅的图景是否真的归在韦伯头上是值得怀疑的，但是我们没必要在此处解决这个问题。

4 Levine, *Darwin Loves You*, 29.

5 “Zwei Dinge erfüllen das Gemüth mit immer neuer und zunehmender Bewunderung und Ehrfurcht, je öfter und anhaltender sich das Nachdenken damit beschäftigt: *der bestirnte Himme über mir und das moralische Gesetz in mir.*” *Kritik der praktischen Vernunft*, Berlin Academy Edition (Berlin: Walter Gruyter, 1968), 161.

6 Douglas Hofstadter, “Reductionism and Religion,” *Behavioral and Brain Sciences* 3 (1980): 434.

7 惊叹，以及联系感，在查尔斯·林德伯格的以下思考中得以显露：“我知道自己是凡人，但是这一点提出了以下问题：‘我是什么？’我是一个个体，还是一个由无数自我组成的不断演化的生命流？……作为一个本体，我出生于公元1902年。但是作为公元20世纪的人，我有数十亿岁。我认为是我自己的那个生命历经了万古连续不断地存在至今。个体是生命流的监护人——伟大得多的存在的短暂显现，像许多梦境那样从它们的本质形成并回归本质……记得我曾经站在夏威夷毛伊岛的一个深谷边，觉得生命流就像一条山中的河流——从地上隐蔽的源头涌现，受日月星辰的影响，合流，汇聚，演变成目前所见的形状。”他总结道：“我有形，我无形。我是生命，我是物质，可朽而不朽。我是一，我是多——我自己和流变中的人类……我死后，我身体的分子将回归大地和天空。它们来自天体。我属于天体。”引自Gore Vidal, “The Eagle is Grounded,” *Times Literary Supplement*, no. 4987 (October 30, 1998): 6。

我们可以看到林德伯格的立场完全符合现代宇宙图景。他在大自然中（例如在毛伊岛上）的体验立刻让他想到宇宙的深度以及我们从中来历不明的

起源。 232

8 我在 "Explanation and Practical Reason," in *Philosophical Arguments* (Cambridge, MA: Harvard University Press, 1995), 34—60 中详细论述过这个观点。

9 Bernard Williams, *Ethics and the Limits of Philosophy* (Cambridge, MA: Harvard University Press, 1985).

10 Daniel Dennett, *Consciousness Explained* (Boston: Little Brown, 1991).

11 Merlin Donald, *Origins of the Modern Mind* (Cambridge, MA: Harvard University Press, 1991); *A Mind So Rare* (New York: Norton, 2001).

三 施魅？不，谢谢！

1 Max Weber, *From Max Weber: Essays in Sociology*, ed. H. H. Gerth and C. Wright Mills (New York: Oxford University Press, 1946), 155.

2 Max Weber, *Wissenschaft als Beruf, Politik als Beruf*, herausgegeben von Wolfgang J. Mommsen und Wolfgang Schluchter in zusammenarbeit mit Birgitt Morgenbrod (Tübingen: J.C.B. Mohr [Paul Siebeck], 1992), 109. 这是韦伯作品集的第十七卷。

3 Hans G. Kippenberg, *Discovering Religious History in the Modern Age*, trans. Barbara Harshav (Princeton, NJ: Princeton University Press, 2002), 98—99. David Morgan, "Enchantment, Disenchantment, Re-Enchantment," in *Re-Enchantment*, ed. James Elkins and David Morgan (New York: Routledge, 2009), 3—22 中有关于此事的有趣讨论。摩根的观点是 "施魅和祛魅同是人类生活所固有者"（12）。

4 Jane Bennett, *The Enchantment of Modern Life: Attachments, Crossings, and Ethics* (Princeton, NJ: Princeton University Press, 2001), 6. 贝内特是这样描述祛魅的故事的："很久很久以前，自然是有目的的，神参与人类事务，人和其他生物用事先存在的关系网来定义，社会生活的特点是面对面的关系，政治秩序的形式是有机共同体。后来，这个现代之前的世界让位于科学理性、工具理性、世俗主义、个人主义和官僚政府的势力——所有这一切合在一起让世界祛了魅。"（7）

5 在迈克尔 · 奥斯特林看来，大多数读者和 J. K. 罗琳一样，把魔法看成是无害的幻想。他们就像魔法一样，被“祛了魅”（16）。Michael Ostling, “Harry Potter and the Disenchantment of the World,” *Journal of Contemporary Religion* 18, no. 1 (2003): 3—23.

6 贝内特意译了汉斯·布卢门贝格的原话，因此使得她自己的观点显得有些不确定，她是这样写的：“反世俗主义者是对的，因为意义的某种重要来源的确在现代性中丧失了。无论是称之为有着循环事件和自然等级制度的古代和谐宇宙，或是一个充满来自上帝的惊奇和暗示的世界，或是一个在历史和自然中起作用的目的论实体——我们的确生活在‘内在目的之消失’之中。不过我们已经很好地适应了这个祛魅的事实！”（*Enchantment of Modern*
233 *Life*, 66）

7 Ibid., 63, 7.

8 Fritz K. Ringer, *The Decline of the German Mandarins: The German Academic Community, 1890—1933* (1969)(Hanover: University Press of New England, 1990), 134, 158—159.

9 例如：“昨日的世界尽管被施了魅，但并非完全非理性，它也有其内在的理性逻辑。” (Catherine Colliot-Thélène, “Rationalisation et désenchantement du monde: Problèmes de l’interpretation de la sociologie des religions de Max Weber,” *Archives de Sciences Sociales des Religions* 89 [1995] : 68)

10 Ibid., 73. See also Catherine Colliot-Thélène, *Le désenchantment de l’ état: de Hegel à Max Weber* (Paris: Minuit, 1992).

11 Terry Eagleton, *The Meaning of Life* (Oxford: Oxford University Press, 2007), 64.

12 Weber, “Science as a Vocation,” in *From Max Weber: Essays in Sociology*, ed. H. H. Gerth and C. Wright Mills (New York: Oxford University Press, 1946), 153；此后将随文标出页码。

13 无论如何，韦伯明显而强烈地反对“以近代理知主义形态出现的非理性浪漫主义”（143）——这与当今的一些知识分子或直接或隐晦地回归宗教的情况有许多共通之处。

14 Charles Taylor, *A Secular Age* (Cambridge, MA: Harvard University Press, Belknap Press, 2007), 25；此后将随文标出页码。

15 正如许多人所指出的那样，世俗化概念是含糊不清的。它是指（1）与宗教的彻底断裂，还是（2）思想和情感的宗教结构转移到非宗教客体上，换言之，让宗教在某种程度上以其他某种形式继续存活的方法？历史显示，无论好坏，第二种选择更加常见。自从工业革命和法国大革命之后的浪漫主义反动以来，对世俗理性的批判在欧洲的智力生活中总是占据着一个重要地位。因此，文森特·佩科拉指出，欧洲和美国的知识分子总是具有“与宗教的爱恨交织的关系”。他认为，欧洲启蒙运动的批判发生在欧洲之内——我想他愿意加上一句：在启蒙运动之内。声称这种批评内在于启蒙运动显然意味着，借赋予启蒙运动以自我批评的力量来间接为它辩护。Vincent P. Pecora, *Secularization and Cultural Criticism: Religion, Nation, and Modernity* (Chicago: University of Chicago Press, 2006), 111.

16 Hans Blumenberg, *The Legitimacy of the Modern Age*, trans. Robert M. Wallace (Cambridge, MA: MIT Press, 1983).

17 Talal Asad, *Formations of the Secular: Christianity, Islam, Modernity* (Stanford: Stanford University Press, 2003), 2—8.

18 威廉·康诺利也认为，祛了魅的世界似乎并非与精神不能相容，而是与我们拒绝将精神与肉体分开时的强烈体验不能相容；“现代世俗主义”忽视或贬低“主体性和主体间性（intersubjectivity）的本能语域”。William E. Connolly, *Why I Am Not a Secularist* (Minneapolis: University of Minnesota Press, 1999), 3.

19 文森特·佩科拉不顾文化进化论的总体反对，他声称，世俗主义和现代性的结合仍在助长一个极具误导的观点，即每个人必须遵循相同的成长道路，在这条路上有些人走在前面，有些人落在后面。“西方世俗理性化的出现这个 234
历史叙事几乎从来没有人讲述过，就仿佛它是可逆的，仿佛西方有朝一日会回到，比如说，中世纪的宗教宇宙论。”（*Secularization and Cultural Criticism*, 29）使我们的故事可逆，可以说是向前迈了一大步。我们可以说，只有在世俗化被假定为可逆的前提下，我们才可以完全相信它是一种进步的形式。

20 George Levine, *Darwin Loves You: Natural Selection and the Re-enchantment of the World* (Princeton, NJ: Princeton University Press, 2006), 24; 此后将随文标出页码。

21 Slavoj Žižek, *On Belief* (London: Routledge, 2001), 110. 我完成此文的大半并

选定标题之后才读到齐泽克的书，发现第一章的标题为“诺斯替主义？不，谢谢！”

四　休克疗法、戏剧化与实践智慧

1 Hesiod, *Theogony*, trans. with intro. by Norman O. Brown (Englewood Cliffs, NJ: Prentice Hall, 1953), 56, 58, 66, 67, 78, 79. 布朗的导言极为出色。有些人认为这个神话是在美化人类的暴力，因而排斥它。但我觉得《奥德赛》和《伊利亚特》可能是在赞颂人类的暴力，而赫西俄德本人没有。他在《工作与时日》里赞颂古希腊农民，从这一点可以看出以和平方式睿智地应对不受拘束的宇宙的倾向。还有些人可能会说，奥林匹斯山诸神除掉了提坦神的世界。也许如此。不过狄俄尼索斯不是很快就从东方悄悄加入进来了吗？索福克勒斯不是注意到了这两组神之间持续不断的冲突吗？除此之外，我还有许多有关赫西俄德的情况需要了解。我的目的不是返回，而是运用。上文所引文章见Apostolos N. Athanassakis, *Hesiod: Theogony, Works and Days, Shield* (Baltimore: Johns Hopkins University Press, 1982)。

2 Jean-Pierre Vernant, *Myth and Thought among the Greeks*, trans. Janet Lloyd (New York: Zone Books, 2006), 375.

3 Michel Serres, *The Birth of Physics*, trans. Jack Hawkes (Manchester: Clinamen Press, 2000).

4 Bernard Williams, *Shame and Necessity* (Berkeley and Los Angeles: University of California Press, 1993).

5 Antonio Damasio, *Descartes' Error* (New York: Avon Books, 1994). 把由发现“镜像神经元”引起的神经科学革命考虑在内的一个较近期的分析见Antonio and Hanna Damasio, “Minding the Body,” *Daedalus* 135 (Summer 2006): 15—23。

6 Steven Shaviro, *Without Criteria: Kant, Whitehead, Deleuze and Aesthetics* (Cambridge, MA: MIT Press, 2009), 13.

7 Jacqueline de Romilly, *Time in Greek Tragedy* (Ithaca, NY: Cornell University Press, 1968), 88.

8 Augustine, *Concerning the City of God: Against the Pagans*, trans. Henry

Bettenson (Harmondsworth, UK: Penguin, 1984), bk. 12, chap. 23, p. 503. 235

9 *The Confessions of St. Augustine*, trans. John K. Ryan (New York: Image Books, 1984), bk. 8, chap. 9, p. 197.

10 *St Augustine: Select Letters*, trans. James Baxter (Cambridge, MA: Harvard University Press, 1930), Epistle 179, p. 315.

11 Augustine, *On Christian Doctrine*, trans. D. W. Robertson (New York: Macmillan, 1958), 30.

12 Immanuel Kant, *Critique of Practical Reason*, trans. Lewis White Beck (New York: Library of Liberal Arts, 1993), 48—49.

13 Immanuel Kant, *Religion within the Limits of Reason Alone*, trans. Theodore H. Greene (New York: Harper, 1960), 32.

14 Kant, "On the Proverb: 'That May Be True in Theory But Is of No Practical Use,'" in *Perpetual Peace and Other Essays*, trans. Ted Humphrey (Indianapolis: Hackett, 1983), 86.

15 Kant, *Religion within the Limits of Reason Alone*, 110.

16 Jürgen Habermas, *The Future of Human Nature* (Cambridge, UK: Polity Press, 2003), 115.

17 在*A World of Becoming* (Durham, NC: Duke University Press, 2010)一书的第一章里，我联系阿尔弗雷德·诺思·怀特海的作品探究了复杂性理论的新发展。实际上，我认为这篇文章与那本书里阐发的主题相得益彰。

18 这三个陈述都出自*Critique of Practical Reason*, 153。如需一本探讨羞辱在实践理性的具体化过程中起到的作用以及自愿服从于它的书，见Paul Saurette, *The Kantian Imperative: Humiliation, Common Sense, Politics* (Toronto: University of Toronto Press, 2005)。

19 Benjamin Libet, Anthony Freeman, and Keith Sutherland, eds., *The Volitional Brain: Towards a Neuroscience of Free Will* (New York: Imprint Academic, 1999).

20 我在别处讨论了**如何**着手，尤其是*Neuropolitics: Thinking, Culture, Speed* (Minneapolis: University of Minnesota Press, 2002)与*Pluralism* (Durham, NC: Duke University Press, 2005)。如需一本将这些探索提升到一个更高高度的书，见Stephen White, *The Ethos of a Late Modern Citizen* (Cambridge, MA:

Harvard University Press, 2009)。

21 Friedrich Nietzsche, *Twilight of the Idols*, trans. R. J. Hollingdale (New York: Penguin, 1968), 73. See also "At Noon," in *Thus Spoke Zarathustra*, trans. Walter Kaufmann (New York: Penguin, 1978).

22 See *The Oedipus Plays of Sophocles*, trans. Paul Roche (New York: Penguin Books, 1996). 罗奇译文的价值在于它留意文本的节奏，并试图用英语捕捉一些关键段落的多重含义。

五　弗洛伊德的无助

1 迈克尔·泰勒在企鹅经典丛书版《理查三世》前言中的用语，*Richard III* (London: Penguin Books, 2005), xxv。

2 Samuel Beckett, *The Poems, Short Fiction, and Criticism of Samuel Beckett*
236 (New York: Grove Press, 2006), 451.

3 Leo Bersani, *The Culture of Redemption* (Cambridge, MA: Harvard University Press, 1990).

4 *The Standard Edition of the Complete Psychological Works of Sigmund Freud* (London: Hogarth Press, 1856—1939)（此后简写为*SE*），14：313。

5 Ibid.

6 *SE* 14：315.

7 Ibid.

8 *Psychoanalysis in France*, ed. Serge Lebovici and Daniel Widlöcher (New York: International Universities Press, 1980), 187.

9 Charles Taylor, *Sources of the Self: The Making of the Modern Identity* (Cambridge, MA: Harvard University Press, 1989), 3.

10 *SE* 1：379—381.

11 Alasdair C. MacIntyre, *Dependent Rational Animals: Why Human Beings Need the Virtues* (Chicago: Open Court, 1999), 5.

12 *The Origins of Psychoanalysis: Letters, Drafts and Notes to Wilhelm Fliess, 1887—1902* (Garden City, NY: Doubleday & Company, 1957), 379—380.

13 *SE* 21：30.

14 *SE* 11：123.

15 *SE* 20：154—155.

16 Taylor, *Sources of the Self*, 257.

17 Ibid., 215.

18 Friedrich Nietzsche, *On the Genealogy of Morals* (Oxford: Oxford University Press, 1996), 173.

19 Ibid., 20, 19, 9.

20 Dennis Donoghue, *On Eloquence* (New Haven: Yale University Press, 2008), 164.

21 *The Uncanny*, The New Penguin Freud (London: Penguin Books, 2003), 33.

22 Hilary Putnam, *Jewish Philosophy as a Guide to Life: Rosenzweig, Buber, Lévinas, Wittgenstein* (Bloomington: Indiana University Press, 2008), 79.

六 世俗奇迹

感谢Jonathan Davies, Stefanie Knauss, George Levine和Davide Zordan为本文的几种早期版本提出宝贵意见。

1 Friedrich Nietzsche, *The Birth of Tragedy and Other Writings*, trans. Ronald Speirs (Cambridge: Cambridge University Press, 1999), 22—23.有关这条古老格言的博学的讨论，见Umberto Curi, *Meglio non essere nati. La condizione umana tra Eschilo e Nietzsche* (Turin: Bollati Boringhieri, 2008), chap. 1。另参见David Benatar, *Better Never to Have Been: The Harm of Coming into Existence* (Oxford: Oxford University Press, 2006)。

2 Giacomo Leopardi, *Zibaldone*, n. 4174, April 19, 1826; 英译本，*Zibaldone: A Selection*, trans. Martha King and Daniela Bini (New York: Peter Lang, 1992)。

3 M. Weber, *Max Weber: A Biography*, trans. Harry Zohn (New Brunswick, NJ: Transaction Publishers, 1988), 678.有关"祛魅故事"和由此产生的"令人虚弱的犬儒主义"(13)的可能危险的全面讨论，见Jane Bennett, *The Enchantment of Modern Life: Attachments, Crossings, and Ethics* (Princeton, 237
NJ: Princeton University Press, 2001)。

4 See Charles Taylor, *A Secular Age* (Cambridge, MA: Harvard University Press,

Belknap Press, 2007), chap. 1.

5 See Hannah Arendt, *The Human Condition* (Chicago: University of Chicago Press, 1958), chap. 5.

6 Martha Nussbaum, "Transcending Humanity," in *Love's Knowledge: Essays on Philosophy and Literature* (Oxford: Oxford University Press, 1990), 366；参见Taylor, *A Secular Age*, 623—630中的讨论。从相反的观点来看，像米兰·昆德拉这样言辞尖刻的当代小说家更为平凡地把希腊英雄的选择解释为由人的记忆（它不断为不可能实现的"荣归故里"的梦想所欺骗）失常造成的视错觉的产物。因此，他彻底抛弃了以下想法，即我们应该用奥德修斯的选择来证明尘世的生活，例如"返乡"（再次引用荷马），是"甜蜜的"（meliedea）（《奥德赛》第11卷第100行和第203行）。见Milan Kundera, *Ignorance*, trans. Linda Asher (New York: HarperCollins, 2002), §§2 and 9。

7 Taylor, *A Secular Age*, 311.

8 关于这个问题，见Stephen Mulhall, "Can There Be an Epistemology of Moods?" in *"Verstehhen" and Humane Understanding*, ed. Anthony O'Hear (Cambridge: Cambridge University Press, 1996), 191—210。

9 Sigmund Freud, *Civilization and Its Discontents*, trans. James Strachey (New York: W. W. Norton & Co., 1962), 11.有关这一问题的透彻分析，见William B. Parsons, *The Enigma of the Oceanic Feeling: Revisioning the Psychoanalytic Theory of Mysticism* (Oxford: Oxford University Press, 1999)。

10 Freud, *Civilization and Its Discontents*, 12.赫尔曼·梅尔维尔在致霍桑的一封著名信件里（1851年6月）也有过类似的描述："不过这种'整体'感确实有些道理。你在一个温暖的夏天躺在草地上时也一定常常有这种感觉。你的腿好像往地里生出根来。你的头发感觉就像是从你头上长出的树叶。这就是整体感。"转引自Richard Ruland and Malcolm Bradbury, *From Puritanism to Postmodernism: A History of American Literature* (London: Routledge, 1991), 143。

11 关于这个极有影响力的认识论概念，见Charles Taylor, "Foundationalism and the Inner-Outer Distinction," in *Reading McDowell: On Mind and World*, ed. Nicholas H. Smith (London: Routledge, 2002), 106—119。参见现已成为经典的Gilbert Ryle, *The Concept of Mind* (Harmondsworth: Penguin, 2000)。

12 Freud, *Civilization and Its Discontents*, 12—13.

13 Edmund Burke, *A Philosophical Enquiry into the Origin of Our Ideas of the Sublime and the Beautiful* (Oxford: Oxford University Press, 2008), 53.参 见 Stephen Greenblatt, "Resonance and Wonder," in *Exhibiting Cultures*, ed. Ivan Karp and Steven D. Lavine (Washington, DC: Smithsonian Institution Press, 1991), 49:"当关注的行为在它四周画上一个圆圈，除关注对象之外的一切都被排除在外时，当注视的强度阻塞周围的一切形象并让一切低语声归于寂静时，可以把看这个动作称为施了魅的"; 以及同一作者的*Marvelous Possessions: The Wonder of the New World* (Oxford: Clarendon Press, 1991), 20:"引起惊奇的对象是如此之新，以至于它至少暂时是独立的、未被系统化的，是**一个出神关注的完全孤立的对象。**"(黑体是我加的) 238

14 Freud, *Civilization and Its Discontents*, 12.

15 关于这个观点的富有启发的概述，见Marcel Merleau-Ponty, *The Structure of Behavior*, trans. Alden L. Fisher (Pittsburgh: Duquesne University Press, 1963), 13中的以下段落:"因为机体的全部运动始终都受到外部影响的制约，如果我们愿意，我们完全可以把行为当作是环境的某种结果。但同样，就像机体获得的全部刺激只有借助于其先前的运动(它们通过把感受器官暴露给外部影响而得以完成)才得以可能一样，我们可以说行为是全部刺激的首要原因。因此，刺激物的形式是由机体本身、由它自己呈现给外部作用的固有方式创造的。为了能够维持自身，机体无疑必须在它自己外围与一定数量的物理和化学因素打交道。但是正是机体本身，按照其感受器的本性，按照其神经中枢的阈限，按照其组织的运动，在物理世界中选择了它要感受的那些刺激。"

16 我们可以补充一点，我们为数不多的、稍纵即逝的纯粹感觉(例如愉悦或疼痛的感觉)之所以如此势不可当，是因为它们仿佛"取代了"整个世界。关于这个观点，见Marjorie Grene, *A Philosophical Testament* (Chicago: Open Court, 1995), chap. 7, especially 134。

17 关于类似的用天气比喻情绪的例子，见Ryle, *The Concept of Mind*, 96, 100。不过有必要强调，我们不仅遭受情绪，我们还活在情绪之中，正如我们经历不同种类的天气(不情愿地、快乐地、悲惨地)。

18 关于这个话题的涉及面更广的讨论，见Charles Guignon, "Moods in

Heidegger's *Being and Time*," in *What Is an Emotion? Classic Readings in Philosophical Psychology*, ed. Cheshire Calhoun and Robert C. Solomon (Oxford: Oxford University Press, 1984), 230—243; Hubert L. Dreyfus, *Being-in-the-World: A Commentary on Heidegger's "Being and Time," Division I* (Cambridge, MA: MIT Press, 1991), chap. 10。

19 见Carolyn Price, "Affect without Object: Moods and Objectless Emotions," *European Journal of Analytic Philosophy* 2, no. 1 (2006): 49—68, at http：// www.ffri.hr/phil/casopis/content/volume_2/eujap3_price.pdf。

20 见George Downing, "Emotion Theory Reconsidered," in *Heidegger, Coping, and Cognitive Science: Essays in Honor of Hubert L. Dreyfus*, ed. Mark A. Wrathall and Jeff Malpas, vol. 2 (Cambridge, MA: MIT Press, 2000), 268。关于情感与情绪的关系的有趣讨论，参见Robert C. Roberts, *Emotions: An Essay in Aid of Moral Psychology* (Cambridge: Cambridge University Press, 2003), 112—115。

21 Stanley Cavell, *The Senses of Walden* (San Francisco: North Point Press, 1981), 125, quoted in Mulhall, "Can There Be an Epistemology of Moods?" 202.

22 Caroline W. Bynum, "Wonder," *American Historical Review* 102 (1997): 20.

23 对这个无法翻译的德语词的阐述，见Peter L. Berger, *Redeeming Laughter: The Comic Dimension of Human Experience* (Berlin: Walter de Gruyter & Co.,
239 1997), 35。

24 Francis Bacon, *The Advancement of Learning and Novum Organum* (New York: Colonial Press, 1899), 5, quoted in Bynum, "Wonder," 5 n. 16.

25 John Onians, "'I Wonder …': A Short History of Amazement," in *Sight and Insight: Essays on Art and Culture in Honour of E. H. Gombrich at 85*, ed. John Onians (London: Phaidon Press, 1994), 11.

26 Kelly Bulkeley, *The Wondering Brain* (New York: Routledge, 2005), 3.类似的看法参见Jeff Malpas, "Beginning in Wonder: Placing the Origin of Thinking," in *Philosophical Romanticism*, ed. Nikolas Kompridis (London: Routledge, 2006), 284—285："惊奇[是]对通常与事物的突然而引人注目的相遇做出的反应。"

27 René Descartes, *The Passions of the Soul*, trans. Stephen H. Voss (Indianapolis:

Hackett, 1989), 56 (art. 70).

28 John Benson, *Environmental Ethics: An Introduction with Readings* (London: Routledge, 2000), 73. See also Howard L. Parsons, "A Philosophy of Wonder," *Philosophy and Phenomenological Research* 30 (1969—1970): 85—86, and Malpas, "Beginning in Wonder," 284—289.

29 Albertus Magnus, *Metaphysica*, 1.2.6, quoted in James V. Cunningham, *Woe or Wonder: The Passional Effect of Shakespearean Tragedy* (Denver, CO: University of Denver Press, 1951), 77.

30 See Ronald Hepburn, "Wonder," in *"Wonder" and Other Essays* (Edinburgh: Edinburgh University Press, 1984), 131—154. See also Martha Nussbaum, *Upheavals of Thought: The Intelligence of Emotions* (Cambridge: Cambridge University Press, 2001), 54 n. 53:"惊奇是向外运动的、活力充沛的……惊奇发生时我想要跳跃或奔跑。"

31 Descartes, *The Passions of the Soul*, 52 (art. 53).沿着汉娜·阿伦特走过的道路，克劳斯·黑尔德也强调了惊奇与出生的联系；see Klaus Held, "Fundamental Moods and Heidegger's Critique of Contemporary Culture," trans. Anthony J. Steinbock, in *Reading Heidegger: Commemorations*, ed. John Sallis (Bloomington: Indiana University Press, 1993), 286—303。关于惊奇和对世界的兴趣在人的婴儿时期所起到的作用，见Nussbaum, *Upheavals of Thought*, 189—190。

32 See Lorraine Daston and Katharine Park, *Wonders and the Order of Nature: 1150—1750* (New York: Zone Books, 1998), chap. 8.

33 See Jenefer Robinson, "Startle," *Journal of Philosophy* 92, no. 2 (1995): 53—74.

34 Ibid., 57:"[惊吓]是两种具体情感，恐惧和惊异的早期发展形态。"

35 Ibid., 61.

36 Ibid., 62. See also 72:"从广义上，以隐喻的方式，我们可以说，当我们受到惊吓时，我们的身体'判定'我们正处于一个有潜在危险的情况之中，需要我们立即加以关注，但是我们必须记住，这种'判定'不需要认知行为或者以命题的形式对该情况形成任何的信念或概念。"有趣但并不让人感到意外的是，类似的功能性解释也可以运用到情绪上；例如，见Price, *Affect without*

Object, 59ff。

37 Charles Darwin, *Notebook M*, 108 (August 26, 1838), in *Charles Darwin's Notebooks, 1836—1844: Geology, Transmutation of Species, Metaphysical Enquiries*, ed. P. H. Barrett et al. (Cambridge: Cambridge University Press, 1987), 546（黑体是我加的）。

240

38 Charles Darwin, *The Expression of the Emotions in Man and Animals* (Oxford: Oxford University Press, 1998), 278, 280.

39 关于一种令人信服的对情感的意向性理解，见Charles Taylor, "Explaining Action," *Inquiry* 13 (1970): 66—75。

40 See Daston and Park, *Wonders*, 303—316.

41 Ibid., 123.

42 Martin Heidegger, *Being and Time*, trans. John Macquarrie and Edward Robinson (Oxford: Blackwell, 2000), § 36, p. 216.有关惊奇和好奇，参见Martin Heidegger, *Basic Questions in Philosophy: Selected "Problems" of "Logic"*, trans. Richard Rojcewicz and André Schuwer (Bloomington: Indiana University Press, 1994), §§37—38。

43 Burke, *A Philosophical Enquiry*, 29.

44 Heidegger, *Being and Time*, 217.

45 Daston and Park, *Wonders*, 307.

46 Ibid., 310.

47 See Hans Blumenberg, *The Legitimacy of the Modern Age*, trans. Robert M. Wallace (Cambridge, MA: MIT Press, 1983), 229—456.

48 Charles Darwin, *The Voyage of the Beagle* (London: Murray, 1860), 280（黑体是我加的）。

49 Malpas, "Beginning in Wonder," 287（黑体是我加的）。

50 这种回荡，或者说惊奇"荡漾"的一个典型例子是最近由纪念登月四十年引起的个人回忆的泛滥。在这种情况下，对一个具体的惊人之举（人类初次踏上月球）的反应不易察觉但持续地转变为一个更加广泛的惊奇反应，后者的对象是与这个重大事件相关的普通得多的一个个传记事件。

51 Czeslaw Milosz, *Vision from San Francisco Bay*, trans. Richard Lourie (New York: Farrar, Straus and Giroux, 1982), 3.

52 See Cora Diamond, "The Difficulty of Reality and the Difficulty of Philosophy," in Stanley Cavell, Cora Diamond, John McDowell, Ian Hacking, and Cary Wolfe, *Philosophy and Animal Life* (New York: Columbia University Press, 2008), 43—89. 她所说的"现实的困难"指"这样的经验，即我们认为现实中的某个事物抗拒我们对其进行思考，或者因为其不可解释而认为它是痛苦的、困难的，或者因为其不可解释而认为它是令人敬畏和惊异的。**我们是如此看待事物的**。而我们如此看待的事物在别人看来也许根本就不代表那种困难，那种难以、无法或很痛苦地避开我们的思想的困难"（45—46）。See also Greenblatt, *Marvelous Possessions*, 20—21："惊奇感的表达代表所有无法理解的东西，所有令人难以置信的东西……既令人无法相信又是真的。"

53 Diamond, "The Difficulty of Reality," 61.

54 Ibid., 44. 科拉·戴蒙德此处是在评论泰德·休斯《六个年轻人》一诗中著名的最后一节："那个你遇到并与之握手的人，/那个身板硬朗、声音洪亮的人，/并不比那六张赛璐珞笑脸更有生气，/史前或传说中的野兽也并不更无生气；/没有什么思想像他们的热血那样生动：/注视着这张照片很可能令人疯狂，/如此矛盾的恐怖在这里/从单次曝光中发出微笑，将自己的身体/从它的时刻和热度中抽离开来。" 241

55 我把这里提到的五种基本情绪和更为衍生的、反应性的和由文化决定的Stimmungen（例如易怒、挑剔、好辩、平和、淘气、不安全感、自信、尴尬等）区分开来。

56 虽然我是从世界的意义"过盛"或"过密"角度来阐释戴蒙德的"现实的困难"的，但是我并没有说我们定然不可能把它作为无谓的东西（例如当我们不得不接受情感上无法忍受的事物时）加以亲身体验。我们在这里遇到的是"无意义"的两个不同的意思。毕竟，一个事件（例如所爱的人英年早逝）可以**仅仅因为**它从我们在现实中经历的厚而纠结的意义网看来不合情理而显得惊人地无谓；因为那张纠结的网**充满**了意义。"过盛"绝不能和一致性等同起来。

57 为这一观点所做的令人信服的辩护，见Bennett, *The Enchantment of Modern Life*。

58 关于幽默，见Berger, *Redeeming Laughter*; Simon Critchley, *On Humour* (London: Routledge, 2002); Marie Collins Swabey, *Comic Laughter: A*

Philosophical Essay (New Haven: Yale University Press, 1961); Helmuth Plessner, *Laughing and Crying: A Study of the Limits of Human Behavior*, trans. James Spencer Churchill and Marjorie Grene (Evanston, IL: Northwestern University Press, 1970)。

59 See Berger, *Redeeming Laughter*, chap. 1.

60 Ibid., 61.

61 Immanuel Kant, *Critique of Judgment*, trans. Werner S. Pluhar (Indianapolis: Hackett, 1987), § 54, 203—205.

62 See Critchley, *On Humour*, 50—52.

63 Berger, *Redeeming Laughter*, 202.关于对现代人对待喜剧因素的暧昧态度的一种有见地的解读，参见215。

64 See Taylor, *A Secular Age*.

65 关于我们在这个世界上的存在方式所具有的不透明性和透明性之间无法逃避的辩证关系，见Malpas, "Beginning in Wonder," 291—293。

66 Pico della Mirandola, "On the Dignity of Man," trans. Elizabeth L. Forbes, in *The Renaissance Philosophy of Man*, ed. E. Cassirer, P. O. Kristeller, and J. H. Randall Jr. (Chicago: University of Chicago Press, 1948), 224—225.

67 See Hannah Arendt, "Charlie Chaplin: Der Suspekte," in *Die verborgene Tradition. Acht Essays* (Frankfurt a.M.: Suhrkamp, 1976), 61.

七　人类出现以前的道德基础

1 F. S. Collins, *The Language of God: A Scientist Presents Evidence for Belief* (New York: Free Press, 2006).

2 2007年5月7日，夏普顿在纽约公共图书馆举行的一场辩论中提出了这个观
242 点，可在http：//fora.tv观看。

3 F. B. M. de Waal, "Putting the Altruism Back into Altruism: The Evolution of Empathy," *Annual Review of Psychology* 59 (2008): 279—300.

4 C. Zahn-Waxler, B. Hollenbeck, and M. Radke-Yarrow, "The Origins of Empathy and Altruism," in *Advances in Animal Welfare Science*, ed. M. W. Fox and L. D. Mickley (Washington, DC: Humane Society of the United States,

1984), 21—39.

5 E. Hatfield, J. T. Cacioppo, and R. L. Rapson, *Emotional Contagion* (Cambridge: Cambridge University Press, 1994).

6 N. Eisenberg. "Empathy and Sympathy," in *Handbook of Emotion*, ed. M. Lewis and J. M. Haviland-Jones (New York: Guilford Press, 2000), 677—691.

7 M. L. Hoffman, "Is Altruism Part of Human Nature?" *Journal of Personality and Social Psychology* 40 (1981): 121—137.

8 S. D. Preston and F. B. M. de Waal, "Empathy: Its Ultimate and Proximate Bases," *Behavioral and Brain Sciences* 25 (2002): 1—72.

9 R. M. Yerkes, *Almost Human* (New York: Century, 1925), 246.

10 N. N. Ladygina-Kohts, *Infant Chimpanzee and Human Child: A Classic 1935 Comparative Study of Ape Emotions and Intelligence* (1935), ed. F. B. M. de Waal (New York: Oxford University Press, 2001), 121.

11 F. B. M. de Waal, *Good Natured: The Origins of Right and Wrong in Humans and Other Animals* (Cambridge, MA: Harvard University Press, 1996), and *Bonobo: The Forgotten Ape* (Berkeley and Los Angeles: University of California Press, 1997).

12 S. M. O'Connell, "Empathy in Chimpanzees: Evidence for Theory of Mind?" *Primates* 36 (1995): 397—410.

13 F. B. M. de Waal and A. van Roosmalen, "Reconciliation and Consolation among Chimpanzees," *Behavioral Ecology and Sociobiology* 5 (1979): 55—66.

14 F. B. M. de Waal and F. Aureli, "Consolation, Reconciliation, and a Possible Cognitive Differences between Macaque and Chimpanzee," in *Reaching into Thought: The Mind of the Great Apes*, ed. A. E. Russon, K. A. Bard, and S. T. Parker (Cambridge: Cambridge University Press, 1996), 80—110.

15 O. Fraser, D. Stahl, and A. Aureli, "Stress Reduction through Consolation in Chimpanzees," *Proceedings of the National Academy of Sciences, USA* 105 (2008): 8557—8562.

16 E.g., J. Kagan, "Human Morality Is Distinctive," *Journal of Consciousness Studies* 7 (2000): 46—48; E. Fehr and U. Fischbacher, "The Nature of Human Altruism," Nature 425 (2003): 785—791.

17 De Waal, “Putting the Altruism Back into Altruism.”

18 C. D. Batson, *The Altruism Question: Toward a Social-Psychological Answer* (Hillsdale, NJ: Erlbaum, 1991).

19 F. B. M. de Waal, *Chimpanzee Politics: Power and Sex among Apes* (1982) (Baltimore, MD: Johns Hopkins University Press, 2007), 67.

20 A. H. Harcourt and F. B. M. de Waal, *Coalitions and Alliances in Humans and Other Animals* (Oxford: Oxford University Press, 1992).

21 F. Warneken, B. Hare, A. P. Melis, D. Hanus, and M. Tomasello, “Spontaneous
243 Altruism by Chimpanzees and Young Children,” *PLoS Biology* 5 (2007): e184.

22 J. M. Burkart, E. Fehr, C. Efferson, and C. P. van Schaik, “Other-Regarding Preferences in a Non-human Primate: Common Marmosets Provision Food Altruistically,” *Proceedings of the National Academy of Sciences* 104 (2007): 19762—19766.

23 De Waal, F. B. M., Leingruber, K., and Greenberg, A. R. (2008), “Giving is Rewarding for Monkeys,” *Proceedings of the National Academy of Sciences, USA* 105: 13685—13689.

24 W. T. Harbaugh, U. Mayr, and D. R. Burghart, “Neural Responses to Taxation and Voluntary Giving Reveal Motives for Charitable Donations,” *Science* 326 (2007): 1622—1625.

25 R. L. Trivers, “The Evolution of Reciprocal Altruism,” *Quarterly Review of Biology* 46 (1971): 35—57.

26 F. B. M. de Waal and M. L. Berger, “Payment for Labour in Monkeys,” *Nature* 404 (2000): 563.

27 Trivers, “The Evolution of Reciprocal Altruism”; F. B. M. de Waal, “The Chimpanzee’s Service Economy: Food for Grooming,” *Evolution of Human Behavior* 18 (1997): 375—386.

28 E. Fehr and K. M. Schmidt, “A Theory of Fairness, Competition, and Cooperation,” *Quarterly Journal of Economics* 114 (1999): 817—868.

29 De Waal, *Good Natured*, 95.

30 S. F. Brosnan and F. B. M. de Waal, “Monkeys Reject Unequal Pay,” *Nature* 425 (2003): 297—299.

31 M. van Wolkenten, S. F. Brosnan, and F. B. M. de Waal, "Inequity Responses of Monkeys Modified by Effort," *Proceedings of the National Academy of Sciences, USA* 104 (2007): 18854—18859.

32 S. Freud, *Totem and Taboo: Some Points of Agreement between the Mental Lives of Savages and Neurotics* (1913)(New York: Norton, 1950).

33 关于人类道德独特性的恰当区别和争论，见F. B. M. de Waal, *Primates and Philosophers: How Morality Evolved* (Princeton, NJ: Princeton University Press, 2006)。

八　事实是神圣的

1 D. S. Wilson, "Species of Thought: A Comment on Evolutionary Epistemology," *Biology and Philosophy* 5 (1990)37—62; *Darwin's Cathedral: Evolution, Religion, and the Nature of Society* (Chicago: University of Chicago Press, 2002); and "Rational and Irrational Beliefs from an Evolutionary Perspective," in *Rational and Irrational Beliefs*, ed. D. David, S. J. Lynn, and A. Ellis (Oxford: Oxford University Press, 2009).

2 B. Malinowski, *Magic, Science and Religion and Other Essays* (Boston: Beacon, 1948).

3 E. Durkheim, *The Elementary Forms of Religious Life* (1912), trans. K. E. Fields (New York: The Free Press, 1995).

4 Wilson, *Darwin's Cathedral*; "Testing Major Evolutionary Hypotheses about Religion with a Random Sample," *Human Nature* 16 (2005): 382—409; "Evolution and Religion: The Transformation of the Obvious," in *The Evolution of Religion: Studies, Theories, Critiques*, ed. J. Bulbulia, R. Sosis, E. Harris, 244
R. Genet, C. Genet, and K. Wyman (Santa Margarita, CA: Collins Foundation Press, 2008), 11—18; and "The Golden Rules of Religion," in *The Golden Rule: The Ethics of Reciprocity in World Religions*, ed. J. Neusner and B. D. Chilton (New York: Continuum, 2009).

5 E. Hutchins and G. E. Hinton, "Why the Islands Move," *Perception* (1984): 13, 629—632; E. Hutchins, *Cognition in the Wild* (Boston: MIT Press, 1996).

6 D. S. Wilson, "Language as a Community of Interacting Belief Systems: A Case Study Involving Conduct toward Self and Others," *Biology and Philosophy* 10 (1995): 77—97; and *Evolution for Everyone: How Darwin's Theory Can Change the Way We Think about Our Lives* (New York: Delacorte, 2007).

7 L. Margulis, *Origin of Eukaryotic Cells* (New Haven: Yale University Press, 1970).

8 J. Maynard Smith and E. Szathmary, *The Major Transitions of Life* (New York: W. H. Freeman, 1995); and *The Origins of Life: From the Birth of Life to the Origin of Language* (Oxford: Oxford University Press, 1999).

9 M. Tomasello, J. Carpenter, J. Call, T. Behne, and H. Moll, "Understanding and Sharing Intentions: The Origins of Cultural Cognition," *Behavioral and Brain Sciences* 28 (2005): 675—735; and M. Tomasello, *Why We Cooperate* (Boston: MIT Press, 2009).

10 A. Ehrenpreis, "An Epistle on brotherly community as the highest command of love" (1650), in *Brotherly Community: The Highest Command of Love*, ed. R. Friedmann (Rifton, NY: Plough Publishing Co., 1978), 66—69; 从进化角度对这段文字的另一次讨论，见 D. S. Wilson and E. Sober, "Reintroducing Group Selection to the Human Behavioral Sciences," *Behavioral and Brain Sciences* 17 (1994): 585—654。

11 E.g., S. Brown and E. Dissanayake, "The Arts Are More than Aesthetics: Neuroaesthetics as Narrow Aesthetics," in *Neuroaesthetics*, ed. M. Skov and O. Vartanian (Amityville, NY: Baywood, 2009), 43—57.

12 私人交流。

13 E.g., S. Pinker, *The Blank Slate: The Modern Denial of Human Nature* (New York: Viking, 2002).

14 E.g., G. F. Miller, *The Mating Mind: How Sexual Choice Shaped the Evolution of Human Nature* (New York: Doubleday, 2000).

15 M. Horton, *The Long Haul* (New York: Doubleday, 1990), 7.

16 J. Queenan, *Closing Time: A Memoir* (New York: Viking, 2009).

17 R. H. Thaler and C. R. Sunstein, *Nudge: Improving Decisions about Health, Wealth, and Happiness* (New Haven: Yale University Press, 2008).

18 T. Berry, *The Great Work: Our Way into the Future* (New York: Harmony, 1999).

19 C. Boehm, *Hierarchy in the Forest: Egalitarianism and the Evolution of Human Altruism* (Cambridge, MA: Harvard University Press, 1999); R. Dunbar, C. Knight, and C. Power, eds., *The Evolution of Culture* (New Brunswick, NJ: Rutgers University Press, 1999).

20 http：//theevolutioninstitute.org

21 http：//evolution.binghamton.edu/bnp

22 Hutchins, *Cognition in the Wild.* 245

23 S. C. Hayes, "Acceptance and Commitment Therapy, Relational Frame Theory and the Third Wave of Behavioral and Cognitive Therapies," *Behavior Therapy* 35 (2004): 639—665.

24 M. Dowd, *Thank God for Evolution: How the Marriage of Science and Religion Will Transform Your Life and Our World* (New York: Plume, 2009).

25 http：//www.babasword.com/index/rgecd.html

九 达尔文式施魅

1 Die Geisterwelt ist nicht verschlossen;/ Dein Sinn ist zu, dein Herz ist tot!/ Auf, bade, Schüler, unverdrossen/ Die ird'sche Brust im Morgenrot!

2 Max Weber, "Wissenschaft als Beruf," in Max Weber, *Schriften 1894—1922*, ed. Dirk Kaesler (Stuttgart: Kröner, 2002), 498.

3 Ibid., 488.

4 George Bernard Shaw, "Preface," *Back to Methuselah* (1921)(London: Penguin Books, 1961), 44.

5 William Whewell, *History of the Inductive Sciences, from Earliest to Present Times* (1837), 3rd ed., 3 vols. (London: Parker & Son, 1857).后来版本中的改动在单独的章节里标出。正文是1837年第一版的文本。

6 Ibid., 3：485.

7 Ibid., 478.

8 Ibid., 476.

9 休厄尔的书在1837年出版后不久达尔文就得到了一套。See Charles Darwin

to Charles Babbage (June—September 1837), in *The Correspondence of Charles Darwin*, ed. Frederick Burkhardt et al., 17 vols. to date (Cambridge: Cambridge University Press, 1985—　), 2：22.

10 Whewell, *History of the Inductive Sciences*, 3：480.

11 Charles Darwin, *Origin of Species* (London: Murray, 1859), 490.

12 Whewell, *History of the Inductive Sciences*, 3：489.

13 Charles Darwin, *E Notebook*, 60, in *Charles Darwin's Notebooks, 1836—1844*, ed. Paul Barrett et al. (Ithaca: Cornell University Press, 1987), 414.

14 Darwin, *C Notebook*, 63, in *Darwin's Notebooks*, 259.

15 Charles Darwin, *The Autobiography of Charles Darwin*, ed. Nora Barlow (London: Collins, 1958), 120.

16 1838年夏天，达尔文在《笔记D》里写道："家养动物的变种一定非常复杂，因为它们有一部分是土生土长的，然后土生土长的这部分被送到新的地区，育种只限于某些最优的个体。——不是任何一种，而只是挑选出的某些个体。——真正的自然育种，而不是选种。"

17 关于一个补充性的结论，见Robert J. Richards, "Darwin's Theory of Natural Selection and Its Moral Purpose," in *Cambridge Companion to Darwin's Origin of Species*, ed. Michael Ruse and Robert J. Richards (Cambridge: Cambridge
246 University Press, 2008), 47—66。

18 Darwin, *D Notebook*, 134e—135e, in *Darwin's Notebooks*, 375.

19 迈克尔·吉塞林等学者坚信，达尔文的理论没有给目的论留下丝毫余地。见他的*The Triumph of the Darwinian Method* (Berkeley and Los Angeles: University of California Press, 1969), 132—159。其他一些学者，如迈克尔·鲁斯，认识到也许可以被称为"内在目的论"的东西，也就是说，有机体的特征有一定的功能，这些特征之所以被选择就是为了能发挥那个功能。不过鲁斯声称，达尔文并没有假定有一个设计者或者精神的作用："他[达尔文]向我们展示如何得到目的，但并不直接诉诸设计者——自然选择根据盲目的法则完成工作，但并没有直接提及精神。这种目的论是内在的。"见Michael Ruse, *Darwin and Design: Does Evolution Have a Purpose?* (Cambridge, MA: Harvard University Press, 2003), 126。

20 Darwin, *B Notebook*, 49, in *Darwin's Notebooks*, 182.

21 Darwin, *E Notebook*, 48—49, in *Darwin's Notebooks*, 409.

22 除了已经引用过的段落之外，以下部分也明确运用了对"终极因"的思考：Darwin, *B Notebook*, 5, in *Darwin's Notebooks*, 171; *C Notebook*, 236, in *Darwin's Notebooks*, 313; *D Notebook*, 114e, in *Darwin's Notebooks*, 369; *E Notebook*, 146 and 147, in *Darwin's Notebooks*, 440。

23 Darwin, *M Notebook*, 154, in *Darwin's Notebooks*, 559.

24 Charles Darwin, *The Descent of Man and Selection in relation to Sex*, 2 vols. (London: Murray, 1871), 1：136.

25 Darwin, *Autobiography*, 87. 达尔文误解了佩利，后者也认为造物主是通过自然法则起作用的。

26 Darwin, *M Notebook*, 36—37, in *Darwin's Notebooks*, 343.

27 William Paley, *Natural Theology* (London: Faulder, 1809), 416.

28 William Whewell, *Astronomy and General Physics Considered with Reference to Natural Theology* (Bridgewater Treatise)(Philadelphia: Carey, Lea & Blanchard, 1833), 267.

29 Charles Darwin, *Charles Darwin's natural Selection, being the Second Part of his Big species Book written from 1856 to 1858*, ed. R. C. Stauffer (Cambridge: Cambridge University Press, 1975), 224.

30 Charles Darwin to Asa Gray (May 22, 1860), in *Correspondence of Charles Darwin*, 8：224.

31 这两篇论文经弗朗西斯·达尔文的誊写整理，发表于 *The Foundations of the Origin of Species: Two Essays Written in 1842 and 1844 by Charles Darwin* (Cambridge: Cambridge University Press, 1909)。

32 Darwin, essay of 1842, in *The Foundations of the Origin of Species*, 5. 在《物种起源》里，达尔文认为后代中的小的个体变异将会不断发生。不过在此书中他有时也提到，有利的变异只会在漫长的时间里偶然发生（例如第80和第82页）。

33 Darwin, essay of 1842, 8.

34 Ibid., 5.

35 Ibid., 85.

36 Darwin, *Origin of Species*, 83—84.

247 37 Ibid., 62—63.

38 Ibid., 41.

39 Ibid., 105. 达尔文经常说，为了让选择能够最有效地发挥作用，需要大群个体；见41, 70, 110, 125, 177和179。

40 Ibid., 84.

41 Ibid.

42 Ibid., 489.

43 除了提到的几处之外，参见ibid., 83, 149, 194和201。

44 Ibid., 78.

45 Ibid., 84.

46 Darwin, *E Notebook*, 49, in *Darwin's Notebooks*, 409；完整引用见前文。

47 达尔文从1838年10月2日开始写《笔记N》，于1839年春季完成。他还记了一系列关于道德和心灵的零散笔记，他把它称为“旧的和无用的笔记”，写作时间大约从1838年夏季开始直到1840年初。

48 Darwin, *Old & Useless Notes*, 39, in *Darwin's Notebooks*, 616.

49 Darwin, *Old & Useless Notes*, 37, in *Darwin's Notebooks*, 614.

50 Darwin, essay of 1844, in *The Foundation of the Origin of Species*, 254. 当然，这句话略有不同的版本也出现在1842年的文章和《物种起源》里。

51 在《物种起源》里（第236页）达尔文提到，这个问题一开始似乎“对我的整个理论而言是具有决定性的”。我在*Darwin and the Emergence of Evolutionary Theories of Mind and Behavior* (Chicago: University of Chicago Press, 1987), 142—152里用更长的篇幅讨论过这个问题。

52 Darwin, *Descent of Man*, 1：166.

53 Ibid., 163.

54 Ibid., 97—98.

55 Ibid., 100—101.

56 我曾经提出过针对达尔文道德理论的几点修正，目的是为了反驳那些反对进化伦理学的通常理由。可参见我的*Darwin and the Emergence of Evolutionary Theories of Mind and Behavior*一书中的附录2。关于针对“道德语法”概念的一个实证研究，见Marc Hauser, *Moral Minds* (Cambridge, MA: Harvard University Press, 2005)；另参见John Mikhail, “Universal Moral

Grammar: Theory, Evidence and the Future," *Trends in Cognitive Sciences* 11 (2007): 143—152。关于个体的确具有真正的利他行为的进一步实证证明，见Ernst Fehr and Urs Fischbacher, "The Economics of Strong Reciprocity," in *Moral Sentiments and Material Interests*, ed. Herbert Gintis et al. (Cambridge, MA: MIT Press, 2005), 151—192。

57 埃夫林是卡尔·马克思的女婿，他在达尔文去世后不久撰写的一个小册子里发表了这段描述。他引用了达尔文的话："我直到四十岁才放弃了基督教信仰"，这样算来应该是1850年左右。见E. B. Aveling, *The Religious Views of Charles Darwin* (London: Freethought Publishing Co., 1883), 5。弗朗西斯·达尔文在Francis Darwin, ed., *Life and Letters of Charles Darwin*, 3 vols. (London: Murray, 1887), 1：317n里证实了埃夫林的说法。 248

58 Darwin, *Autobiography*, 92—93.

59 Alfred Russel Wallace to Darwin (July 2, 1866), in *Correspondence of Charles Darwin*, 14：228.

60 See Darwin to Alfred Russel Wallace (July 5, 1866), in ibid., 236.

61 Darwin, *Origin of Species*, 489.

62 此外，我们有充分理由相信，我们可以找到一个可与我们自己的世界相比拟的世界，这是世界上高级动物的相互作用所造成的有益结果。

63 詹姆斯运用自然选择概念来讨论意识在做决策中的作用。见我在*Darwin and the Emergence of Evolutionary Theories of Mind and Behavior*, 430—435中的探讨。关于唐纳德·坎贝尔对这个概念的运用，见他的"Blind Variation and Selective Retention in Creative Thought as in Other Knowledge Processes," *Psychological Review* 67 (1960): 380—400; and "Blind Variation and Selective Retention in Socio-Cultural Evolution," in *Social Change in Developing Areas*, ed. H. Barringer, G. Blanksten, and R. Mack (Cambridge, MA: Schenkman, 1965)。

十 湿脚的下层植被：达尔文式的沉浸

1 Salman Rushdie, "Is Nothing Sacred?" in *Imaginary Homelands: Essays and Criticism 1981—1991* (London: Granta, 1991), 415—416.

2 Ibid., 423.

3 Ibid., 420—421.

4 详见Leo Bersani's *The Culture of Redemption* (Cambridge, MA: Harvard University Press, 1992)。

5 See Gillian Beer, *Darwin's Plots: Evolutionary Narrative in Darwin, George Eliot and Nineteenth-Century Fiction* (Cambridge: Cambridge University Press, 1983).

6 如果需要一个特别有说服力的例子，请阅读Don Paterson关于他"皈依科学唯物主义"的文章，见于他对里尔克的《致俄耳甫斯的十四行诗》的出色"演绎"，书名为*Orpheus: A Version of Rilke* (London: Faber, 2006), 65—68。

7 Darwin, *The Autobiography of Charles Darwin*, ed. Nora Barlow (London: Collins, 1958), 138—139.

8 例如，见约翰・派珀（明尼苏达州伯利恒浸礼教堂牧师）的一篇名为《向达尔文学习：我们成为我们看见的样子》的布道文，见www.desiringgod.org。

9 Darwin, *Autobiography*, 136.

10 Ibid., 21.

11 Harold Bloom, *The Anxiety of Influence* (Oxford: Oxford University Press, 1974).

12 See Toby Appel, *The Cuvier-Geoffroy Debate: French Biology in the Decades before Darwin* (Oxford: Oxford University Press, 1987); Martin Rudwick, *Bursting the Limits of Time: The Reconstruction of Geohistory in the Age of Revolution* (Chicago: Chicago University Press, 2007); and Derinda Outram,
249 *George Cuvier: Vocation, Science and Authority in Post-Revolutionary France* (Manchester: Manchester University Press, 1984).

13 Coleridge to Wordsworth, May 30, 1815, *Coleridge's Collected Letters* (Oxford: Clarendon Press, 2002), 4：574—575.

14 见我的专著*Darwin and the Barnacle* (London: Faber, 2003), 135—153中"论猜想"一章。

15 Ernst von Hesse-Wartegg, "Bei Charles Darwin," *Frankfurter Zeitung und Handelsblatt* (July, 30, 1880): 1—2.

16 Adam Phillips, *Darwin's Worms* (London: Faber, 1999), 55.

17 Darwin, *The formation of vegetable mould, through the action of worms, with observations on their habits* (London: John Murray, 1881), 313.

18 Phillips, *Darwin's Worms*, 60—61.

19 W. Tegetmeier, "Darwin on Orchids," *Register of facts and occurrences relating to literature, the science, and the arts*, August 1862, 38—39.

20 Traubel, *With Walt Whitman in Camden*, ed. Sculley Bradley (Philadelphia: University of Pennsylvania Press, 1953), 4：392.

21 Ibid., 8：454.

22 Whitman, *Specimen Days and Collect*, from *Complete Poetry and Collected Prose*, ed. Justin Kaplan, Literary Classics of the United States (New York: Library of America, 1982), 897—898.

23 Elizabeth Bishop letter to Anne Stevenson, January 8—20, 1964, Elizabeth Bishop Papers, Washington University, St. Louis.

24 Bishop to Robert Lowell, Letter 302, July 30, 1964, in *Words in Air: The Complete Correspondence between Elizabeth Bishop and Robert Lowell*, ed. Robert Travisano (London: Faber and Faber, 2008), 545.

25 Bishop to Robert Lowell, Letter 303, July 30, 1964, in *Words in Air*, 547.

26 Bishop to Robert Lowell, Letter 382, October 14, 1971, in *Words in Air*, 692.

27 Lowell to Bishop, Letter 292, April 6, 1964, in *Words in Air*, 528.

28 Bishop to James Merrill, June 3, 1971, in *One Art: Selected Letters* (London: Pimlico, 1996), 542.

29 Darwin to Hooker, June 13, 1850, in *The Correspondence of Charles Darwin*, ed. Frederick Burkhardt et al., 17 vols. to date (Cambridge: Cambridge University Press, 1985—),4：344.

30 Darwin, *Notebook M*, 34—35. http：//darwin-online.org.uk

31 到19世纪中叶时，speculation一词常被用作贬义，在科学上指"关于深奥难懂或推测性对象的抽象或假设的推理"，在金融界指"参与任何具有冒险性或需要担风险却有望获得巨大或罕见利益的商业计划"。

32 Darwin, *The Cross and Self-Fertilisation of Plants* (London: John Murray, 1876), 458.

33 Ernesto Suarez-Toste, "Une Machine a Coudre Manuelle: Elizabeth Bishop's

'Everyday Surrealism,'" *Mosaic* (Winnipeg), June 1, 2000.

34 Elizabeth Bishop letter to Anne Stevenson, January 8—20, 1964, Elizabeth
250 Bishop Papers, Washington University, St. Louis.

35 Guy Rotella, *Reading and Writing Nature: The Poetry of Robert Frost, Wallace Stevens, Marianne Moore, and Elizabeth Bishop* (Boston: Northeastern University Press, 1991), 188.

36 Ibid., 189—190.

37 Darwin, *Autobiography*, 91—92.

38 William Darwin, Note, Cambridge University Library, DAR112.B3b—B3f page sequence 6—7.

39 George Darwin and Francis Darwin, eds., "Darwin celebration, Cambridge, June, 1909. Speeches delivered at the banquet held on June 23rd," *Cambridge Daily News*, June 24, 1909, 15.

40 根据黑塞—瓦特格1880年的描述，达尔文二十年后仍然在家中养着茅膏菜。
251 Hesse-Wartegg, "Bei Charles Darwin."

索　引

（条目后的数字为原书页码，见本书边码）

人文与社会译丛

第一批书目

1.《政治自由主义》(增订版),[美]J. 罗尔斯著,万俊人译 118.00 元
2.《文化的解释》,[美]C. 格尔茨著,韩莉译 89.00 元
3.《技术与时间:1. 爱比米修斯的过失》,[法]B. 斯蒂格勒著,裴程译 62.00 元
4.《依附性积累与不发达》,[德]A. G. 弗兰克著,高铦等译 13.60 元
5.《身处欧美的波兰农民》,[美]F. 兹纳涅茨基、W. I. 托马斯著,张友云译 9.20 元
6.《现代性的后果》,[英]A. 吉登斯著,田禾译 45.00 元
7.《消费文化与后现代主义》,[英]M. 费瑟斯通著,刘精明译 14.20 元
8.《英国工人阶级的形成》(上、下册),[英]E. P. 汤普森著,钱乘旦等译 168.00 元
9.《知识人的社会角色》,[美]F. 兹纳涅茨基著,郏斌祥译 49.00 元

第二批书目

10.《文化生产:媒体与都市艺术》,[美]D. 克兰著,赵国新译 49.00 元
11.《现代社会中的法律》,[美]R. M. 昂格尔著,吴玉章等译 39.00 元
12.《后形而上学思想》,[德]J. 哈贝马斯著,曹卫东等译 58.00 元
13.《自由主义与正义的局限》,[美]M. 桑德尔著,万俊人等译 30.00 元

14.《临床医学的诞生》,[法]M. 福柯著,刘北成译 55.00 元
15.《农民的道义经济学》,[美]J. C. 斯科特著,程立显等译 42.00 元
16.《俄国思想家》,[英]I. 伯林著,彭淮栋译 35.00 元
17.《自我的根源:现代认同的形成》,[加]C. 泰勒著,韩震等译 128.00 元
18.《霍布斯的政治哲学》,[美]L. 施特劳斯著,申彤译 49.00 元
19.《现代性与大屠杀》,[英]Z. 鲍曼著,杨渝东等译 59.00 元

第三批书目

20.《新功能主义及其后》,[美]J. C. 亚历山大著,彭牧等译 15.80 元
21.《自由史论》,[英]J. 阿克顿著,胡传胜等译 89.00 元
22.《伯林谈话录》,[伊朗]R. 贾汉贝格鲁等著,杨祯钦译 48.00 元
23.《阶级斗争》,[法]R. 阿隆著,周以光译 13.50 元
24.《正义诸领域:为多元主义与平等一辩》,[美]M. 沃尔泽著,褚松燕等译 24.80 元
25.《大萧条的孩子们》,[美]G. H. 埃尔德著,田禾等译 27.30 元
26.《黑格尔》,[加]C. 泰勒著,张国清等译 135.00 元
27.《反潮流》,[英]I. 伯林著,冯克利译 48.00 元
28.《统治阶级》,[意]G. 莫斯卡著,贾鹤鹏译 98.00 元
29.《现代性的哲学话语》,[德]J. 哈贝马斯著,曹卫东等译 78.00 元

第四批书目

30.《自由论》(修订版),[英]I. 伯林著,胡传胜译 69.00 元
31.《保守主义》,[德]K. 曼海姆著,李朝晖、牟建君译 58.00 元
32.《科学的反革命》(修订版),[英]F. 哈耶克著,冯克利译 58.00 元

33.《实践感》,[法]P. 布迪厄著,蒋梓骅译 75.00 元
34.《风险社会:新的现代性之路》,[德]U. 贝克著,张文杰等译 58.00 元
35.《社会行动的结构》,[美]T. 帕森斯著,彭刚等译 80.00 元
36.《个体的社会》,[德]N. 埃利亚斯著,翟三江、陆兴华译 15.30 元
37.《传统的发明》,[英]E. 霍布斯鲍姆等著,顾杭、庞冠群译 68.00 元
38.《关于马基雅维里的思考》,[美]L. 施特劳斯著,申彤译 78.00 元
39.《追寻美德》,[美]A. 麦金太尔著,宋继杰译 68.00 元

第五批书目

40.《现实感》,[英]I. 伯林著,潘荣荣、林茂译 30.00 元
41.《启蒙的时代》,[英]I. 伯林著,孙尚扬、杨深译 35.00 元
42.《元史学》,[美]H. 怀特著,陈新译 89.00 元
43.《意识形态与现代文化》,[英]J. B. 汤普森著,高铦等译 68.00 元
44.《美国大城市的死与生》,[加]J. 雅各布斯著,金衡山译 78.00 元
45.《社会理论和社会结构》,[美]R. K. 默顿著,唐少杰等译 128.00 元
46.《黑皮肤,白面具》,[法]F. 法农著,万冰译 58.00 元
47.《德国的历史观》,[美]G. 伊格尔斯著,彭刚、顾杭译 58.00 元
48.《全世界受苦的人》,[法]F. 法农著,万冰译 17.80 元
49.《知识分子的鸦片》,[法]R. 阿隆著,吕一民、顾杭译 45.00 元

第六批书目

50.《驯化君主》,[美]H. C. 曼斯菲尔德著,冯克利译 68.00 元
51.《黑格尔导读》,[法]A. 科耶夫著,姜志辉译 98.00 元
52.《象征交换与死亡》,[法]J. 波德里亚著,车槿山译 68.00 元
53.《自由及其背叛》,[英]I. 伯林著,赵国新译 48.00 元

54.《启蒙的三个批评者》,[英]I. 伯林著,马寅卯、郑想译 48.00 元
55.《运动中的力量》,[美]S. 塔罗著,吴庆宏译 23.50 元
56.《斗争的动力》,[美]D. 麦克亚当、S. 塔罗、C. 蒂利著,李义中等译 31.50 元
57.《善的脆弱性》,[美]M. 纳斯鲍姆著,徐向东、陆萌译 55.00 元
58.《弱者的武器》,[美]J. C. 斯科特著,郑广怀等译 82.00 元
59.《图绘》,[美]S. 弗里德曼著,陈丽译 49.00 元

第七批书目

60.《现代悲剧》,[英]R. 威廉斯著,丁尔苏译 45.00 元
61.《论革命》,[美]H. 阿伦特著,陈周旺译 59.00 元
62.《美国精神的封闭》,[美]A. 布卢姆著,战旭英译,冯克利校 68.00 元
63.《浪漫主义的根源》,[英]I. 伯林著,吕梁等译 49.00 元
64.《扭曲的人性之材》,[英]I. 伯林著,岳秀坤译 22.00 元
65.《民族主义思想与殖民地世界》,[美]P. 查特吉著,范慕尤、杨曦译 18.00 元
66.《现代性社会学》,[法]D. 马尔图切利著,姜志辉译 32.00 元
67.《社会政治理论的重构》,[美]R. J. 伯恩斯坦著,黄瑞祺译 72.00 元
68.《以色列与启示》,[美]E. 沃格林著,霍伟岸、叶颖译 128.00 元
69.《城邦的世界》,[美]E. 沃格林著,陈周旺译 85.00 元
70.《历史主义的兴起》,[德]F. 梅尼克著,陆月宏译 48.00 元

第八批书目

71.《环境与历史》,[英]W. 贝纳特、P. 科茨著,包茂红译 25.00 元
72.《人类与自然世界》,[英]K. 托马斯著,宋丽丽译 35.00 元

73.《卢梭问题》,[德]E. 卡西勒著,王春华译 39.00 元
74.《男性气概》,[美]H. C. 曼斯菲尔德著,刘玮译 28.00 元
75.《战争与和平的权利》,[美]R. 塔克著,罗炯等译 25.00 元
76.《谁统治美国》,[美]W. 多姆霍夫著,吕鹏、闻翔译 35.00 元
77.《健康与社会》,[法]M. 德吕勒著,王鲲译 35.00 元
78.《读柏拉图》,[德]T. A. 斯勒扎克著,程炜译 68.00 元
79.《苏联的心灵》,[英]I. 伯林著,潘永强、刘北成译 59.00 元
80.《个人印象》,[英]I. 伯林著,林振义、王洁译 35.00 元

第九批书目

81.《技术与时间:2. 迷失方向》,[法]B. 斯蒂格勒著,赵和平、印螺译 59.00 元
82.《抗争政治》,[美]C. 蒂利、S. 塔罗著,李义中译 28.00 元
83.《亚当·斯密的政治学》,[英]D. 温奇著,褚平译 21.00 元
84.《怀旧的未来》,[美]S. 博伊姆著,杨德友译 85.00 元
85.《妇女在经济发展中的角色》,[丹]E. 博斯拉普著,陈慧平译 30.00 元
86.《风景与认同》,[美]W. J. 达比著,张箭飞、赵红英译 68.00 元
87.《过去与未来之间》,[美]H. 阿伦特著,王寅丽、张立立译 58.00 元
88.《大西洋的跨越》,[美]D. T. 罗杰斯著,吴万伟译 108.00 元
89.《资本主义的新精神》,[法]L. 博尔坦斯基、E. 希亚佩洛著,高铦译 58.00 元
90.《比较的幽灵》,[美]B. 安德森著,甘会斌译 79.00 元

第十批书目

91.《灾异手记》,[美]E. 科尔伯特著,何恬译 25.00 元

92.《技术与时间:3. 电影的时间与存在之痛的问题》,
[法]B. 斯蒂格勒著,方尔平译 65.00 元
93.《马克思主义与历史学》,[英]S. H. 里格比著,吴英译 78.00 元
94.《学做工》,[英]P. 威利斯著,秘舒、凌旻华译 68.00 元
95.《哲学与治术:1572—1651》,[美]R. 塔克著,韩潮译 45.00 元
96.《认同伦理学》,[美]K. A. 阿皮亚著,张容南译 45.00 元
97.《风景与记忆》,[英]S. 沙玛著,胡淑陈、冯樨译 78.00 元
98.《马基雅维里时刻》,[英]J. G. A. 波考克著,冯克利、傅乾译 108.00 元
99.《未完的对话》,[英]I. 伯林、[波]B. P. -塞古尔斯卡著,
杨德友译 65.00 元
100.《后殖民理性批判》,[印]G. C. 斯皮瓦克著,严蓓雯译 79.00 元

第十一批书目

101.《现代社会想象》,[加]C. 泰勒著,林曼红译 45.00 元
102.《柏拉图与亚里士多德》,[美]E. 沃格林著,刘曙辉译 78.00 元
103.《论个体主义》,[法]L. 迪蒙著,桂裕芳译 30.00 元
104.《根本恶》,[美]R. J. 伯恩斯坦著,王钦、朱康译 78.00 元
105.《这受难的国度》,[美]D. G. 福斯特著,孙宏哲、张聚国译 39.00 元
106.《公民的激情》,[美]S. 克劳斯著,谭安奎译 49.00 元
107.《美国生活中的同化》,[美]M. M. 戈登著,马戎译 58.00 元
108.《风景与权力》,[美]W. J. T. 米切尔著,杨丽、万信琼译 78.00 元
109.《第二人称观点》,[美]S. 达沃尔著,章晟译 69.00 元
110.《性的起源》,[英] F. 达伯霍瓦拉著,杨朗译 85.00 元

第十二批书目

111.《希腊民主的问题》,[法]J. 罗米伊著,高煜译 48.00 元
112.《论人权》,[英]J. 格里芬著,徐向东、刘明译 75.00 元
113.《柏拉图的伦理学》,[英]T. 埃尔文著,陈玮、刘玮译 118.00 元
114.《自由主义与荣誉》,[美]S. 克劳斯著,林垚译 62.00 元
115.《法国大革命的文化起源》,[法]R. 夏蒂埃著,洪庆明译 38.00 元
116.《对知识的恐惧》,[美]P. 博格西昂著,刘鹏博译 38.00 元
117.《修辞术的诞生》,[英]R. 沃迪著,何博超译 48.00 元
118.《历史表现中的真理、意义和指称》,[荷]F. 安克斯密特著,周建漳译 58.00 元
119.《天下时代》,[美]E. 沃格林著,叶颖译 78.00 元
120.《求索秩序》,[美]E. 沃格林著,徐志跃译 48.00 元

第十三批书目

121.《美德伦理学》,[新西兰]R. 赫斯特豪斯著,李义天译 68.00 元
122.《同情的启蒙》,[美]M. 弗雷泽著,胡靖译 48.00 元
123.《图绘暹罗》,[美]T. 威尼差恭著,袁剑译 58.00 元
124.《道德的演化》,[新西兰]R. 乔伊斯著,刘鹏博、黄素珍译 65.00 元
125.《大屠杀与集体记忆》,[美]P. 诺维克著,王志华译 78.00 元
126.《帝国之眼》,[美]M. L. 普拉特著,方杰、方宸译 68.00 元
127.《帝国之河》,[美]D. 沃斯特著,侯深译 76.00 元
128.《从道德到美德》,[美]M. 斯洛特著,周亮译 58.00 元
129.《源自动机的道德》,[美]M. 斯洛特著,韩辰锴译 58.00 元
130.《理解海德格尔:范式的转变》,[美]T. 希恩著,邓定译 89.00 元

第十四批书目

131.《城邦与灵魂:费拉里〈理想国〉论集》,[美]G. R. F. 费拉里著,刘玮编译 58.00 元

132.《人民主权与德国宪法危机》,[美]P. C. 考威尔著,曹晗蓉、虞维华译 58.00 元

133.《16 和 17 世纪英格兰大众信仰研究》,[英]K. 托马斯著,芮传明、梅剑华译 168.00 元

134.《民族认同》,[英]A. D. 史密斯著,王娟译 55.00 元

135.《世俗主义之乐:我们当下如何生活》,[英]G. 莱文编,赵元译 58.00 元

136.《国王或人民》,[美]R. 本迪克斯著,褚平译(即出)

137.《自由意志、能动性与生命的意义》,[美] D. 佩里布姆著,张可译 68.00 元

138.《自由与多元论:以赛亚·伯林思想研究》,[英]G. 克劳德著,应奇等译 58.00 元

139.《暴力:思无所限》,[美]R. J. 伯恩斯坦著,李元来译 59.00 元

140.《中心与边缘:宏观社会学论集》,[美]E. 希尔斯著,甘会斌、余昕译 88.00 元

第十五批书目

141.《自足的世俗社会》,[美]P. 朱克曼著,杨靖译 58.00 元

142.《历史与记忆》,[英]G. 丘比特著,王晨凤译 59.00 元

143.《媒体、国家与民族》,[英]P. 施莱辛格著,林玮译 68.00 元

144.《道德错误论:历史、批判、辩护》,

[瑞典]J. 奥尔松著,周奕李译 58.00元

145.《废墟上的未来:联合国教科文组织、世界遗产与和平之梦》,[澳]L. 梅斯克尔著,王丹阳、胡牧译 88.00元

146.《为历史而战》,[法]L. 费弗尔著,高煜译(即出)

147.《语言动物:人类语言能力概览》,[加]C. 泰勒著,赵清丽译(即出)

148.《我们中的我:承认理论研究》,[德]A. 霍耐特著,张曦、孙逸凡译 62.00元

149.《人文学科与公共生活》,[美]P. 布鲁克斯编,余婉卉译(即出)

150.《美国生活中的反智主义》,[美]R. 霍夫施塔特著,何博超译 68.00元

第十六批书目

151.《关怀伦理与移情》,[美]M. 斯洛特著,韩玉胜译 48.00元

152.《形象与象征》,[罗]M. 伊利亚德著,沈珂译(即出)

153.《艾希曼审判》,[美]D. 利普斯塔特著,刘颖洁译(即出)

154.《现代主义观念论:黑格尔式变奏》,[美]R. B. 皮平著,郭东辉译(即出)

155.《文化绝望的政治:日耳曼意识形态崛起研究》,[美]F. R. 斯特恩著,杨靖译(即出)

156.《作为文化现实的未来:全球现状论集》,[印]A. 阿帕杜拉伊著,周云水、马建福译(即出)

157.《一种思想及其时代:以赛亚·伯林政治思想的发展》,[美]J. L. 彻尼斯著,寿天艺、宋文佳译(即出)

158.《人类的领土性:理论与历史》,[美]R. B. 萨克著,袁剑译(即出)

159.《理想的暴政：多元社会中的正义》，[美]G. 高斯著，范震亚译（即出）
160.《荒原：一部历史》，[美]V. D. 帕尔马著，梅雪芹译（即出）